한 그루의 나무가 모여 푸른 숲을 이루듯이
청림의 책들은 삶을 풍요롭게 합니다.

'닥터오의 육아일기' 속
편식 없이 잘 먹는 영양만점 레시피

한 그릇 뚝딱
유아식

오상민 · 박현영 지음

청림Life

Prologue

　우리 부부의 첫 책,『한 그릇 뚝딱 이유식』이 우리 집 두 아이들과 함께 나이를 먹어가고 있네요. 처음 책을 낼 때만 해도 이렇게 많은 분들이 사랑해주실 줄 생각도 못했지요. 저희에게 참 감사한 시간이었고, 책임감도 많이 느꼈습니다.

　이유식을 하면서 부모님들은 끝도 없는 궁금증과 싸우셔야 했겠지요. 작고 작은 아이에게 세상의 음식을 처음으로 소개시켜주는 일이 생각보다 어렵고 고되었을 테니까요. 그런데 이유식을 마치고 유아식으로 넘어가면 엄마에게 또 다른 고민이 주어집니다. '간을 언제부터 하지?' '고기는 계속 먹여야 하나?' '식습관이 너무 안 좋은 것 같은데…'

　음식을 해주는 일은 좀 더 쉬워진 것 같은데 편식이나 안 먹는 것에 대한 고민은 어째 나아지지도 않습니다. 이제 종알종알 자신의 의사를 표현하는 아이는 열심히 해놓은 음식을 이래서 싫고 저래서 싫다며 거부하기도 할 테지요. 잘 먹던 아이가 왜 이런가 하는 생각에 음식에 대한 자신감이 떨어지기도 합니다.

　저는 1부에서 유아식 시기에 고민하고 생각해봐야 하는 문제들에 대해 풀어놓았습니다. 잘 먹지 않는 아이들에 대한 이야기에서 출발하여 편식을 도와줄 수 있는 방법을 소개하고, 아이들에게 먹일 때 주의해야 하는 식재료에 대해 썼습니다. 유아식에서의 간, 바디버든과 성조숙증, 비만이나 변비, 설사에 대한 대처방법, 영양제 섭취방법과 과일주스 권고사항 등 의학적으로 의미 있는 이야기들에 대해서도 소신을 갖고 써보았습니다. 식재료와 조리방법, 식습관을 이해하고 나면 장을 보거나 요리할 때 아이의 건강을 위해 한 번 더 생각하게 되고, 식사할 때 아이의 습관을 위해 한 번 더 고민하게 되실 겁니다.『한 그릇 뚝딱 유아식』이 그 고민을 해결하는 데 도움을 드리게 되길 바랍니다.

– 닥터오

〈한 그릇 뚝딱〉이유식과 유아식… 저에게는 육아일기이고, 레시피 노트이고, 아이들과의 추억이 듬뿍 담긴 기록이에요. 『한 그릇 뚝딱 이유식』과 제 레시피를 아껴주시는 분들에게 무엇으로든 보답하고 싶은 마음이었어요. 그런데 정말 감사하게도 독자 분들이 먼저 저에게 유아식도 소개시켜달라고 손 내밀어주셨지요. 더 기쁘게, 신나서 연구하고, 요리하고, 사진 찍었어요.

레시피를 나눌 때 저의 마음이 얼마나 떨리고 긴장되는지 아마 모르실 거예요. '맛은 있을까?' '다른 집 아이들도 맛있게 먹어줄까?' '괜히 바쁜 시간 쪼개어 레시피대로 해보았다가 맛이 별로거나 그 집 아이 입맛에 안 맞으면 어쩌지?' 잔뜩 작아진 마음으로 소개해드리곤 했었어요. 너무나 감사하게도 많은 분들의 응원이 있었고, 이렇게 또 다시 책으로 엮게 되었습니다.

유아식으로 오면서 더 많이 신경 쓴 것은 요리의 맛과 멋이에요. 달고 짜지 않아도 재료 본연의 맛을 극대화해서 더 맛있게, 아이들이 식사시간을 즐길 수 있도록 모양새가 멋지게, 음식뿐만 아니라 그 시간을 즐기는 것도 참 중요하다는 생각이 들었거든요.

닥터오의 1부에 이어 2부에서는 저만의 장보기 노하우, 식재료 관리 및 손질법, 건강한 베이스 재료 만들기, 유아식에 활용 가능한 소스류, 간식 부재료, 전통 장류 만들기가 들어가요. 맵지 않게 만든 김치들도 있지요. 맵고 짜지 않으면서 본래 맛에 가깝게 만들기 위한 저만의 유아식 노하우를 모두 담아냈습니다. 3부에서는 가상의 장바구니로 재료는 중복되지만 맛은 겹치지 않는 식판식 아이디어를 제안해보았어요. 4부에서는 본격적인 유아식이 등장하는데, 밥, 국·찌개, 반찬, 특식, 면요리, 간식, 음료 등으로 나눠 수많은 레시피를 소개해요. 메뉴의 개수가 많은 만큼 엄마들이 취사선택할 수 있는 책이 되었으면 좋겠어요. 다양한 식재료와 조리방법 중 우리 아이에게 맞는 것을 골라서 여러 가지 시도해볼 수 있게 말이에요.

"아파서 입맛을 잃었던 아이가 한 그릇 뚝딱 했어요." "제가 먹어도 맛있어요." "간장 안 넣고 불고기 맛 나는 게 신기해요." 등 제가 만든 평범한 이 레시피를 응원해준 분들 덕분에 많은 위안을 받았어요. 레시피 후기들을 읽고 있으면 마치 우리 아이들이 잘 먹는 것처럼 느껴져서 정말 기쁘답니다. 깊이 감사하고 있어요. 『한 그릇 뚝딱 유아식』이 아이를 잘 키우는 데에 조금이라도 보탬이 된다면 그것이 가장 기쁠 것 같아요. 유아식을 기다려주신 분들, 저와 같이 아이를 키워내고 있는 모든 엄마들께 감사드립니다.

－승아 연아 엄마

 **차례**

Part 2
승아 엄마, 우리 아이 유아식을 부탁해

Chapter 1
꼼꼼하고 알뜰하게 장을 볼까요?

Chapter 2
알뜰하게 유아식 재료를 사용해요

Chapter 3
유아식 잘 만드는 팁이 있나요?

Chapter 4
건강한 엄마표 소스 만들어볼까요?

Part 3

영양소 골고루 장본 목록
알뜰하게 사용하는 식판식

Part 4

아이가 잘 먹는 유아식 레시피

Chapter 1
든든한 한 그릇 밥

Chapter 2
아이 입맛에 맞춘 한 그릇 국·찌개

Chapter 3
쉽게 만드는 한 그릇 특별 반찬

Chapter 4
맛있는
한 그릇 매일 반찬

Chapter 5
정성 가득
한 그릇 특식

Chapter 6
간편하게 먹기 좋은
한 그릇 면요리

Chapter 7
영양 듬뿍
엄마표 간식

Chapter 8
바삭바삭 고소한
한입 베이킹

Chapter 9
건강한 맛
홈메이드 음료

Chapter 10
기분좋게 즐기는
피크닉 도시락

메인 재료별 레시피 찾기

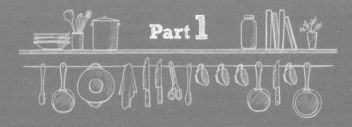

Part 1

닥터오,
우리 아이 유아식을 부탁해

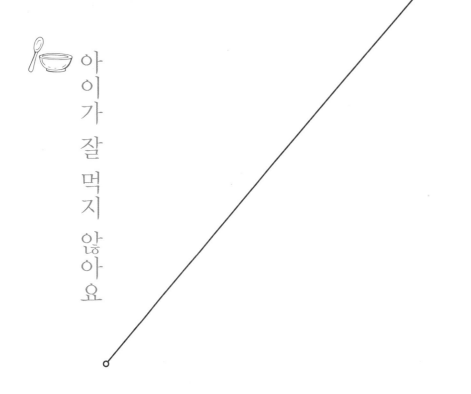

아이가 잘 먹지 않아요

'우리 아이가 내가 만들어준 음식을 기분 좋게 먹는다면….'

많은 부모님들이 생각하는 아주 소박하지만 절실한 바람입니다. 가난에서 벗어나 먹을 것이 이렇게나 풍족한 지금, 왜 아이들은 이렇게 맛좋고 영양가 있는 음식을 거부할까요? 생각보다 많은 아이들이 섭식장애를 갖고 있습니다. 한 조사에 따르면 서울, 경기 지역 12세 이하 아이들 중 약 40% 정도가 먹을 것과 관련된 문제가 있다고 합니다. 진료실에 있다 보면 아이들이 너무 안 먹는 문제로 상담을 진행하는 경우가 많습니다.

아프거나 특정한 이유가 있어서 성장지연이 동반되는 아이들은 정확한 원인을 알기 위해서 검사와 치료가 병행됩니다. 하지만 대부분의 잘 먹지 않는 아이들의 원인은 질병에 있지 않습니다. 아이들에게 가장 흔하게 보이는 섭식장애 Eating disorder는 아래와 같습니다.

1. 집중해서 먹지 못하고 돌아다님
2. 특정한 음식을 거부함(편식)

부모가 잘 먹지 않는 아이를 보며 애가 닳는 이유는, 잘 먹지 않으면 한창 성장해야 할 아이들이 저체중과 저신장, 성장부진, 빈혈, 영양상태 불량 등을 겪기 때문입니다.

📖 왜 먹지 않을까?

- **음식 자체의 문제**   − 양, 식감, 발달 과정의 차이, 문화적 차이
- **아이의 성향**   − 식욕, 기질, 질병
- **부모의 문제**   − 음식 섭취의 방법(쫓아다니며 한 시간 동안 먹이는 등)
  - − 아이에 대한 지나친 민감도(아이가 먹는 양에 집착하여 공포 분위기 조성)
  - − 영양에 대한 오해(아이에게 채식만을 시키는 등)

'안 먹는 아이들'의 유형과 대처

1. 푸드네오포비아

푸드네오포비아Food neophobia는 새로운 음식에 대한 거부감을 넘어선 공포증을 말합니다. 인류는 진화 과정 속에서 쓴맛에 대한 거부 본능을 갖게 되었습니다. 이는 맛을 보지 않고도 '초록색=쓴맛'으로 인식하는 등 시각적으로 화려한 음식을 거부하려는 성향으로 발현되곤 하지요. 영유아는 어른에 비해 미각이 훨씬 예민하기 때문에 쓴맛을 더욱 강하게 느낍니다.

대처

만 5세 정도에 가장 심해집니다. 그 시기까지 어떻게 대처하느냐에 따라 서서히 사라지기도 하고, 성인까지 그 성향이 이어지기도 합니다. 푸드네오포비아를 극복하기 위해서는 15회 이상 노출시키는 방법을 이용합니다. 그렇게 하려면 부모의 인내심이 필요하겠지요.

다만 시금치나물, 다음날 시금치나물, 그 다음날 시금치나물로 노출시키라는 것이 아니에요. 음식 여기저기에 시금치를 섞어서 조리하는 겁니다. 반드시 주재료가 될 필요는 없습니다. 어딘가 숨겨져 있는 시금치의 맛에 아이가 익숙해지고, 이상하지 않다는 것을 자연스럽게 깨달을 때까지 노출시켜주는 것입니다.

　여기에서 노출이란 '먹이는' 의미가 아니라, 말 그대로 계속 보여주고 알려주는 것을 뜻합니다. 이 과정에서 강압이나 한숨은 없어야 하겠지요. 이유 없이 본능에 따라 거부하는 경우도 많지만, 수줍음이 많고 걱정이 많은 성격의 아이들은 부모의 강압적 태도나, 음식에 대한 좋지 않은 기억 등이 잘 먹지 않는 원인이 될 수 있습니다.

　이유식과 유아식 시기는 왜 중요할까요? 바로 그 '노출'을 다양하고, 지속적으로 해줄 수 있는 시기이기 때문입니다. 이유식에는 아이가 거부하는 음식을 큰 덩어리로 주지 않습니다. 작게 시작해서 입자를 늘려가요. 아이의 소화 능력에 따른 것이지만, 이로 인해 점진적인 노출이 절로 가능해집니다. 가령 '시금치나물'보다는 '시금치소고기죽'이 훨씬 접근하기 쉽고 거부감이 덜 듭니다. 그만큼 색도, 크기도 작기 때문이지요. 따라서 아이가 어떤 음식에 대해 본능적으로 맛에 대한 거부감 내지 부정적 인식을 가지고 있다면 '그렇지 않다'는 것을 꾸준히 노출시켜 보여주는 것이 필요합니다. 안심시키고 해당 음식에 대한 긍정적인 자극을 지속적으로 주세요.

　"시금치 하나만 먹자. 그럼 엄마가 치즈 줄게." 이렇게 회유를 하는 경우가 있는데, 이것은 그 음식에 대한 부정적 자극만 줍니다. '날 달래어 먹여야 할 만큼 맛없고 나쁜 것'이라는 인식이 생기겠지요. 억지로 먹이면 아이는 먹는 일 자체를 더욱 괴로워하게 됩니다.

2. 입 짧은 아이

　편식이 심하고, 먹는 양 자체가 적은 아이들도 있습니다. 이렇게 하든, 저렇게 하든 잘 안 먹지요. 특별히 좋아하는 음식도 없습니다.

　안 먹는 아이를 대하는 방법으로 보통 안 먹으면 밥을 찾을 때까지 간식을 주지 말라고 하는데, 먹지 않는 것으로 인한 보챔도 없습니다. 입맛이 까다롭기 때문에 잘 먹던 음식도 사소한 조리방식이나 환경의 차이에 따라 거부하기도 합니다. 우리는 흔히 '입이 짧은 Picky eater 아이'라고 말합니다.

　그 무엇도 맛있게, 열심히 먹지 않기 때문에 영양(비타민, 철분, 아연) 결핍으로 인한 건강의 문제가 생길 수 있습니다. 다른 것은 거부하면서 단맛만을 즐기려는 경향이 있다면 식습관 및 치아 건강에도 문제가 많이 발생합니다.

대처

　첫째, 아이의 예민한 성향을 존중해주세요.

　입이 짧고 입맛이 예민한 아이의 경우, 아이의 '먹는 양'과 '예민함'을 존중해주어야 합니다. 다그치거나 아이 앞에서 너무 속상해하는 내색을 해서는 발전이 없습니다. 아이가 싫어하는 음식들에 대해 왜 싫은지 하나씩 이야기해보는 것도 좋습니다.

　"아~ OO는 이 미끄덩거리는 느낌이 싫었던 거구나." 계속 들어주고 공감해주다가 어느 날에는 새로운 제안을 해보아도 좋습니다.

"OO가 미끌거리는 느낌이 싫다고 해서 엄마가 미끌거리는 느낌이 들지 않게 요리해봤어. 싫다고만 생각하지 말고 한번 먹어보면 어때?"

둘째, 아이의 '먹는 양'을 존중해주세요.

아이가 한두 순갈 먹고 자리를 뜬다 해서 소리를 지르거나 "엄마가 열심히 해서 만들었는데 너는 왜 그것밖에 안 먹니?" 등의 말이나 표현으로 아이에게 죄책감을 주어서는 안 됩니다.

'아이가 안 먹는다'고 생각하는 부모의 아이들 중에는 실제로 영양상태가 부족하거나 적게 먹는 것이 아닌 경우도 많습니다. 걱정하지만 정작 아이는 적정 몸무게와 키, 좋은 영양상태일 때가 많지요. 엄마가 기대하는 양이 너무 많을 뿐입니다. 유아든 성인이든 먹는 것에 '적정량'이라는 건 분명히 있지만, 사람마다 '소화할 수 있는 양' '먹고 싶은 양'은 전부 다릅니다.

셋째, '먹는 환경'에 변화를 주지 마세요.

예민한 아이는 맛에만 예민한 것이 아닙니다. 먹는 환경에도 참 예민하지요. 그런 아이에게 매일 먹는 환경이 바뀐다거나(잦은 외식), 식탁이 아닌 다른 장소에서 먹인다거나, 집안 곳곳을 쫓아다니며 먹이는 것은 아이를 더 예민하게 만드는 요인이 됩니다. '충분히 예측가능한' '늘 일정한' 시간과 장소에서 비슷한 구성원이 아이와 함께 식사해주어야 합니다.

넷째, 아빠 엄마의 식습관을 되돌아보세요.

혹시 아빠와 엄마가 자주 끼니를 거르지는 않나요? 밥 대신 간식이나 야식을 즐겨하지는 않나요? 부모의 식습관은 아이가 그대로 배웁니다. 식사시간에 자꾸만 아이에게 잔소리를 하거나 혼을 내진 않았나요? 아이의 식사시간은 무조건 즐거워야 하는데 말이지요. 아이가 빨리 식탁을 떠나고 싶게 만들지 마세요.

다섯째, 긍정적 반응을 해주세요.

과한 칭찬은 오히려 독이 될 수 있지만 "아~ 오늘은 밥이 맛있나보구나?"

"우리 ○○가 몸이 튼튼해지고 싶나 보다." "깨끗이 한 그릇 비웠네? 엄마가 요리한 것이 너무 뿌듯하다." 정도로 긍정적 반응을 해주세요.

여섯째, 야외활동이나 운동을 많이 하도록 유도하세요.

입이 짧은 아이들은 기본적인 '식욕'이 굉장히 약한 편입니다. 식욕을 돋우기 위해 홍삼주스를 먹이고, 영양제를 주면서 해결할 것이 아니라, 에너지를 쏟는 활동으로 해결해주어야 합니다.

3. 편식

편식Selective intake은 음식에 대해 좋고 싫음이 너무 분명해 영양적으로 불균형인 식습관을 말합니다. 특정 식재료(시금치, 양파, 가지 등)에 대한 거부반응일 수도 있고, 특정 식감(미끌거리는 가지, 버섯, 매생이 등)에 대한 것일 수도 있습니다. 혹은 특정 영양성분(단백질, 탄수화물 등)에 대한 거부반응으로 편식을 하기도 합니다.

대처

아이가 특정 식재료에 거부반응을 보인다면 생각보다 아주 서서히 접근해도 전혀 상관없습니다. 그를 대체해줄 식재료가 있기 때문이지요. 하지만 특정 영양성분에 대한 거부반응은 영양불균형으로 이어지기 때문에 교정에 들어가는 것이 좋습니다. 그러므로 아이가 편식한다고 느껴질 때에는 5대영양소를 고루 먹고 있는지부터 생각해보아야 합니다. 편식을 해도 골고루 먹고 있을 수 있어요. 만약 그런 경우라면 너무 걱정하지 않아도 됩니다. 천천히 시간을 두고 지켜보면 좋아질 거예요.

첫째, 음식에 애착을 갖도록 도와주세요.

아이들은 직접 경험해본 것과 아닌 것의 차이가 큽니다. '내가 만들어본 음식' '내가 직접 산 식재료' '내가 직접 재배해본 채소'는 아이들에게 아주 큰 의미이지요. 직접 기른 채소 > 직접 만든 음식 > 직접 산 식재료 순으로 아이들의 애착은 차이가 날 겁니다.

직접 기른 채소 > 직접 만든 음식 > 직접 산 식재료

무엇이 되었든, 아이가 그것을 직접 만져보고 맛도 보고, 냄새도 맡아 보는 경험을 통해서 애정을 가질 수 있도록 도와주세요. 아이가 좋아하는 그릇에 담는 것도 한 방법이고, 음식에 재미난 이름을 붙여보는 것도 좋습니다.

둘째, 긍정자극을 함께 주세요.

좋아하는 음식과 같이 내어 놓거나, 그 음식을 아이가 좋아하는 방법의 조리법으로 요리를 하거나, 배가 많이 고플 때 먹여보거나, 아이의 기분이 유난히 좋을 때 시도해보는 방법입니다.

셋째, 영양성분에 따른 대체식품을 제공하세요.

각 식품군(단백질, 탄수화물, 지방, 칼슘, 비타민과 무기질)에 해당하는 대체식품을 제공하여 영양불균형이 오지 않도록 신경 써주세요.

넷째, 푸드 브릿지Food bridge를 사용해보세요.

푸드 브릿지란 단계적인 음식의 노출을 통해서 아이로 하여금 싫어하는 음식을 먹을 수 있게 하는 방법입니다. 점진적인 노출을 통한 행동요법이지요.

1단계		2단계		3단계		4단계
데코레이션	>	입자 작게 노출	>	조금 더 적극적 노출	>	식재료 그대로 노출

1단계 데코레이션하는 것으로 "이것도 함께 먹어야 해!"의 느낌이 아니라 "세상에는 이런 식재료가 있어. 예쁘게 생겼지?" 정도의 느낌으로 소개합니다. 혹은 아이와 함께 그 식재료를 재배해본다든가, 함께 장을 보러가서 아이가 직접 구입하게 한다든가, 친숙한 자료(만화, 그림 그리기 등)로 그 식재료에 대해 설명하는 시간을 갖는 등의 '친밀해지는' 과정 모두가 1단계에 해당합니다.

2단계 입자가 작거나, 변형하여 식재료 특유의 느낌을 없애어 노출시킵니다.

3단계 조금 더 적극적으로 노출합니다. 슬슬 요리에서 존재감을 드러나게 하는 거죠. 하지만 여전히 조연인 상태로, 주재료보다 비중을 적게 하여 노출합니다.

4단계 음식 그대로 노출시키는 방법입니다. 다만 초반에는 맛있는 조리법을 응용해보세요.

아이마다 정도의 차이가 있지만 단계별로 서서히 시도를 하면 효과를 볼 수 있습니다. 푸드 브릿지에는 부모님의 노력과 인내심이 반드시 필요합니다.

☑ 잘 안 먹는 아이를 대하는 부모의 태도

1. 부모는 중립적인 자세로 부드럽고 단호하게 대한다.

2. 먹는 것에만 집중할 수 있도록 TV, 휴대폰, 장난감은 보여주지 않는다.

3. 식사시간은 제한한다. 20~30분 지난 뒤 기분 좋게 치운다. 다음 식사시간까지는 물 이외에 간식을 주지 않는다.

4. 새로운 음식은 형태와 조리방법을 달리하여 8~15번 정도 노출시킨다.

5. 스스로 먹게(9개월부터 시작하여 18개월이면 혼자 먹을 수 있다) 격려해준다. 돌아다니거나 따라다니면서 먹이지 않는다.

6. 나이에 맞는 음식 종류와 크기를 준비해서 준다.

7. 먹는 양은 아이가 선택하도록 한다.

8. 비행기 놀이 등 재밌게 먹이는 방법을 사용하지 않는다.

1 파프리카

1단계 데코레이션	2단계 작은 입자 또는 변형	3단계 조금 더 적극적 노출	4단계 식재료 그대로 노출

요리 삼선짜장
용도 고명

292쪽

요리 새우볼파프리카탕수
용도 갈아서 소스, 다져
서 맛내기 채소

390쪽

요리 스낵랩
용도 부재료

694쪽

요리 파프리카링
용도 주재료

471쪽

2 시금치

1단계 소개	2단계 작은 입자 또는 변형	3단계 조금 더 적극적 노출	4단계 식재료 그대로 노출

요리 시금치오징어크림
리소토
용도 갈아서 소스

601쪽

요리 시금치
달걀현미볶음밥
용도 부재료

328쪽

요리 시금치나물
용도 주재료

543쪽

효과 시금치가 우리 몸에
좋다는 것을 친숙한
자료를 통해 소개

 2단계

요리 시금치사과양배추조림 542쪽
시금치닭불고기 410쪽

 3단계

요리 시금치모차렐라달걀말이 525쪽
시금치홍합덮밥 335쪽
시금치새우크래커 738쪽
시금치토마토키시 686쪽

③ 양파

1단계 데코레이션	2단계 작은 입자 또는 변형	3단계 조금 더 적극적 노출	4단계 식재료 그대로 노출

요리 차돌박이된장찌개
용도 부속 채소

359쪽

요리 멜론볶음밥
용도 다져서 함께 볶음

306쪽

요리 함박스테이크
용도 채 썰어 부재료,
소스에 이용

604쪽

요리 양파잼
용도 주재료

196쪽

④ 양송이버섯

1단계 데코레이션	2단계 작은 입자 또는 변형	3단계 조금 더 적극적 노출	4단계 식재료 그대로 노출

요리 양송이버섯그릇
오븐구이
용도 소를 채워넣는 그릇

464쪽

요리 양송이버섯크림수프
용도 잘게 다져 끓이기

688쪽

요리 양송이버섯새우
볶음밥
용도 슬라이스하여 부재료

319쪽

요리 양송이버섯크로켓
용도 주재료

406쪽

⑤ 오이

1단계 소개	2단계 작은 입자 또는 변형	3단계 조금 더 적극적 노출	4단계 식재료 그대로 노출

   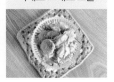

방법 오이 캐릭터 〈코코
몽〉의 아글 만들어
보기

요리 숙주오이볶음
용도 갈아서 오이즙으로
볶음

530쪽

요리 오이미역냉국
용도 채 썰어 부재료

354쪽

요리 오이부추된장무침
용도 주재료

557쪽

⑥ 매생이

1단계 소개		2단계 작은 입자 또는 변형		3단계 조금 더 적극적 노출		4단계 식재료 그대로 노출
	>		>		>	

방법 매생이의 독특한 질감을 아이가 직접 느껴보고 세척해보기

요리 매생이파인애플 새우볶음밥
용도 작은 입자로 볶음
312쪽

요리 매생이오징어전
용도 매생이의 질감이 덜 살아있는 전을 부쳐줌
454쪽

요리 매생이새우볼탕
용도 질감을 그대로 느낄 수 있는 주재료
360쪽

⑦ 브로콜리·콜리플라워

1단계 데코레이션		2단계 작은 입자 또는 변형		3단계 조금 더 적극적 노출		4단계 식재료 그대로 노출
	>		>		>	

요리 브로콜리무단호박볶음
용도 부속 채소(골라먹을 수 있도록 함)
551쪽

요리 오징어볼튀김
용도 잘게 다져 부재료
466쪽

요리 오징어볶음밥
용도 채 썰어 부재료
322쪽

요리 콜리플라워조림
용도 주재료
550쪽

⑧ 가지

1단계 데코레이션		2단계 작은 입자 또는 변형		3단계 조금 더 적극적 노출		4단계 식재료 그대로 노출
	>		>		>	

요리 크림새우가지찜
용도 소를 채워넣는 그릇
418쪽

요리 오징어볼가지소스볶음
용도 갈아서 소스
414쪽

요리 가지전
용도 속을 파내고 부재료
405쪽

요리 바지락가지볶음
용도 주재료
513쪽

⑨ 애호박

1단계 소개	2단계 작은 입자 또는 변형	3단계 조금 더 적극적 노출	4단계 식재료 그대로 노출

방법 실제 애호박을 이 용하여 도장찍기 놀이하기	요리 닭고기완자카레조림 용도 잘게 다져 부재료 401쪽	요리 애호박건새우전 용도 채 썰어 부침 380쪽	요리 애호박건새우볶음 용도 주재료 536쪽

① 오이로 친숙한 캐릭터 만들어보기

아이들에게 모든 것은 친숙한 놀이처럼 접근하는 것이 좋습니다. 평소 아이가 좋아하는 코코몽 책입니다. 오이를 가지고 아글이를 직접 만들어보았는데, 너무 재밌어 하더니 한참을 가지고 놀았어요.

② 채소도장 만들어 찍기

쿠키틀을 이용해 재미있는 도장을 만들 수 있어요. 쿠키틀을 채소에 박아놓고 칼집을 내면 양각의 도장이 쉽게 탄생합니다. 애호박뿐만 아니라 오이, 당근 등 아이들과 재미나게 만들어보세요.

아이에게
이런 식재료는 주의하세요

방사능 생선, 살충제 달걀, 간염 소시지 등 안심하고 먹일 수 있는 것이 없다 느껴질 정도로 불량식품 파문이 끊이지 않습니다. 아이를 먹이고 키우는 부모의 속은 시끄러워질 수밖에 없지요. 유아식을 만들면서 사용할 수 있는 음식재료 중에 주의해서 다뤄야 할 음식들을 알아보도록 하겠습니다.

가공육

소시지

　육식 위주의 식습관이 성인들에게는 대장암 발생 빈도를 높인다는 보고가 있습니다. 하지만 아이들은 만 3세 정도까지는 매일 고기를 섭취하는 것을 추천합니다. 동물성 단백질을 포함한 고기의 영양성분이 성장하는 아이에게 중요하기 때문입니다. 같은 음식이지만 나이, 가공방법, 조리방법에 따라 추천하기도 하고 주의를 주기도 합니다.

　국제암연구기관IARC: International Agency for Research on Cancer에서는 암이 발생할 수 있는 잠재적 위험성에 대하여 그룹을 나눴습니다. 대표적인 그룹1(발생확률이 높음)에는 다이옥신, 비소, 카드뮴, 흡연, 술, 디젤, 배기가스, 오염된 공기, 가공육이 들어갑니다.

　여기에 아이들이 노출되기 쉬운 음식이 가공육이지요. IARC에서는 햄, 베이컨, 소시지 등의 가공육을 하루 50g(보통 긴 소시지 하나) 이상 섭취 시 섭취하지 않은 사람보다 대장·직장암 가능성이 18% 이상 증가한다고 보고했습니다.

육류 관련 발암물질로는 다환방향족수소, 니트로사민 등이 대표적입니다.

다환방향족수소는 육류를 고온으로 가열하여 조리하거나 훈연할 때 발생하며 기름을 가열할 때도 발생합니다. 특히 고기를 직화할 경우 기름이 숯에 떨어지는데, 이때 가장 많이 발생한다고 합니다. 또한 고기를 굽는 시간이 길어질수록 더욱 많이 발생합니다. 그에 반해 고기를 찌거나 삶는 방식으로 조리하면 직화하는 경우보다 다환방향족수소가 적게 발생된다고 합니다.

다환방향족수소

니트로사민

니트로사민은 아질산과 이급아민이 산성조건에서 반응할 때 생성되는 육류 관련 발암물질입니다. 햄, 베이컨, 소시지 등 가공육은 발색 및 보존을 위한 첨가제로 아질산을 사용합니다. 또한 절인 생선(특히 젓갈)에서도 아질산이 많이 만들어집니다. 즉 햄을 조리하여 먹기만 하더라도 위장 안에서 위산과 반응하여 햄에 포함된 아질산이 니트로사민을 생성하게 됩니다.

최근까지 우리나라 사람들의 식습관상, 육류 섭취가 암 발생과 연관성이 클 정도로 많이 먹는 편은 아니었어요(한국인의 평균 1일 가공육 섭취량=6g, 2010~2013년 국민건강영양조사). 하지만 햄이나 소시지 없이는 밥을 먹지 않거나 햄버거, 핫도그 등을 간식으로 매일 섭취하고 있는 아이들의 경우에는 특별히 어렸을 때부터 가공육을 제한하고 고기 조리 시에 찌거나 삶는 형태로 주는 것이 좋습니다.

"우리 아이는 구운 소고기만 먹으려 해요." 하는 분들이 있는데, 조리방법을 바꾸고, 다양한 채소를 함께 섭취하여 영양에 균형을 맞추어주는 것을 추천합니다.

통조림

통조림은 음식을 오랫동안 영양손실 없이 보관하는 일반화된 방법입니다. 1~5년 이상 보관을 할 수 있어서 비상식량으로도 일부분 보관해놓기도 하고, 유통이 발달함에 따라 지구 반대쪽에서만 구할 수 있는 재료들도 영양손실 없이 쉽게 구할 수 있다는 장점이 있습니다. 과일, 채소, 고기, 생선 등이 보통 통조림의 주재료가 됩니다.

GOOD

단백질, 지방, 탄수화물, 지용성 비타민 등은 오랜 시간이 지나도 영양가가 변하지 않기 때문에 영양손실 면에서 걱정할 것이 없습니다. 신선한 음식이나 냉동식품도 조리 과정에서 수용성 비타민이나 열에 약한 영양소들이 통조림으로 보관하는 것과 동일하게 파괴되기 때문에 영양손실은 거의 없다고 보면 됩니다. 특히 토마토 같은 경우에는 통조림 만드는 과정processing에서 항산화성분이 증가되기도 합니다. 즉 영양적으로 불리한 것이 아닙니다.

BAD

통조림 안쪽 면에는 비스페놀A를 포함하고 있는 경우가 있습니다. 이 비스페놀A는 인체에 유해하며 제2당뇨, 심장질환, 성기능 장애를 일으킬 수도 있습니다. 또한 조리 과정이나 유통 과정의 문제로 인한 오염으로 통조림이 부풀거나, 찌그러진 경우에는 보툴리눔 독소가 있을 수 있어 치명적인 건강문제(마비, 사망)를 일으킬 수 있습니다. 또한 맛과 모양을 좋게 하기 위해서 설탕, 소금 등의 첨가물이 들어가 있는 경우가 있습니다. 저염식이나 무당無糖음식을 하려고 할 때는 통조림의 라벨을 잘 읽어보고 첨가물이 없는 것을 선택하여야 합니다.

생선(특히 큰 생선)

생선은 오메가 지방산이 높은(특히 등푸른생선) 식품군으로 심혈관 질환에 좋은 음식 재료입니다. 그러나 덩치가 큰 생선들, 특히 바다에 사는 큰 생선들은 상위포식자로서 중금속(예를 들어 수은)이 축적되어 있을 가능성이 큽니다. 이유식을 만들 때 되도록 작은 종류의 생선을 사용하는 이유가 여기에 있어요. 유아식에서도 마찬가지로 작은 생선을 선택해야 합니다.

수은은 급성으로 다량 노출되는 경우도 문제지만, 소량씩 자주 오랫동안 만성적으로 노출되는 것도 문제가 됩니다. 축적된 수은은 뇌, 신경계, 신장 등에 문제를 일으킬 수 있습니다. 특히 임산부나 아이들은 수은에 더욱 취약하니 주의해야 합니다.

생선 안전 섭취 가이드

식품의약품안전처에서는 2017년 6월, 임신·수유 여성 및 유아·어린이 생선 안전 섭취 가이드를 발표했습니다. 주요 내용을 정리하자면 아래와 같습니다.

지난해 실시한 메틸수은 위해평가 결과 우리 국민의 메틸수은 노출 수준은 안전한 것으로 조사되어 청소년·성인은 생선을 포함한 균형 있는 식습관을 유지하면 되나, 메틸수은에 민감한 임신·수유 여성과 유아·10세 이하 어린이는 섭취에 주의가 필요하다.

다만, 생선은 어린이 두뇌발달 등에 필요한 단백질과 오메가3 지방산 등이 풍부한 식품으로 반드시 섭취가 권장된다.

참치 통조림에 사용되는 다랑어는 보통 수면에서 활동하는 2~4년생으로 심해성 어류인 참다랑어에 비해 메틸수은의 양이 1/10이다.

그리하여 생선을 '일반 어류와 참치 통조림' '다랑어·새치류 및 상어류'로 분류하고 섭취 대상별로 한 주 단위 권장 섭취량을 제시했답니다.

| 일반 어류 | 갈치, 고등어, 꽁치, 광어/넙치, 대구, 멸치, 명태 등 |
| 다랑어·새치류 및 상어 | 참다랑어, 날개다랑어, 황새치, 돛새치, 청상아리, 먹장어 등 |

1~2세 유아	3~6세 어린이	7~10세 어린이
뇌신경 발달 등에 가장 영향을 받는 시기 이유식에 사용하는 어류의 선택에 더 많은 주의가 필요	뇌신경 발달과 함께 신체 성장·발달이 활발한 시기 생선의 종류를 다양하게 섭취하는 것이 바람직	
일반 어류와 참치 통조림은 일주일에 100g 이하로 섭취하고, 한 번 섭취할 때 15g을 기준으로 일주일에 6회 정도로 나누어 섭취하는 것이 좋다. 유아에게는 다랑어·새치류 및 상어류는 가급적 섭취하지 않게 하는 것이 좋으며, 섭취할 경우 일주일에 25g 이하로 권장한다.	일반 어류와 참치 통조림은 일주일에 150g 이하로 한 번 섭취할 때 30g을 기준으로 일주일에 5회 정도 나누어 섭취하고, 다랑어·새치류 및 상어류는 일주일에 40g 이하로 주 1회 정도 섭취하는 것을 권장한다. 다양한 생선을 먹을 때는 일반 어류 또는 참치 통조림 75g과 다랑어·새치류 및 상어류 20g 등으로 그 양을 조절하면 된다.	일반 어류와 참치 통조림은 일주일에 250g 이하로 한 번 섭취할 때 45g을 기준으로 일주일에 5회 정도 나누어 섭취하고, 다랑어·새치류 및 상어류는 일주일에 65g 이하로 주 1회 정도 섭취하는 것을 권장한다. 다양한 생선을 먹을 때는 일반 어류 또는 참치 통조림 125g과 다랑어·새치류 및 상어류 30g 등으로 섭취량을 고려한다.

※식품의약품안전처(2017.6.22.) 보도자료 참고

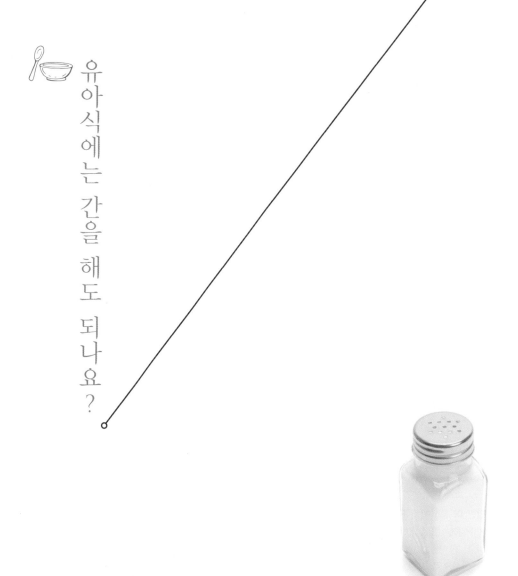

유아식에는 간을 해도 되나요?

흔히 만 2세 이하의 어린이들에게 간을 하지 말라고 주장합니다. 물론 이 의견에 반대하는 분들도 있겠지만 각각의 재료에 들어있는 나트륨의 양으로도 만 2세 이전에는 나트륨 섭취가 충분하기 때문입니다. 먼저 2013년 1월의 세계보건기구의 염분과 칼륨 섭취에 관한 발표를 소개합니다.

성인들 기준, 하루에 2,000mg 미만으로 나트륨을 섭취해야 하고,
5g 미만의 소금, 적어도 3,510mg의 칼륨을 섭취해야 한다.

나트륨을 많이, 칼륨을 적게 섭취할수록 혈압상승과 심장질병(심장마비 등)의 위험에 노출될 수 있습니다.

나트륨이 든 식재료

나트륨은 생각보다 아주 다양한 음식과 식재료에 함유되어 있습니다. 꼭 소금을 넣은 빵이나 육류, 가공식품에만 있는 것은 아니죠. 이유식이나, 유아식에 흔히 쓰는 식재료 속에도 나트륨은 있습니다. 아이의 음식에 자주 사용하는 식재료들의 영양성분을 한번 알아봅시다.

① 닭고기
100g당 57mg의 나트륨,
183mg의 칼륨

② 달걀
100g당 152mg의 나트륨
143mg의 칼륨

③ 시금치
100g당 54mg의 나트륨
502mg의 칼륨

④ 양파
100g당 5mg의 나트륨
141mg의 칼륨

⑤ 토마토
100g당 5mg의 나트륨
178mg의 칼륨

⑥ 새우살
100g당 150mg의 나트륨
298mg의 칼륨

⑦ 멸치
100g당 3,260mg의 나트륨
1,149mg의 칼륨

멸치육수를 내어 닭고기와 양파, 시금치를 넣고 토마토소스를 부어 만드는 과정 속에 소금 한 톨 넣지 않아도 우리는 나트륨을 섭취하게 됩니다. 물론 무염이나 저염식을 한다면 소량 내지 적절한 양이겠지요.

나트륨의 섭취가 무조건 나쁜 것은 아니지만 신장기능이 아직 미숙한 아이들은 염분 섭취에 주의해야 합니다. 세계보건기구의 연구결과에 따르면, 높은 혈압의 아이가 어른이 되어서도 높은 혈압을 유지하게 되는 경향이 있다고 합니다. 이른 나이의 나트륨 과다 섭취는 고혈압을 유발할 수 있습니다. 심지어 2살 미만의 아이들은 나트륨 권장량도 없습니다. 따라서 24개월 미만의 아이에게는 무염식을 권합니다.

📋 유아식에서의 소금간

1. 선택적으로 간하기

24개월이 지나도, 여전히 아이가 잘 먹는다면 굳이 음식에 간을 할 필요가 없습니다. 음식을 할 때 선택적으로 간을 하면 됩니다.

2. 국에 집착하지 않기

한국인이라면 국과 김치가 필수라고 생각하나요? 하지만 국과 김치는 한국인의 나트륨 섭취량을 증가시키는 주범입니다. 소금간을 해서 만든 국은 '소금국'이나 다름없지요. 김치도 장점이 많은 음식이지만 너무 짜고 자극적이에요. 무조건 유아식에 국을 함께 내어주는 건 지양해야 합니다.

3. 시중음식 멀리하기

시중음식의 과도한 섭취를 피하세요. 통조림이나 시판 과자, 패스트푸드점의 햄버거나 프렌치프라이 등은 최대한 안 먹이는 게 좋습니다. 생각하는 것보다 훨씬 더 많은 기름과 소금을 사용하기 때문입니다.

염분의 과량 섭취

염분을 우리가 과량으로 섭취하게 되면 다음과 같은 여러 질병에 노출될 수 있어요.

심장질환, 당뇨, 암, 만성 호흡기질환 등

우리가 흔히 요리할 때 사용하는 소금은 나트륨과 염화물로 이루어져 있습니다. 이것 자체가 해로울까요? 그렇지 않습니다. 두 가지 모두 우리 몸에 꼭 필요한 것들이죠. 하지만 '아주 소량'이라는 것이 문제입니다. 24개월 미만 아기들이 필요로 하는 소량은, 수많은 식재료들에서 자연적으로 얻어질 수 있습니다. 따라서 굳이 식염을 더 넣어 조리할 필요가 없어요.

한식요리를 하다 보면 소금 없이, 간장 없이, 고추장 없이 맛을 낼 수 있는 게 있나 싶을 정도로 음식의 간을 중요하게 여기지요. 이 짠맛은 익숙해질수록 무뎌져 더 짠맛을 원하게 됩니다. 마치 단맛처럼 말이죠.

반대로, 싱겁게 먹는 일도 생각보다 금방 익숙해질 겁니다. 처음에는 이걸 무슨 맛으로 먹나 싶을 수도 있지만 점점 재료 본연의 맛을 느끼게 되지요. 물론 처음부터 소금 섭취를 시작하지 않았다면 더 쉬웠겠지만. 아이가 간이 없이는 안 먹는다고만 여기지 말고 일단 간을 하지 않는 레시피로 해주세요. 다만 더 다양한 식재료와 다양한 조리법을 사용해서 재료의 맛을 한껏 살리는 요리를 해주어야겠지요.

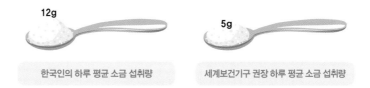

12g
한국인의 하루 평균 소금 섭취량

5g
세계보건기구 권장 하루 평균 소금 섭취량

세계보건기구에서 성인이 하루에 섭취할 소금의 양을 5g으로 규정하고 있는데, 한국인의 평균 소금 섭취량은 무려 12g이나 된다고 합니다. 권고량의 두 배를 넘어서는 수치이지요. 고혈압과 같은 심혈관 질환에 노출되는 것은 당연지사입니다. 어릴 때 나트륨을 많이 섭취하게 되면 어른이 되었을 때 고혈압을 유발할 수 있습니다. 두 살 이후에 간을 하게 된다면 모든 요리에 사용하기보다는 아주 소량씩 맛을 내기 위한 요리에만 선택적으로 쓰는 게 좋습니다.

금세 익숙해지는 짠맛

아이가 잘 안 먹어서 어쩔 수 없이 간을 한다는 분들이 있습니다. 물론 간을 하면 처음에는 훨씬 더 잘 먹을 거예요. 짠맛이나 단맛이 더 구미를 당기는 것은 당연합니다. 그러나 짠맛과 단맛은 금세 익숙해집니다. 익숙해지고 나면 어떻게 될까요? 아이는 또다시 같은 패턴을 반복하게 될 겁니다. 익숙해진 그 음식을 거부하거나, 엄마와 밥상 위의 전쟁을 벌이거나….

아이는 잘 먹을 때도 있고, 입맛이 없어 아무것도 먹기 싫어할 때도 있습니다. 이 지극히 당연한 현상을 맞닥뜨릴 때마다 당황해하면 안 됩니다. 아이가 안 먹는 원인을 소금간에서 찾지 마세요.

늘 음식을 밀어낸다거나 삼키지 않는다거나 뱉어버리는 등 심하게 안 먹는 아이도 있지요. 그나마 간을 하면 채소와 고기를 먹고, 간을 안 하면 정말 소량의 채소와 고기만 먹는다고 한다면 영양상 균형을 맞추는 방법으로 '간을 하는 것'이겠지만 정말 소량을 사용하길 권고합니다. 반면, 적당히 먹는데 아주 잘 먹지 않는 아이의 경우에는 굳이 간에 익숙해지게 할 필요가 없습니다.

제 주장에 이의를 제기하는 분들도 있을 수 있습니다. 하지만 우리나라가 나트륨 섭취를 많이 하는 편에 들어가기 때문에 의도적으로 염분 섭취를 줄이려 하지 않는다면 나도 모르게 많은 양의 나트륨을 섭취하게 됩니다. 따라서 한국인에게 빠질 수 없는 국, 찌개, 조림, 김치, 염장식품 등은 최대한 싱겁게 먹도록 해야 합니다. 그래서 아이의 유아식에는 국 종류를 최소화하는 게 좋습니다. 단순히 염분 섭취 문제뿐만 아니라 국에 말아먹으면 잘 씹지 않고 먹는 식습관으로도 이어질 수 있기 때문에 저는 국 섭취를 그다지 추천하지 않습니다.

어떤 음식에 알레르기가 있어요

매끼니 좋은 재료로 건강하고 예쁘게 음식을 만들어 아이에게 다양하고 맛있는 음식을 잘 먹이고 싶은 것이 부모 마음이지요. 하지만 그게 어디 쉽나요. 어떤 날은 밥에 김 싸서 먹이기도 하고, 국에 말아 먹이기도 하고, 우유에 씨리얼을 타서 빵과 주기도 하지요. 어디 여행이라도 가면 이유식처럼 싸가지고 다니지 않아도 되니 유아식이 시작되면 편하게 바깥 음식을 주기도 합니다. 그래도 됩니다. 이유식을 진행하며 '규칙' '원칙'을 항상 강조했던 저도, 아이가 커갈수록 그 범주를 많이 넓혀두었어요. 그래야 우리가 서로 마주보고 한 번 더 웃을 수 있으니까요.

그러나 일부(아니 상당수) 아이들은 특정 음식에 알레르기 반응을 보입니다. 음식이 제한되어 있지요. 이러한 아이들은 앞에서 언급한 일탈(?)은 꿈꿀 수도 없습니다. 빵 하나를 먹이더라도 '100% 쌀로 만든 빵인지' '우유는 한 방울도 안 들어간 것이 맞는지' 확인해야 하지요. 남들은 달걀 없으면 아이를 어떻게 키우느냐 묻는데, 달걀을 뺀 음식을 생각해내기란 쉽지 않습니다.

알레르기를 일으키는 대표적인 음식에는 우유, 달걀, 밀가루, 견과류(호두, 땅콩 등), 갑각류(새우, 게 등), 메밀 등이 90% 이상을 차지하고 있습니다. 우리나라의 경우 메밀이나 복숭아에 의한 알레르기도 많은데, 특히 메밀(메밀국수, 냉면, 막국수, 메밀전 등)은 예민한 알레르기 환자에게 큰 쇼크를 일으킬 수 있어 주의가 필요합니다.

알레르기 증상

피부	홍조, 가려움, 두드러기, 피부발진, 혈관부종
위장관	구토, 복통, 역류, 오심, 설사, 복부경련, 혈변
호흡기	콧물, 코막힘, 재채기, 쉰소리, 기침, 호흡곤란, 쌕쌕거림, 호흡수 증가

아나필락시스 쇼크Anaphylaxis Shock

특정 물질에 대해 우리 몸에서 생명을 위협할 정도의 과민반응을 일으키는 것을 말합니다. 음식물을 삼킨 기도가 부어 기관지가 좁아져 호흡곤란이 오기도 합니다. 2013년 한 초등학교에서는 급식을 먹고 나서 아이가 호흡곤란 증세 이후 뇌사 상태에 빠진 사건도 있었습니다. 심한 우유 알레르기가 있었는데, 급식의 카레에 우유 성분이 들어간 것을 인지하지 못하고 먹었기 때문이었죠.

음식에 의한 알레르기 반응

알레르기는 여러 가지 다양한 항원에 의한 반응이 복합적으로 생겨 나타날 수 있습니다. 물론 특정 음식을 먹고 1~2시간 안에 바로 피부에 이상반응을 보인다면 의심을 해봐야 합니다.

☑ 식품 알레르기 반응

1. **면역글로불린 E 매개 반응**IgE-mediated reaction : 특정 음식에 대한 특정 항체(면역글로불린 E)가 몸에 있어서 음식을 섭취했을 때 알레르기 반응을 유발한다. 예를 들어 두드러기, 혈관부종, 비염, 결막염, 아나필락시스, 구강 알레르기 증후군과 같은 질환들이 특정 IgE에 대한 반응으로 질환을 일으킨다.

2. **면역글로불린 E 비매개 반응**non-IgE mediated reaction : IgE와 관련 없이 음식 섭취 시 반응이 일어날 수 있다. 흔히 병원에서 하는 일반적인 알레르기 검사(특정 IgE 검사)에서 원인 물질이 나타나지 않을 수 있다. 질병의 예로 식품 섭취 후에 나타나는 위장관증상이 주증상인 질환들이 대표적이다. 영유아기에 분유를 먹고 구역, 구토, 설사, 혈변, 체중증가 불량, 탈진을 일으키는 질환도 여기에 해당한다. 식품유발 소장결장염, 직장염, 장병증, 접촉성 피부염 등 역시 여기에 해당한다.

3. 면역글로불린 E가 부분적으로 관여하기도 한다. 1~2의 혼합형이라고 생각하면 된다. 예를 들어 아토피 피부염, 호산구 식도염, 호산구 위염, 천식 등이 대표 질환이다.

음식과의 연관성을 알기 위해서는 음식과의 인과관계가 중요합니다. 한 번 먹고 이상반응을 보이는 경우보다는 반복적인 이상반응으로 음식과의 연관성이 입증되어야 하고 이런 경우에 알레르기 검사를 통하여 원인을 규명하여야 합니다. 진단을 위한 병력이 중요하며 어떤 특정 음식을 먹고 증상이 나타났는지 얼마나 많이 먹었는지, 같이 먹은 다른 음식은 없는지, 음식 성분은 모두 알고 있는지, 음식이 어떤 형태로 준비되었는지, 반복적으로 나타나는지, 운동이 병행되었는지 등을 확인하여야 합니다. 또한 피부반응 검사, 혈액 검사를 통해서 알레르기의 원인을 규명하기도 합니다.

일단 원인으로 규명된 음식이 있으면 특정 음식을 제한해야 합니다. 이때 교차로 반응할 수 있는 음식도 같이 제한하여야 합니다. 특히 갑각류끼리(새우, 게, 가재), 유제품끼리(우유와 양·염소의 우유; 우유 대신 산양유를 먹을 이유가 없습니다) 생선끼리는 교차반응이 보일 수 있어 음식제한 기간 동안 같이 제한하여야 합니다. 알레르기 유발인자로서 작용하는 어떤 음식이 있을 때, 그것과 분자구조가 유사한 다른 성분의 음식도 알레르기 반응을 발생시킬 수 있기 때문입니다.

☑ 알레르기 교차반응

알레르기 반응을 일으키는 식품	교차반응으로 문제가 될 수 있는 식품	교차반응률
콩류 땅콩	그외 콩류 완두콩, 렌즈콩, 대두	5%
견과류 호두	그외 견과류 브라질, 캐슈넛, 헤이즐넛	37%
생선 연어	그외 생선 황새치, 가자미	50%

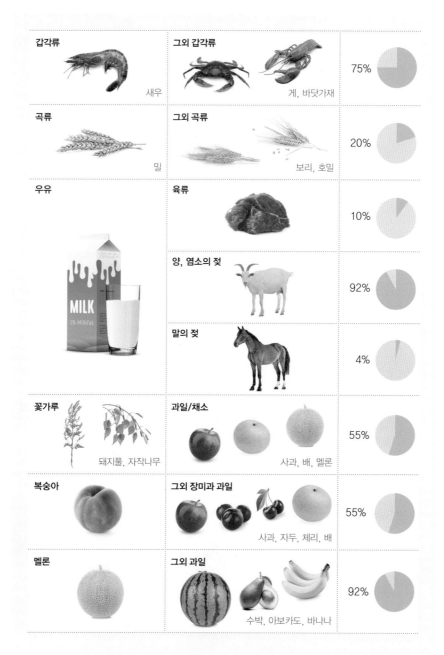

갑각류		그외 갑각류		75%
	새우		게, 바닷가재	
곡류		그외 곡류		20%
	밀		보리, 호밀	
우유		육류		10%
		양, 염소의 젖		92%
		말의 젖		4%
꽃가루		과일/채소		55%
	돼지풀, 자작나무		사과, 배, 멜론	
복숭아		그외 장미과 과일		55%
			사과, 자두, 체리, 배	
멜론		그외 과일		92%
			수박, 아보카도, 바나나	

라텍스	과일	35%
라텍스장갑	키위, 아보카도, 바나나	
과일	라텍스	11%
키위, 아보카도, 바나나	라텍스장갑	

※『소아알레르기호흡기학』제2판, 제7장 식품알레르기 참고

음식제한 시기

식품에 의한 알레르기라고 하면 "우리 아이는 평생 우유 못 먹나요?"라고 걱정하는 경우가 있습니다. 다행히도 많은 음식들은 시간이 지나면서 알레르기 반응이 적어집니다. 하지만 땅콩, 생선 등은 평생 지속되는 경우가 많아서 문제가 될 시에는 평생 먹지 않도록 하는 것이 중요합니다.

식품	발생 연령	호전 연령	교차반응 식품
달걀 흰자	6~24개월	7세(75%에서 호전)	다른 조류의 알
우유	6~12개월	5세(76%에서 호전)	염소젖, 산양유
땅콩	6~24개월	평생 지속 (20%에서 5세경에 호전)	다른 콩과식물, 견과류
견과류	1~7세	평생 지속 (9%에서 5세경에 호전)	다른 견과류, 땅콩
참깨 씨	6~36개월	평생 지속 (20%에서 7세경에 호전)	모름
생선	후기 소아기와 성인기	평생 지속	다른 생선(참치나 황새치와는 교차반응이 적음)
갑각류	성인기	평생 지속	다른 갑각류
밀	6~24개월	5세(80%에서 호전)	글루텐 함유 곡식

대두	6~24개월	2세(67%에서 호전)	다른 콩과식물
키위	모든 연령	모름	바나나, 아보카도, 라텍스
사과, 당근, 복숭아	후기 소아기와 성인기	모름	자작나무, 다른 과일, 견과류

※『소아알레르기호흡기학』제2판, 제7장 식품알레르기 참고

알레르기 Q&A

Q. 특별히 먹은 것도 없는데, 두드러기가 났어요.

A. 보통 음식을 통한 알레르기라고 하면 피부에 두드러기가 나는 것으로 생각들 많이 합니다. 하지만 이는 알레르기 반응의 일부입니다. 더욱 놀라운 것은 두드러기가 음식 외에 다른 이유들(바이러스 감염, 외부의 물리적인 요소)에 의해서 생기는 경우가 훨씬 많다는 것입니다.

Q. 아이가 너무 허약하고 면역력이 약해서 그런 거 아닌가요? 보약이나 영양제라도 먹여야 할까요?

A. 알레르기 반응은 거꾸로 우리 몸이 외부로부터의 자극에 더욱 크게 반응을 해서 생기는 것입니다. 우리 몸이 너무 면역력이 강해서 그런 것이지요. 그러니 면역력이 약해서라기보다는 불균형 때문이라 해야 할 것입니다. 여기에는 면역글로불린이라는 것이 관여합니다. 특히 알레르기에는 면역글로불린 E_{IgE}가 관여하게 되지요.

특정 음식을 먹었을 때 우리 몸에서 만들어지는 면역글로불린이 알레르기에 직접 관여하는 경우도 있고 면역글로불린이 관여하지 않고 다른 이유로 반응을 보이는 경우도 있습니다. 후자의 경우 알레르기 혈액 검사에서 특정 면역글로불린이 확인되지 않을 수 있습니다. 우리 아이가 알레르기가 의심되어서 혈액 검사를 하였는데 이상소견이 보이지 않는다면 후자의 경우를 생각해보아야 됩니다.

Q. 가족력은 중요한가요? 또, 임신했을 때 먹은 음식이 영향을 미치나요?

A. 알레르기는 유전적인 부분이 큰 영향을 미칠 수 있습니다. 특히 천식이나 비염 등 알레르기가 있을 때 식품 알레르기로 이어지는 경우도 많습니다. 또한, 둘째나 셋째를 임신한 뒤 방문하였을 때 "첫째가 피부가 안 좋아서요. 제가 음식제한을 해야 하나요?"라고 물어보는 경우가 있습니다. 생각 같아서는 대표적인 알레르기 음식을 모두 제한하여야 될 것 같지만 원인을 모르고 무조건 제한하는 것은 추천하지 않습니다. 특정 원인이 있다고 하더라도 임산부의 음식제한은 권하고 싶지 않습니다. 알레르기의 연관 가능성이 낮기 때문입니다. 또한 수유모가 같은 이유로 음식을 제한하고 수유를 하는 것도 추천하지 않아요. 그러나 만약 아이가 특정 음식에 반응을 보여서 검사상 알레르기 진단을 받았다면 수유 시에 특정 음식은 제한하는 것이 좋습니다.

알레르기 대처 수칙

1. 기관에 보내기 전, 전문적인 알레르기 검사 진행

이유식 중 거의 모든 음식을 무리 없이 소화하는 아이들이 있는 반면 다소 예민한 반응을 보이는 아이들도 있지요. 만약 알레르기 반응을 보였다면 가까운 소아청소년과에 가서 알레르기 검사를 하여 내 아이가 알레르기 반응을 보이는 음식의 종류를 파악해두세요.

마스트 알레르기 검사 MAST Allergy Test

다중알레르기 항원 검사로, 여러 가지 흔한 알레르기 항원에 대한 특이 IgE를 동시에 검사하는 혈액 검사 방법입니다. 한 번의 검사로 알레르기 진단 및 음식물 알레르기 항원은 물론 흡입성 알레르기 항원까지 90여 종에 대한 결과를 일주일 이내 얻을 수 있습니다.

이뮤노캡 검사 ImmunoCAP

혈청에 존재하는 알레르기 원인물질에 대한 특이 IgE라는 항체를 측정하는 정량 검사로, 개별 항원에 대해 정확하게 확진받을 수 있습니다. 특이 IgE 항체의 양을 통해서 증상의 중증도를 예측하고, 식이제한과 대체식이를 설정하는 것이 가능하지요.

2. 단체급식 주의하기

2013년 개정된 '학교급식법'에서는 급식의 알레르기 유발 식재료를 모두 학생들에게 알리고, 미리 학교 홈페이지와 가정통신문에 공지 및 게시하게 되어 있습니다. 식재료를 파악하여 아이가 알레르기를 보이는 식품이 포함되어 있으면, 도시락을 싸서 보내야 합니다.

제16조(품질 및 안전을 위한 준수사항)

3항 학교의 장과 그 소속 학교급식관계교직원 및 학교급식공급업자는 학교급식에 알레르기를 유발할 수 있는 식재료가 사용되는 경우에는 이 사실을 급식 전에 급식 대상 학생에게 알리고, 급식 시에 표시하여야 한다. 〈신설 2013.5.22.〉

4항 알레르기를 유발할 수 있는 식재료의 종류 등 제3항에 따른 공지 및 표시와 관련하여 필요한 사항은 교육부령으로 정한다. 〈신설 2013.5.22.〉

3. 음식 원료라벨 꼼꼼하게 확인하기

식품의약품안전처에서 한국인에게 알레르기 반응이 가장 많이 나타나는 식품 18가지를 선별하여 가공식품의 원재료명에 의무적으로 표기하도록 하고 있습니다. 이를 꼼꼼하게 확인하세요.

식약청이 고시한 18가지 식품 원재료

▲난류 ▲우유 ▲메밀 ▲땅콩 ▲대두 ▲밀 ▲고등어 ▲게 ▲새우 ▲돼
지고기 ▲복숭아 ▲토마토 ▲아황산류 ▲호두 ▲닭고기 ▲쇠고기 ▲오
징어 ▲조개류(굴, 전복, 홍합 포함)

알레르기 환자가 많은 미국의 경우, 원재료 알림이 훨씬 구체적으로 되어있
는 경우가 많습니다. 우유가 아닌 '카제인', '유청단백질(카제인을 제거한 유단백
질)', '락토오스', 밀은 '글루텐'으로, 달걀은 '알부민' 등으로 말이죠.

4. 음식에 대한 점진적 노출 필요

이유식 시기부터 음식에 대한 조심스러운 점진적인 노출이 필요하며 이상
반응을 보일 시에는 정확한 검사를 통해서 정말로 특정 음식에 알레르기가 있
는지 확인을 하여야 합니다. 그래야 불필요한 음식제한으로 인한 영양 손실이
오지 않게 되고 아이들도 음식제한으로 인한 스트레스를 받지 않게 됩니다.

이유식 시기를 넘어서 유아식으로 넘어가면 보통은 우리 아이가 어떠한 알

레르기가 있는지 알게 됩니다. 대부분의 음식을 먹고 문제가 없었다면 음식에 대한 알레르기 걱정은 하지 않는 것이 좋겠지요. 지레 겁먹고 음식제한을 너무 철저히 하지 않길 바랍니다.

5. 대체음식 찾기

시간이 지나면 알레르기 반응이 감소하거나 사라지는 경우가 있으니 담당 병원 선생님과 상의하여 언제 검사하고 언제 음식을 시도해볼지 계획을 세우는 것이 중요합니다.

📝 대체해서 먹을 수 있는 음식들

- **우유**   두유, 라이스 밀크, 아몬드 밀크, 오트밀 밀크
- **달걀**   두부, 달걀 대체품egg replacer
- **밀가루**   쌀가루, 글루텐 프리gluten free 밀가루

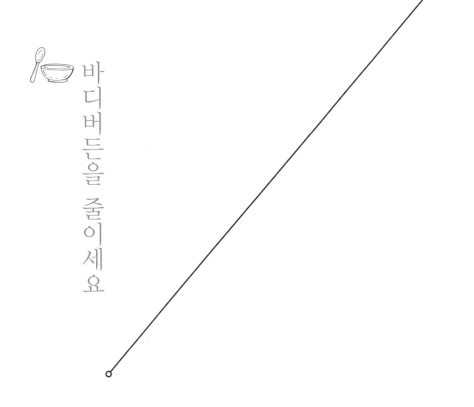

바디버든을 줄이세요

구입하고 사용되는 책 속 식재료들을 보며 "우리는 그냥 아무거나 먹고도 잘만 컸잖아요." "꼭 비싼 유기농이어야 할까요?" "왜 꼭 다 이렇게 소스까지 만들어서 먹어야 하나요?"라고 물을지도 모르겠습니다. 유기농 숍의 물건은 비싸지요. 한 달 생활비에서 쪼개어 장을 보려면 비싼 채소값에 한숨이 나올 겁니다. 하지만 우리의 몸이 유기농, 무농약, 안전포장재의 제품을 먹어야 하는 이유가 분명 있답니다. 코팅 팬보다는 스테인리스 팬을 추천하고, 플라스틱 용기보다는 유리나 스테인리스 용기를 추천하는 이유도 이와 다르지 않습니다. 바로 바디버든Body burden 때문입니다.

바디버든을 구체적으로 말하면 Body 'Chemical' burden입니다. 바디버든은 인간 몸에 쌓인 유해물질의 총량을 말합니다.

바디버든

= Body 'Chemical' burden

= The amount of a harmful substance that is permanently present in a person's body

---

우리 몸에 유해한 화학물질

아기들은 태어날 때 이미 부모로부터 받은 200여 종의 유해화학물질을 가지고 세상에 나오고 커가면서 700여 종이 넘는 유해화학물질을 축적하게 된다고 합니다. 우리가 흔히 사는 물건들은 무려 8만여 종의 유해화학물질이 검출될 수 있습니다. 상황이 이렇다 보니 '케미포비아Chemiphobia'라는 신조어도 등장했지요. 이를테면 이런 대표적인 화학물질들이 있습니다.

비스페놀 ABisphenol A(BPA)

아기 키우면서 'BPA free'라는 말을 많이 들어보셨을 겁니다. 밀폐용기에도, 젖병도 물병도 BPA-free를 많이 강조하지요. BPA에 노출되면 호르몬 문제로 전립선암, 유방암, 당뇨, 불임, 비만 등으로 이어질 수 있습니다. 제가 통조림음식을 먹지 말라고 하는 이유도 여기에 있습니다. 캔의 내부코팅에 종종 사용되기 때문이에요. 음식의 산도와 가열온도, 저장온도에 따라 수치가 증가될 수도 있습니다. BPA는 식품을 조리한다고 해서 없어지는 것이 아닙니다.

BPA가 많이 사용되는 제품들

젖병, 플라스틱용기, 통조림 캔, 영수증 등

파라벤Parabens

화장품이나 세제 등에서 널리 쓰이고 있는 방부제입니다. 가공식품에 쓰이기도 합니다. 파라벤은 BPA와 마찬가지로 여성호르몬인 에스트로겐과 비슷한 작용을 하기 때문에 호르몬을 교란시킬 수 있습니다. 우리나라도 파라벤 치약 논란으로 홍역을 치른 바 있지요. 유방암 발병 원인이 될 수 있고, 남성불임을 유발한다는 연구결과도 있습니다.

파라벤이 많이 사용되는 제품들

화장품, 세제, 치약 등

프탈레이트Phthalate

프탈레이트는 플라스틱을 부드럽게 만들어주는 화학물질로, 노출될 경우 지능저하와 주의력 결핍으로 이어질 수 있습니다. 뇌발달에 영향을 끼치는 물질인 만큼 뇌의 성장이 활발하게 진행되는 영유아는 더더욱 조심해야 합니다. 아빠엄마가 항상 들고 다니고, 아이에게도 가끔씩 쥐여주는 휴대폰 케이스에도 카드뮴, 납, 프탈레이트가 검출됩니다. 2016년에는 유아용 변기커버에서도 프탈레이트와 카드뮴이 검출된 바 있습니다. 플라스틱을 연성화하는 물질이기 때문에 어린이 장난감, 지우개에서도 검출됩니다. 학교의 우레탄 트랙 역시 프탈레이트가 사용되어, 이를 규제하고 바꾸어나가는 추세이지요.

프탈레이트가 많이 사용되는 제품들
플라스틱 랩, 향수, 매니큐어, 부드러운 플라스틱 장난감 등

정말 많은 화학물질들이 우리 아이 주변에 있습니다. 아이의 장난감, 손으로 만지작거리는 점토, 치약, 손 세정제, 모기퇴치제, 음식이 담겨있던 통, 매일 먹는 채소와 고기… 심지어 마시는 물과 들이마시는 공기 중에도 화학물질은 있습니다.

하나하나 신경 쓰면서 살펴보면 거의 사용할 수 있는 것이, 먹을 수 있는 것이 없다고 느껴질지도 모르겠습니다. 그만큼 화학제품은 어디에나 있지요. 어쩔 수 없는 부분이 있지만 덜 노출되기 위한 노력은 분명 필요합니다. 우리 아이들의 건강과 직결된 문제이니까요.

바디버든을 줄이기 위한 노력

1. 라벨 살피기

모든 물건을 구매할 때 라벨을 자세히 보세요. 아이가 사용하는 물건뿐만 아니라, 먹는 것, 아이와 얼굴을 부비는 내 피부에 사용하는 것도 그렇습니다.

2. 필요한 것만 사용하기

꼭 필요하지 않는 것은 사용하지 마세요. 공기 중에 뿌리는 방향제나 탈취제, 살충제 같은 것들, 혹은 섬유유연제 같은 것들은 굳이 사용하지 않아도 되는 물건들입니다. 과감히 구매목록에서 빼길 권합니다.

3. 가공식품 줄이기

가공식품은 먹지 않고 되도록 집에서 만들어 먹어요. 소스에 들어가는 방부제, 소스를 넣어두는 플라스틱통 등에도 화학물질이 들어 있습니다. 집에서 안전한 방법으로 조금씩 조리하여 보관기간을 짧게 설정해두고 먹길 바랍니다.

4. 좋은 식재료 선택

가능하면 유기농, 무항생제 식재료를 구매하세요.

5. 용기 신경 쓰기

플라스틱이 아닌 유리나 스테인리스 조리도구, 냄비, 프라이팬, 보관용기를 사용하세요.

6. 배달음식 줄이기

플라스틱 비닐이나 포장용기에 담긴 배달음식은 자주 먹지 마세요.

7. 통조림 줄이기

참치 통조림, 토마토 통조림 등 캔에 조리되어 담긴 음식을 사먹지 마세요.

비만과 성조숙증의
위험성을 알고 있나요?

아내는 딸들 건강에 대해서는 비교적 큰 걱정을 하지 않습니다. 제가 소아청
소년과 의사여서 그런 부분도 있고 비교적 아이들이 건강하게 크고 있기 때문
이기도 합니다. 그래도 한 가지 걱정하는 부분이 있는데, 바로 최근에 아이들에
게서 많이 나타나고 있는 '성조숙증'입니다.

성조숙증

8세 미만 여아에서 이차성징(유두 발달), 9세 미만 남아에서 이차성징(고환크기 증가 4mL 이상)이 보이는 증상을 '성조숙증'이라고 합니다. 사춘기가 빨리 찾아온 셈이라 최종 성장키가 작지요.

여아의 경우 원인이 없는 특발성인 경우가 많습니다. 남아의 경우에는 신체의 문제(종양)가 있어서 발생하는 경우가 더 많아서 정밀 검사가 반드시 필요합니다. 물론 이른 나이(6세 미만)의 여아에도 신체 문제(종양)가 있는 경우가 간혹 있습니다.

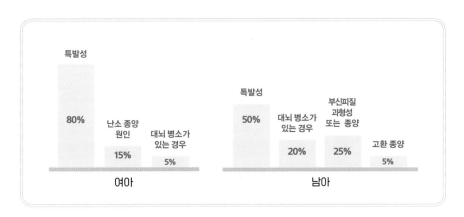

분류

진성 성조숙증

성선자극호르몬 의존성 성조숙증으로 사춘기에서 보여지는 시상하부-뇌하수체-성선축의 자극이 보이는 것을 말합니다. 특발성, 즉 원인이 없거나 머리 문제(뇌종양, 뇌염 등)인 경우입니다.

가성 성조숙증

성선자극호르몬과 관련 없이 성조숙증이 이루어지는 것을 말합니다. 머리 외의 문제(난소/고환 종양 등)인 경우입니다.

☑ **성조숙증 Check List** [한 가지라도 해당된다면 소아청소년과를 방문하기 바랍니다.]

1. 여자아이의 경우 만 8세 이전에 가슴멍울이 만져지거나 아파하는 경우

2. 여자아이의 경우 10세 이전에 초경을 시작하는 경우

3. 남자아이의 경우 9세 이전에 고환이 커지는 경우

4. 최근 들어 키가 아주 빨리 자라는 경우(6개월에 4cm 이상)

성조숙증 증가 원인

비만과 관련성이 있습니다. 에너지 공급 과잉에서 오는 것이죠. 체지방이 증가하면 체지방 세포에서 렙틴, 아디포카인 분비가 늘어나고, 이 렙틴은 성호르몬 분비를 촉진합니다. 또한 환경호르몬(다이옥신, 비스페놀A, 프탈레이트 등)의 원인도 있고, 부모가 성조숙증이 있으면 유전으로 인해 아이도 그 가능성이 높습니다.

음식과의 관련성

음식과 연관지어 식이제한을 해야 한다는 속설이 많습니다. 결론부터 말하자면 '자연에서 얻어진 식재료만으로 성조숙증을 유발하는 것은 아니다'입니다. 성조숙증과 연관지어 논란이 많은 식품을 살펴봅시다

콩, 두유: 식물성 에스트로겐인 이소플라본이 풍부합니다. 아이들에게 이소플라본은 어른과 달리 에스트로겐 수용체에 반응하지 않습니다. 미국소아과학회에서도 콩, 특히 두유와 성조숙증과의 관련성이 없다고 발표하였습니다.

**콩나물, 달걀, 우유:** 관련 없습니다. 다만 항생제, 성장촉진제를 맞은 닭, 젖소로부터 공급된 우유나 달걀에 대해서는 추가적인 연구가 필요합니다. 식재료 자체가 성조숙증을 유발하지 않습니다.

**석류, 블루베리:** 여성 선호 음식과도 관련이 없습니다.

그럼에도 관련성을 따지자면, 이것들을 많이 먹어서 비만이 되거나 이 식품들의 가공이나 보관을 잘못하여 환경호르몬이 생성되어 성조숙증을 유발한 경우일 것입니다. 하지만 분명한 건 이 음식들이 직접적인 영향을 주지 않는다는 점입니다.

성조숙증의 진단과 치료

진단

X-ray(골연령) 검사, 혈액 검사, 성호르몬 검사, 필요 시 MRI 등 영상 검사를 통해 하게 됩니다.

치료

원인이 발견되면 원인을 제거해야 합니다(수술, 호르몬 치료 등). 원인이 없는 특발성인 경우에는 아이의 최종 키를 키우는 데 목표를 두게 됩니다. 대부분이 특발성이며, 따라서 치료의 핵심은 성장에 있습니다(환경호르몬 차단하여 바디버든 줄이기, 비만이 되거나 체지방이 많지 않도록 적절한 식사량과 운동병행).

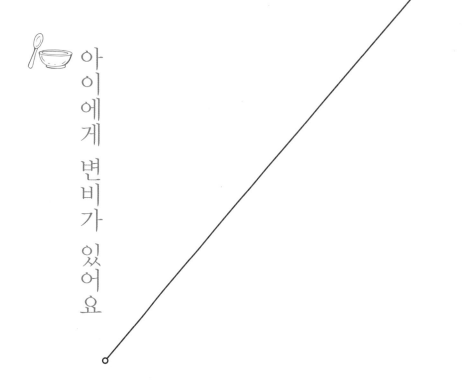

아이에게 변비가 있어요

잘 먹고 잘 자고 잘 배설하는 것은 건강의 기본입니다. 변비는 어린 아이들에게(특히 4세 미만) 흔하게 보이는 증상 중 하나입니다. 온갖 노력을 다 해도 변을 보지 못해 힘들어하는 아이를 보면 당황스럽고 난감할 거예요. 정확하게 유병율을 확인하기에는 진단기준이 모호한 부분이 있으나, 어린 아이들 중 약 5~15% 변비가 있다고 합니다.

보통 일주일에 2회 이하의 대변을 힘들게 보고, 대변이 단단하거나 끊어지는 형태로 보며, 대변을 참으려고 하는 증상 등을 보이면 변비로 진단을 할 수 있습니다.

변비

· 일주일에 2회 이하 대변을 힘들게 봄

· 대변이 단단하거나 끊어지는 형태

· 대변을 참으려고 함

변비의 원인

부모가 "우리 아이가 대변 보기를 힘들어해요."라고 호소하면 대부분 변비가 맞습니다. 그만큼 주관적인 판단이 진단에 많이 들어갑니다. 그렇다면 어떠한 경우에 변비가 생기는 걸까요? 장 자체의 문제가 있는 병적인 경우를 제외하고는 다음과 같은 원인이 변비를 일으킬 수 있습니다.

적게 먹는 경우

소화가 되어 만들어진 대변이 직장을 적절하게 압박을 해야 변의를 느끼고 대변을 보고자 하는 욕구가 생깁니다. 이것은 배변을 하는 것에 있어서 상당히 중요한 작용입니다. 다이어트를 해본 분들이나 여행지에서 음식이 입맛에 맞지 않아 식사량을 확 줄인 적이 있는 분들은 한 번 정도는 경험해보았을 겁니다.

음식량이 확연히 적은 아이들의 경우에는 직장을 자극하기 위한 절대적인 대변 양이 적고, 적은 대변은 직장에 정체되어 수분을 빼앗겨 단단한 변이 됩니다. 그러므로 음식의 절대적인 양이 적은 경우에 변비가 흔하게 생깁니다.

섬유질이 적은 식생활

섬유질은 대변의 부피를 늘리고 대변의 수분량을 늘리는 역할을 합니다. 또한 장내 대변의 이동 시간을 빨리하여 배변에 도움을 줍니다. 그러나 너무 많은 양의 섬유질은 복통이나 복부팽만을 유발하고, 비타민 흡수를 저하할 수 있습니다.

$$\text{추천하는 1일 섬유질 양} = \text{나이} + 5g$$

수분이 적은 식생활

수분은 수용성 섬유소의 작용을 도와서 대변의 양을 증가시킵니다. 나이마다 추천 수분량이 다르지만 하루에 100~150mL/kg(몸무게) 정도의 수분량이 필요합니다. 즉 유아식을 하는 아이들은 대략적으로 하루에 100~120mL/kg(몸무게)는 수분보충을 하여야 합니다.

$$\text{유아식 어린이 1일 추천 수분량(mL)} = 100\text{~}120mL \times (\text{몸무게})kg$$

우유를 많이 먹는 경우

돌 이후에 하루 400mL 이상의 우유 섭취를 하는 경우에 변비를 유발할 수 있습니다. 우유 섭취를 줄이고 섬유질을 늘리는 쪽으로 유도해주세요. 우유를 너무 좋아하는 아이라면 이를 대체해줄 만한 우유와 비슷하고 식이섬유가 많은 '귀리음료' 등을 주면 좋습니다.

심리적인 경우

24개월 이전에 시작한 배변훈련, 심리적 스트레스가 원인이 될 수 있습니다.

활동부족

몸을 움직이는 활동이 장운동을 도와줍니다. 걷고, 뛰게 도와주고 스트레칭도 시켜주세요.

변비 치료

생활습관 수정

많이 먹고(덩어리 음식, 특히 섬유질이 많은 음식), 많이 움직이고, 수분 섭취를 충분히 하며 스트레스 받지 않는 것이 핵심이겠지요. 하지만 아이 어른 할 것 없이 지키기 쉬울 것 같은 생활을 하지 못하고 있고 또한 하기도 어려운 것이 현실입니다. 되도록 규칙적인 식생활(정해진 시간에 식사 등)을 하고, 아이의 배변 환경도 편안하게 만들어주세요.

약물 치료

경미한 경우에는 섬유질, 수분을 늘리고 운동량을 늘리는 방법으로 호전을 보일 수 있지만 변비가 오래 된 경우에는 단순히 식이요법만으로는 치료가 안 되는 경우가 많습니다. 따라서 변비가 좀 오래되었다고 생각되면(수개월) 약물 치료가 병행되어야 합니다. 하지만 이 또한 식이요법이 병행되어야 합니다.

섬유질이 많은 음식

| 콩류 | 브로콜리 | 양배추 | 사과 | 푸룬 | 고구마 | 시금치 |

※농촌진흥청 자료 참고

변비 치료에 대한 Q&A

Q. 변비에 유산균이 좋나요?

A. 유산균은 장내에 좋은 영양을 미치는 생물, 즉 프로바이오틱스를 흔히 일컫는 말입니다. 치료에 도움이 된다는 연구 결과도 있지만 아직까지 유산균이 변비에 효과가 있다는 확실한 증거가 부족한 상태입니다. 비용 대비 효과의 문제이기도 합니다. 많은 분들이 유산균을 아이들에게 먹이고 있고 먹어서 나쁠 것은 없겠지만 변비 치료만을 위해서 유산균을 복용하는 것은 효과적인 방법은 아닙니다.

Q. 수분과 섬유질을 많이 먹으면 치료가 되나요?

A. 적정 수분과 섬유질은 배변을 도와주지만 치료 목적으로 다량의 수분 섭취와 섬유질 섭취에만 의존하는 것은 바람직하지 않습니다. 지나치게 먹으면 오히려 복통을 유발하기도 하지요.

Q. 약물에 의존하게 되면 어쩌죠?

A. 변비약은 마약처럼 중독되거나 의존성이 있는 약이 아닙니다. 그러므로 큰 걱정 없이 복용하여도 됩니다. 변비 치료는 최소 2개월 이상 하여야 합니다. 늘어난 장이 정상 크기로 돌아올 때까지 걸리는 최소 기간이라고 보면 됩니다. 진료실에서 많이 물어보는 질문 중 하나가 "변비약을 너무 오래 먹으면 약에 의

존하게 되는 것 아닙니까?" "관장을 너무 자주 하면 좋지 않은 것 아닌가요?"입니다. 약 없이 치료하려고 하는 경우가 많지요. 하지만 약물 치료의 실패 원인으로는 사실 다음과 같은 이유들이 있습니다.

1. 관장하지 않고 경구약으로만 치료하는 경우

변비가 심한 경우, 관장을 하여 묵은 변을 제거하는 일정 기간이 필요합니다. 필요하면 3~5일 정도의 매일 관장이 필요합니다.

2. 경구약의 적정 용량을 사용하지 않는 경우(필요보다 적게 사용)

3. 너무 일찍 약을 줄이거나 중단하는 경우

약을 길게 사용하다 보니 약물에 의존하지 않으려는 마음은 이해가 가지만 변비 치료가 기본적으로 길다는 이해의 부족에서 치료가 실패하는 경우가 많습니다. 담당 선생님을 믿고 약물 용량을 아이에 맞게 조절해 가는 것이 중요합니다. '1년 정도 약을 먹을 수도 있겠구나' 하고 편하게 생각하는 게 좋습니다.

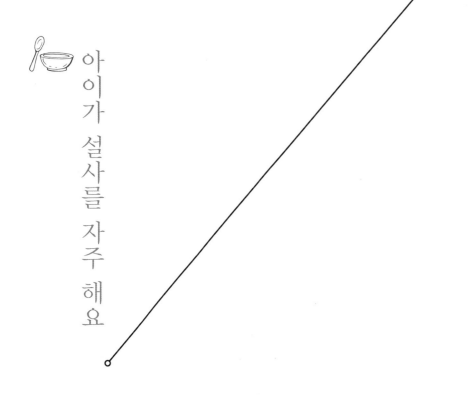

아이가 설사를 자주 해요

변비 못지않게 진료실에서 자주 볼 수 있는 증상이 바로 설사입니다. 물론 설사의 정의에 들지 않는 약간의 묽은 변, 정상 변으로도 많이 내원하곤 합니다. 그렇다면 어떠한 경우에 설사라고 말할 수 있을까요?

　간단하게 설명해보면 조금 큰 아이들의 경우에는 손바닥 넓이 이상의 설사를 하루 4회 이상 하면 의미를 둡니다.

　설사가 문제가 되는 이유는 아래와 같습니다.

설사의 대표적 3대 원인

1. 감염
　특히 아이들 설사의 많은 경우를 차지하며 그중 대부분이 바이러스에 의한 장염입니다.

2. 항생제 복용에 의한 설사
　다른 이유로 약 처방을 받았을 때, 항생제가 포함되어 있다면 먹는 동안 설사를 일으킬 수 있습니다. 흔히 냉장보관하는 흰색 항생제가 설사를 유발하지요.

3. 섭취 음식의 비율에 의한 설사

건강한 아이들도 섬유질, 당분, 수분의 과량 섭취 시 설사를 할 수 있습니다. 주스를 많이 마시는 아이들, 여름철에 과일이나 아이스크림을 많이 먹는 아이들은 건강한 상태에서 설사를 하기도 합니다.

대변 이상에 대한 Q&A

Q. 제가 뭘 잘못 먹였을까요?
A. 건강해 보이는 아이는 음식의 비율 문제일 수 있습니다. 이를테면 단 음식, 탄수화물이 많은 음식, 수분이 많은 음식, 기름기가 적은 음식 위주의 섭취나 과일을 많이 섭취하는 것 등이지요.

Q. 장염 걸린 아이와 만나서 장염이 옮은 건 아닌가요? 전염성이 있나요?
A. 장염은 손으로 옮깁니다. 전염성이 있어요.

Q. 우리 아이의 장이 민감한가요?
A. 아이의 장이 알레르기, 흡수장애와 관련 있을 수 있습니다.

Q. 어린이집에 가도 되나요?

A. 바이러스성으로 진단받는 경우, 설사하는 기간 동안에는 격리하는 것이 옳습니다.

Q. 대변 냄새가 이상해요.

A. 시큼한 냄새, 좋지 않은 냄새가 날 수는 있지만 의학적인 문제로 이어지는 경우는 적습니다.

Q. 대변색이 진한 녹색이에요.

A. 혈변을 제외하고 색깔은 의미가 있는 경우가 드물어요.

설사 치료

탈수의 교정

탈수 및 그로 인한 전해질 불균형만 없다면 아이가 설사를 하더라도 큰 걱정은 하지 않아도 됩니다. 시간이 지나면 저절로 호전됩니다. 그러나 소변량이 적고, 입술이 말랐으며 혀가 하얗게 보이고, 아이가 활동성이 적으며 자꾸 누워 있으려 한다면 탈수 및 전해질 불균형을 교정할 필요가 있습니다.

심한 탈수가 아니면 그냥 물(반드시 보리차가 아니어도 됨)을 수시로 마시는 것만으로도 보충과 탈수 교정이 됩니다. 수분이 많이 부족한 경우에는 집에서 경구 수액제를 만들 수도 있습니다. 1L 물에 설탕 1/2T, 소금 6T을 섞어 보충해주면 전해질과 당분, 수분까지 보충해줄 수 있습니다.

식이제한 주의

이것을 명심하세요. "안 먹으면 설사가 줄어듭니다. 하지만 오래 지속될 수 있습니다."

원칙

· 금식시키지 마세요.

· 묽게 먹이지 마세요.

· 음식제한을 함부로 하지 마세요.

· 설사를 하는 경우에도 영양소를 골고루 섭취하는 것이 중요합니다(손상된 장점막의 회복에도 도움).

· 빠른 시일에 원래 먹던 음식으로 돌아가세요.

식이제한에 대한 Q&A

Q. 요거트는 먹어도 되나요?

A. 요거트를 먹으면 유당 소화력이 증대됩니다. 유당이 포도당과 젖당으로 분해되어 함유되어 있습니다. 먹어도 됩니다.

Q. 어떤 음식 위주로 먹이면 되나요?

A. 에너지가 높고, 잘 익고, 입자가 작은 음식 위주로 먹습니다. 기름기 많고, 달고, 차고, 유당이 많은 음식은 좀 적게 먹도록 합니다. '죽' 형태가 좋겠지요.

Q. 바나나가 도움이 되나요?

A. 덜 익은 바나나가 도움이 됩니다. 아밀라제 저항성 전분starch이 있습니다. 하지만 아이들이 먹기에 좋은 맛은 아니지요.

추천하는 음식

· 부드럽게 소화할 수 있는 영양가 있는 죽(흰죽이 아닌 영양이 풍부한 어떤

죽이든)

· 너무 달지 않은 음식

· 적당한 염분이 포함된 음식

· 단백질, 탄수화물, 지방 등의 필수 영양소가 풍부하게 들어있는 음식

적절하지 않은 음식

· 기름기가 너무 많은 음식(치킨 등)

· 유당 함유가 많은 유제품

· 설탕이 많이 함유된 단 음식

· 너무 찬 음식

· 과당(과일)

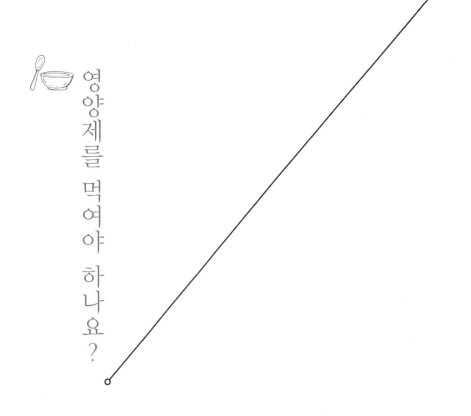

영양제를 먹여야 하나요?

"선생님, 영양제 꼭 먹여야 하나요?" "추천해줄 만한 영양제 없나요?" 진료실
을 찾는 부모님들이 제게 많이 하는 질문들입니다. 저는 영양제를 먹여서 나쁠
건 없지만 큰 효과는 기대하지 말라고 대답을 해줍니다.

식품 전문 해외 인터넷 쇼핑몰에서도 인기상품에 링크되어 있는 제품은 아이의 영양제나 유산균입니다. 종합비타민부터 비타민C, 액상칼슘, DHA, 삼부커스 시럽, 유산균 등등 식품 보조제의 종류와 개수만 해도 엄청납니다. 아내도 가끔 저에게 "우리 아이들 비타민 필요하지 않아?"라고 물어볼 때가 있습니다. 그럴 때마다 저의 대답은 한결 같아요. "아니, 필요하지 않아."

왜 부모들은 영양제에 이토록 골몰하게 되었을까요? 잘 먹는 아이보다는 편식하고 입이 짧은 아이의 부모가, 통통한 아이보다는 마르게 자라고 있는 아이의 부모가, 덩치가 좋고 키가 큰 유전자를 물려준 부모보다는 작고 왜소한 체형의 부모가 영양제를 고민하고 결국 선택하더군요.

그 어떤 말보다 확신 있게 말할 수 있습니다. "밥이 보약입니다." "밥보다 좋은 영양제는 없습니다." 하지만 밥을 (정말이지) 안 먹는 아이를 두고 있다면 저 역시 "영양제는 필요 없습니다."라는 말을 하기가 어려워집니다. 뭐라도 먹여보고 싶은 심정을 모르는 건 아니기 때문이에요. 내 아이에게 영양제를 반드시 먹이겠다 생각하신다면 각각의 기능을 꼼꼼히 살펴본 뒤 선택하세요.

많이 선택하는 식품 보조제

비타민
흔한 비타민제 성분표를 우유와 비교해보았습니다.

	우유(200mL)	비타민제(5mL)
비타민B1	0.08 mg	0.1 mg
비타민B2	0.28 mg	0.12 mg
비타민B6	0.08 mg	0.09 mg

소위 잘 나간다는 아이 성장 촉진제입니다. 우유를 하루에 200mL 한 팩을 먹고, 비타민제는 하루 권장량인 5mL를 먹인다고 했을 때 차이가 비타민B1과 B6는 비타민제에 함유된 양이 약간 더 높고, 비타민B2는 우유에 더 많습니다. 그렇다면 굳이 비타민제를 먹일 필요가 있을까요? 비타민제 대신, 비타민뿐만 아니라 다양한 영양소가 들어 있는 우유에 아이가 좋아하는 (비타민 가득한) 과일을 넣어 스무디를 만들어 간식으로 주면 어떨까요.

기타 무기질(칼슘, 마그네슘, 철, 아연 등)

아이가 잘 먹지 않는다면 필요한 무기질이 부족하지 않을까 걱정을 많이 할 것입니다. 그러나 이 또한 얼마나 아이가 먹고 있고 어느 성분이 부족한지 특별한 검사를 하지 않고서는 알기가 쉽지 않습니다. 그래도 혹시 우리 아이가 잘 먹지 않고(특히 육류) 몸무게도 잘 늘지 않으며 잔병치레가 잦아 병원 방문횟수가 많다고 한다면 소아청소년과 의사 입장에서 아연이나 철분이 포함된 영양제를 추천하는 편입니다. 이 또한 잘 먹고 건강한 아이에게는 권하지 않습니다.

유산균

과거 모 방송 예능프로그램에서 유산균을 먹여야 하나 말아야 하나를 두고 각계 전문가들이 토론을 하던 게 생각납니다. 효과는 있지만 경제적인 측면에서 꼭 먹여야 하나가 중점적인 내용이었습니다. 대부분의 부모들은 아이에게 나쁘지 않고 조금이라도 도움이 된다면 경제적인 측면은 크게 신경 쓰지 않습니다. 그래서인지 유산균을 판매하는 시장도 더욱 커져가는 것 같아요.

유산균은 프로바이오틱스 중의 하나로 적정량이 인체에 유익한 작용을 하게 됩니다. 많은 질환들, 대표적으로 항생제 유발에 의한 설사, 감염성 설사, 헬리코박터 박멸요법의 보조치료, 아토피성 습진에 관련이 있고 도움을 준다는 보

고가 있습니다. 실험을 통한 데이터가 있는 논문은 앞의 세 가지 질환, 즉 항생제 유발에 의한 설사, 감염성 설사, 헬리코박터 박멸요법의 보조치료이며 아토피성 습진에 도움이 된다는 정도입니다. 하지만 얼마나 많은 양을 언제까지 먹여야 할지는 아직 정확한 레퍼런스가 없습니다. 아토피로 고생하는 아이를 보면 무엇이든지 해주고 싶은 엄마 마음에 진료실에서도 유산균에 대해서 많이 물어보지만 뾰족한 대답을 해주기가 쉽지 않습니다. 또한 유산균이 시중에 유통될 때 발생할 수 있는 생균의 안전성 및 초기 유산균 형태가 얼마나 잘 유지될 수 있느냐 하는 문제도 있지요. 그렇다면 유산균도, 필수가 아닌 여유가 있는 부모의 선택 정도가 되겠습니다.

천연시럽, 천연주스

천연시럽도 '초기 감기에 특효' '면역력 증가'라는 후기글로 포장되어 많이 팔리고 있습니다. 나쁘다는 것은 아니지만, 전부 옳다고 믿어서는 안 됩니다.

감기에 효과가 없을 수도, 오히려 아이 몸에 해를 끼치는 성분이 될 수도 있습니다. 실제로 특정 천연시럽은 독성이 있을 수 있다는 이유로 아이에게 먹이면 좋지 않다는 레퍼런스도 있습니다.

천연시럽의 포장을 보면 'Sugar-free'라는 설명이 있지만 안심하지 마세요.

이러한 천연시럽이나 천연주스는 아이가 먹기에 달고, 당도가 있어 끈적거리는 경우가 많습니다.

설탕이 안 들어가 있다고 해서 모든 단맛이 용서되는 것은 아닙니다. 배나 사과의 단맛도 단맛이에요. 누군가가 "아이들을 위한 각종 액상 및 캐러멜이나 젤리 제형의 비타민과 무기질, 혹은 천연시럽 등을 먹여서 나쁠 게 뭡니까?"라고 묻는다면 저는 단연 '단맛'이라고 대답할 것입니다. 아이가 단맛에 중독되는 것은 좋지 않습니다.

한 가지 정도도 아니고 네 개, 다섯 개 정도의 각종 비타민과 칼슘, 천연시럽, 유산균 등을 하루에 몇 개씩 먹이는 경우가 있는데, 아이들이 하루에 4~5스푼 정도의 단맛을 반복적으로 접하는 셈이지요. 절대로 좋지 않습니다. 단맛에 중독될 뿐만 아니라, 이에 끌려 주식을 거부하는 사태도 벌어질 수 있습니다. 밥은 안 먹고 식품 보조제를 먹는 주객이 전도되는 상황이 생길지도 모릅니다.

비타민D

실제로 제가 아이들에게 먹이고 있는 영양제도 있습니다. 바로 비타민D입니다. 햇빛을 통해 얻어질 수 있어 'Sunshine Vitamin'이라고 불리기도 합니다. 최근 몇 년 사이에 각광받고 있고 많은 연구가 되고 있습니다. 비타민D는 뼈의 발육 성장뿐만 아니라 혈압, 당뇨, 심혈관계 질환, 알레르기 질환, 심지어 각종 암에도 관련이 되어 있습니다. 비타민D의 결핍은 구루병 등의 성장장애로 이어질 수 있기 때문에 별도의 비타민D 보충제를 꾸준하게 먹이는 것이 좋습니다.

특히 모유수유를 하는 아이에게는 모유에 비타민D가 부족하여 신생아 시기부터(생후 1개월 이내) 비타민D를 하루에 400IU의 용량으로 복용할 것을 추천합니다. '신생아에게 영양제라고?'라는 의문이 들 수도 있겠지만 부족한 비타민D를 공급해주어야 결핍을 예방할 수 있습니다.

분유수유 아기의 경우 이유식을 시작하면서 하루 분유 섭취량이 1000mL를 넘지 않으면 그때부터 비타민D 복용을 추천합니다. 또한 용량의 차이는 있지만 아이들뿐만 아니라 모든 연령층에게도 비타민D 복용을 추천합니다.

식품보조제는 '선택'이지 '필수'가 아닙니다. 말 그대로 '보조'일 뿐, '만병통치약'이 아니에요. 영양제나 비타민제를 구입하기보다 차라리 그 돈으로 집 앞 마트에 가서 신선한 유기농 채소와 고기를 사와서 아이에게 맛있는 밥상을 차려주는 것을 더 추천합니다.

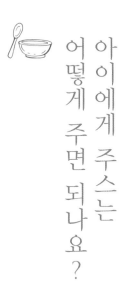

아이에게 주스는 어떻게 주면 되나요?

과일주스는 언제부터, 하루에 얼마나 먹이면 될까요? 여기서 말하는 과일주스는 시판 과일주스가 아니라 시중에 파는 100% 과일주스와 가정에서 착즙한 100% 과일즙을 포함하는 개념입니다.

아이들은 신기할 정도로 어릴 때부터 '단맛'에 열광하죠. 본능입니다. 특히 간이 없는 이유식을 먹던 돌 이전의 아이들에게 과일의 맛은 충격 그 자체일 겁니다.

과일주스 먹이는 시기

최근(2017년) 미국소아과학회AAP는 16년 만에 개정된 과일주스 권고안을 발표했습니다. 과일주스보다는 과일을 먹일 것을 권하고, 과일주스를 시작하는 시기를 기존 '생후 6개월'에서 '생후 12개월'로 상향조정하는 것이 주된 내용입니다. 이 최신지견을 소개합니다.

☑ 미국소아과학회 과일주스 권고안

1. 돌 전에는 분유나 모유 이외의 다른 수분보충(특히 과일주스)은 필요하지 않습니다.

6개월 이전은 말할 것도 없고 6개월 이후의 과일주스의 잦은 노출은 모유나 분유의 부적절한 섭취를 유발합니다. 즉 모유나 분유에 있는 단백질, 지방, 비타민, 철분, 아연 등의 결핍을 유도할 수 있습니다. 의학적으로 필요한 부분이 아닌 이상 12개월 이전에는 과일주스 섭취를 금하도록 합니다. 부적절한 영양 섭취로 인해서 영양결핍이나 과잉이 올 수 있습니다. 그래서 살만 찔 수도 있고 반대로 마르게 클 수도 있습니다.

2. 과일주스를 먹더라도 컵으로 먹도록 합니다.

충치는 '섭취량'보다 음식물 중 특히 '당이 치아에 노출되는 시간'에 영향을 많이 받습니다. 간식을 하루 종일 자주 먹는 아이들이나, 젖병을 입에 물고 있는 아이들에게서 충치가 많은 이유가 여기에 있습니다. 젖병이나 스파우트 컵에 주스를 넣고 수시로 주거나 잠자리 주위에 놓아두는 행동은 충치를 유발할 수 있습니다. '많이 오래' 섭취하는 버릇이 생기기 때문입니다.

3. 돌 이전 과일 노출은 매시나 퓨레 형태로 줍니다.

착즙한 과일주스는 섬유질이 부족하며 동일량의 과일보다 더욱 많은 당분을 함유하고 있습니다.

4. 과일주스는 탈수에 도움이 되지 않습니다.

아이들이 장염이나 수족구병과 같은 질환으로 잘 먹지 못하여 탈수가 생겼을 때 과일 주스를 통한 탈수 교정은 수분보충에 적합하지 않습니다. 과일주스에 다량 들어있는 탄수화물은 삼투성 설사를 더욱 유발할 수 있습니다. 또한 나트륨 함유량도 적어서 저나트륨혈증을 유발할 수 있습니다.

5. 살균되지 않은 과일주스는 여러 균들(대장균, 살모넬라 등)을 포함할 수 있습니다.

최근 모 패스트푸드점에서 햄버거로 인한 신장손상이 이슈화된 적이 있습니다. 바로 대장균이 원인이 된 용혈성 요독성 증후군인데 적절하게 살균되지 않은 과일주스에도 균이 포함될 수 있습니다.

6. 나이별로 하루에 제한되는 과일주스의 양입니다.

돌 이전 : 주스의 형태로 먹이지 않는 것이 좋음
1~3세 : 4온스(120mL)
4~6세 : 4~6온스(180mL)
7~18세 : 8온스(240mL)

7. 소아에게 과일의 하루 필요량을 줄 때는 과일주스보다 섬유질이 풍부하며 천천히 먹을 수 있는 통과일로 줍니다.

8. 포도주스는 약물과 상호작용을 하여 약의 기능을 떨어뜨릴 수 있습니다.

9. 많은 양의 과일주스는 복부 불편감, 설사, 복통을 유발할 수 있습니다.

이유식이나 유아식에 절대적인 법칙은 없습니다. 연구하고 확인하고 문제가 있으면 조금씩 바꿔나가는 것이지요. 지금까지 6개월부터 과일주스를 먹였다고 해서 낭패라고 생각할 필요도 없습니다. 지금 우리 아이가 영양불균형이 온 것이 너무 이른 나이의 과일주스 노출이라고 자책할 필요도 없습니다.

돌 이전 아이에게 과일주스를 '먹일 수는' 있지만, '먹여야만 하는' 이유는 없습니다. 이유식을 시작해서(4~6개월) 6개월이 되었을 때는 과일을 노출시킬 수 있겠지만 이 경우엔 달지 않은 과일로 퓨레나 매시 형태로 주는 것이 좋습니다.

주스 만드는 법

만드는 법 역시 오락가락 논란이 많습니다. 요즘 유행하는 저온압착 방식의 주서기는 고속파쇄방식의 믹서기보다 발열이 적어 비타민C나 폴리페놀 등이 거의 파괴되지 않는 것으로 알려져 있습니다. 하지만 이렇게 착즙한 주스는 섬유질이 걸러져 당도도 동량의 과일에 비해 높고, 목 넘김이 좋아 더 많이 마시게 됩니다. 무엇보다 중요한 섬유질을 먹지 않게 되지요. 선택입니다만, 섬유질을 거르고 먹으면 과일을 먹는 의미가 없습니다. 믹서에 갈아내어, 갈아낸 즉시 마실 것을 권합니다.

주스 보관법

주스는 주스팩에 넣어 보관해도 되고, 병에 보관해도 됩니다. 주의할 것은 너무 한꺼번에 많이 갈아서 오래 보관하면 안 된다는 것입니다. 갈아낸 즉시 신선한 상태로 먹는 것이 좋습니다. 냉장상태에서는 48시간 이내에 먹도록 하고 냉동상태에서는 2주 이내 먹습니다.

과일주스는 보관기간이 길어지면 폴리페놀(유해산소를 무해한 물질로 바꿔주는 항산화물질)과 비타민C 함량이 갈아낸 직후보다 현저히 감소하게 됩니다.

▲이렇게 주스를 손쉽게 담아낼 수 있는 도구도 시중에 판매합니다. 가장 좋은 것은 살균한 유리병에 담아 보관하는 것이겠지요. 하지만 아이들이 들고 먹기에는 이런 주스팩만큼 편한 것이 없더군요.

시판 주스 구입

시판 주스를 사먹이게 될 때에는 역시 원재료를 잘 읽어보고 사야 합니다. 모두 100% 과즙을 내세우지만 실체는 그렇지 않기 때문입니다. 아이를 위해 신중한 소비자가 되어야지요.

제조 및 유통 방식에 따른 분류

농축주스　　과일을 장시간 끓여 수분을 제거해 만든 농축액을 희석한 것. 영양분의 손실이 많고, 제조 과정 중 맛과 향이 없어져 합성착향료를 가미함.

NFC주스　　냉장유통주스Not from Concentrate. 착즙한 즉시 냉장유통하는 것을 의미하지만, 국내의 NFC주스는 보통 농축과즙액과 비농축과즙액을 혼합하여 만듦.

과즙 함량에 따른 분류

시판 주스는 과즙 함량에 따라서 혼합음료, 과채음료, 과채주스 등으로 구분됩니다.

혼합음료: 과즙 함량 10% 미만
과채음료: 과즙 함량 10~95%
과채주스: 과즙 함량 95% 이상

혼합음료
감귤농축과즙 7.5%

과채음료
감귤농축주스 16.7%

과채주스
감귤즙 100%

※같은 유기농 숍에서 파는 감귤주스의 원재료 및 함량 차이

아이와 외식하고 싶어요

'노 키즈 존No kids zone'을 선언한 식당이 많아지고 있습니다. 이해를 하면서도 아이 키우는 부모 입장에서 '왜 사회가 아이들을 거부할까' 싶은 야속한 마음이 절로 듭니다. 그럼에도 서운한 마음과는 별개로 아이와 함께 외식할 때 지켜야 할 'To do 리스트'는 있습니다.

아이와 외식할 때

혼자서 살아가는 것이 아니지요. 공동체 생활을 가르치는 것 또한 부모의 역할입니다. 내 아이에 대한 지나친 집중, 아이를 키우고 있는 부모로서 편의 위주, 자기중심적 사고는 아이에게도 좋은 교육이 되지 못할뿐더러 주변에 많은 피해가 됩니다.

반면, 교육의 문제가 아니라 "우리 집 아이가 워낙 유별나요." "아이들은 다 그런 거 아닌가요?"라고 반문할 수도 있겠지요. 하지만 다음과 같은 사항을 먼저 고려해보는 건 어떤가요?

아이 친화적인 식당을 선택하라

여행을 할 때 그 지역이 아이 친화적인 분위기인지, 또는 관광지 주변 식당에 아기의자가 있는지는 굉장히 중요한 조건입니다. 막상 가보니 아이들이 먹을 만한 메뉴도 없는 데다 뜨거운 뚝배기, 숯 등이 홀에서 오가고, 아기의자도 없는 곳도 꽤 있습니다. 물론 요즘 프랜차이즈 식당도 많긴 하지만 외진 지역으로 가면 이런 상황을 종종 마주하게 될 겁니다.

외식을 할 때에는 '모서리 뾰족한 식탁이 많은지' '먹는 중에 종업원들이 뜨거운 불이나 물을 나르는 곳은 아닌지' '아기의자는 있는지' '아이들이 먹을 만한 메뉴가 있는지'를 꼼꼼히 따져보길 바랍니다.

온통 위험하고 아이 입에 맞지 않는 음식뿐인 곳에 데려가서 "너 왜 안 먹고 돌아다니니. 이러면 다시는 외식할 수 없어!"라고 훈육할 수는 없는 노릇이지요. 조금 큰 아이에게는 가본 식당이나 메뉴 중 선택권을 주어도 좋습니다.

미리 아이와 약속하세요

식당에 가기 전 앞으로의 일과를 설명하고 지켜야 할 약속들을 정하고 가세요. 아이들에게 '예측 가능함'과 '지켜야 할 약속들'은 아주 중요합니다. 아이들이 무조건 막무가내인 것 같지만 그렇지 않아요. 설명을 들으면 이해하려 노력하고, 약속을 하면 지키려 애를 쓰는 것이 아이들입니다. 부모인 우리가 자주 이 사실을 잊고 아이들을 못 믿곤 하지요.

진료실에서 심하게 보채는 아이들 중에 많은 경우는 병원에 간다는 것을 속이거나 주사 맞는 것을 속이고 오는 경우입니다. 아이들은 앞으로 발생할 수 있는 상황에 대해서 인지하고 동의한 상태에서 다가올 상황을 맞이할 때 훨씬 더 편하게 대합니다.

식당에서 지켜야 할 예의범절을 아이들과 정리하세요. 약속을 지키지 않았을 때는 먹는 것을 끝내지 못했어도 집에 돌아온다는 것을 전제로 말입니다. 만일 약속들을 거부한다면 식당가는 것을 포기해야겠지요.

집에서 식사하는 비슷한 시간에 가세요

아이들마다 정해진 일과에 대해서 몸은 기억을 하고 있습니다. 졸리거나 놀아야 할 때 식당에 가서 자리를 차지하고 있는 것은 곤욕입니다. 반면 배고파할 시간에 아이들이 먹고 싶어 하는 음식이 눈앞에 있다면 식사에 대한 집중력은 더욱 높아지겠지요.

너무 오래 식당에 머무르지 마세요

아이가 견딜 수 있는 시간만큼만 식당에 있어야 합니다. 아이들의 집중시간은 그리 길지 않아요. 고작 20분 정도이지요. 그러므로 프랑스나 중식 코스요리는 안 되겠지요? 또한 식당에 머무는 시간을 최소화하려면 예약은 필수입니다. 메뉴를 미리 골라놓아 도착하면 바로 먹을 수 있게 세팅을 부탁하는 것도 방법입니다.

약간의 놀잇감을 가지고 가세요

놀잇감 몇 가지를 가지고 가서 심심하지 않게 합니다. 종이와 색연필은 좋은 도구이지요. 하지만 동영상을 식사 내내 틀어주는 것은 삼가야 합니다. 아이들의 모든 버릇은 부모가 만듭니다. 한번 보여주기 시작하면 아이는 외식하는 것을 크게 베푼다 생각하고 당연하게 다음번에도 그 다음번에도 동영상을 요구할 겁니다. 나쁜 습관은 처음부터 예외를 만들지 마세요.

아이가 싫어하는 음식을 외식할 때 시도하지 마세요

외식할 때 아이가 싫어하거나 거부반응을 보이는 음식을 시도하지 마세요. 외식에 대한 부정적인 생각만 심어줄 뿐입니다. 아이가 싫어하는 음식일수록 기분이 좋고 안정적일 때 시도해야 합니다.

아이가 보채고 힘들어하면 일찍 자리를 일어나세요

아이는 식당에서 보채지요. 당연한 겁니다. 지루하거든요. 그러나 내 아이를 다른 사람도 함께 이해해주기만을 바랄 수는 없습니다. 다 먹지 못했어도 과감하게 자리에서 일어나야 합니다. 이것은 아이에게도 교육입니다. 공공장소에서 떠들거나 다른 사람을 불편하게 하면 우리의 권리를 포기할 수밖에 없다는 것을 몸소 보여주어야 합니다.

엄마와 사전에 한 약속을 지키지 않았을 때에도 마찬가지입니다. 거기에서 혼내거나 다그치지 마시고 약속을 지키지 않으니 우리는 우리의 권리를 누릴 수가 없다 설명해주고 자리를 뜨세요.

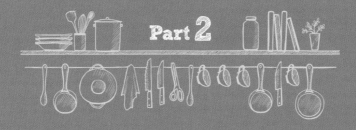

Part 2

승아 엄마,
우리 아이 유아식을 부탁해

Chapter 1

꼼꼼하고 알뜰하게
장을 볼까요?

장보기 전에 해야 할 일들

냉장고 점검 먼저
냉장고의 식재료만으로 요리가 가능한지 먼저 체크
해보세요. 레시피에 있는 재료를 반드시 전부 사용
할 필요는 없어요. 생략 가능한 재료들도 있습니다.
그런 재료들은 과감히 생략하고 냉장고 재료부터 사
용하세요. 혹은 사러 나가더라도 냉장고에 있는 재
료를 또 사지 않도록 충분한 양의 식재료가 있는지
점검을 먼저 하세요.

제철재료 구매목록 작성
하겠다고 생각한 요리를 정하고 레시피를 확인한

후, 구매목록을 작성하세요. 이렇게 하면 쓸데없는
소비를 줄이고, 쇼핑시간을 단축할 수 있어요. 되도
록 제철재료를 활용한 요리로 정해보세요. 제철재
료는 저렴하면서도 맛이 좋으니까요.

중복되는 재료를 활용한 레시피 선택
장을 보고 요리를 한 뒤에 재료가 많이 남으면 이를
어찌 해야 할지 난감할 때가 있지요? 요리 하나로 소
진하기 어려운 재료들이 많으니, 재료가 중복되지
만, 조리법이 달라 색다른 느낌이 나는 요리 레시피
를 함께 찾는 걸 추천해요.

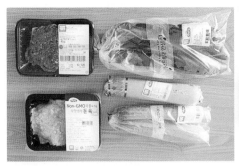

품목별 단골마트 정하기

마트를 한 군데로 정하고 그곳에서 다 사면 좋겠지만, 이 집은 고기가 좋고, 저 집은 채소가 싸고 싱싱하고 모두 다르지요? 유기농 매장이라고 해서 다 신선한 것은 아니고요.

저는 고기와 우유는 꼭 유기농 매장을 이용해요. 거의 '자연드림'에서 사지만 '한살림'이나 '초록마을'도 가끔 이용합니다. 고기는 대체로 '자연드림'에서 구매하는 편입니다. 무항생제 고기를 사기 위해서이기도 하고, 고기의 질이 좋아서이기도 해요. 하지만 채소는 여기저기에서 많이 구입해요. 농약을 안 쳐도 잘 자라는 채소들(상추, 가지, 고구마, 감자, 아욱, 토마토, 호박, 무, 쑥갓, 당근 등)은 '농협'이나 '대형마트'에서 많이 구매하고, 농약을 많이 친다고 알려진 채소(오이, 배추, 열무, 고추, 비타민, 청경채, 대파 등)는 유기농 매장을 이용해요.

동네슈퍼나 인터넷 쇼핑 이용

대형마트에 가지 말아야 할 이유는 정말 많답니다. 아이와 함께 간다면 더더욱 그러하죠. 아이에게 별천지 같은 대형마트를 자주 가다 보면 아이의 소비 습관도 나빠져요. 자꾸 무언가를 사달라고 하고, 엄마는 거절하고, 또 아이는 그것에 화를 내게 되지요. 엄마는 사야 할 품목들도 잊어버리고 홀린 듯 아이 장난감과 사려던 물건 몇 개를 급하게 집어 들고 나오게 됩니다. 그러지 말고 가까운 슈퍼나 인터넷 장보기를 이용해보세요.

집까지 배달해주니 땀 흘리지 않아도 되고, 또 눈앞에 펼쳐지지 않으니 사야 할 품목만 골라 사게 된답니다.

아이의 먹거리
꼼꼼하게 살펴보기

인증마크, 식품라벨 살펴보기

처음 친환경을 접하게 되면 친환경이라는 범위가 어디까지인지, 유기농, 무농약이 같은 말인 줄 알았더니 또 다르고, 혼란스러울 거예요. 차근차근 용어에 대해 알아보아요.

유기농
· 화학 비료나 농약을 쓰지 아니하고 유기물을 이용하는 농업 방식
· 화학비료나 유기합성농약, 생장 조정제 등 일체의 합성 화학물질을 사용하지 않고 유기물과 미생물 등 자연적인 자재만을 사용하는 농업

무농약
· 유기합성농약은 일절 사용하지 않고 화학비료는 가급적 권장시비량의 1/3 이내로 사용한 것

전환기
· 유기농토로 전환 중에 있는 토지에서 자란 것
· 비료나 농약 없이 1년 이상 재배할 경우 편의상 한시적으로 전환기라 표시함

저농약
· 화학비료는 가급적 권장 시비량의 1/2 이내 사용, 농약 살포횟수는 "농약안전사용기준"의 1/2 이하이고 수확일로부터 30일 이전까지만 사용
· 제초제는 사용하지 않아야 함
· 잔류 농약은 식품의약품안전청이 고시한 "농산물의 농약잔류허용기준"의 1/2 이하

무항생제
· 무항생제 사료로 사육한 경우 '무항생제 축산물' 인증 마크를 부여

앞에서 언급한 모든 것들을 통틀어 '친환경'이라 합니다.

많은 분들이 헷갈려 하는 것이 달걀인데, 닭의 사육환경에 따라 '무정란'과 '유정란'으로 나누어집니다. 무정란은 암탉의 난소에서 스스로 만들어진 달걀을 말하고, 유정란은 수탉과의 교미를 통해 생성된 것으로 병아리로 부화할 수 있는 달걀을 말합니다. 두 달걀의 영양성분 차이는 크지 않으나 유정란이 껍데기가 단단하고 비린 맛이 적으며 비타민 함량이 상대적으로 조금 높습니다. 유정란은 무정란에 비해 저장성이 떨어지므로 구입 후 냉장보관해야 합니다. 하지만 무정란과 유정란은 큰 차이가 없다는 것이 학계의 결론이라고 해요. 어쩌면 유통, 관리되어질 때 무정란이 더 저장성이 좋아 나을 수 있다는 얘기도 있습니다. 다만 '방사 유정란'은 의미가 있다고 합니다. 건강하게 방사되어 돌아다니는 '닭답게 사는 닭'이 건강한 달걀을 낳을 수 있다는 이야기입니다.

고기의 경우 '무항생제'보다 '유기' 마크가 한 단계 높은 인증입니다. '유기인증'은 유기재배로 생산된 사료를 100% 급여하고, 동물복지형 축사 환경조성, 운동장 설치 등 인증조건이 매우 까다롭습니다. 무항생제축산물은 항생제, 합성항균제, 호르몬제가 포함되지 않은 무항생제 사료를 급여하여 사육한 축산물을 뜻하죠.

유기
· 유기농산물, 유기축산물, 유기재배 농산물 또는 유기농
· 유기재배 ○○(○○은 농산물의 일반적인 명칭으로 한다), 유기축산 ○○, 유기○○

무농약
· 무농약, 무농약농산물 또는 무농약○○
· 무농약재배 농산물 또는 무농약재배○○

무항생제
· 무항생제, 무항생제축산물, 무항생제○○ 또는 무항생제 사육 ○○

유기가공식품
· 유기가공식품, 유기농 또는 유기식품
· 유기농○○ 또는 유기○○

※출처 : 국립농산물품질관리원

소스류, 양념류 구입

소스류나 양념류는 사먹기보다는 너무 어려운 것이 아니라면 집에서 만들어보세요. 가족의 건강을 위한 일입니다. 대부분의 사람들은 이런 생각을 해요. '친환경, 무항생제… 꼭 비싼 돈 주고 고집할 필요있을까?'

'너무 바쁜데 꼭 다 만들어 먹어야 하나?'

하지만 바디버든(인체 내에 쌓이는 화학물질, 유해물질의 총량)으로 인한 부작용을 알게 된다면 쉽게 선택하지 못할 거예요. 바디버든은 암, 기형, 당뇨병 등 우리의 몸에 상상 이상으로 직접적인 영향을 준답니다.

특히 딸을 키우는 엄마는 '성조숙증' 걱정을 많이 하게 되지요. 2010년에 2만 8251명이었던 환자수가 2016년에는 무려 8만 6352명으로 3배가 넘게 증가했다고 합니다. 따라서 식품라벨을 무심히 넘기지 말고 사기 전에 꼭 한 번 읽어보세요.

일반 마트 시판 제품이 유기농 매장의 제품보다 훨씬 더 알 수 없는 성분들을 많이 가지고 있고, 유기농 매장의 제품은 우리가 집에서 만들 때 넣는 재료 외 다른 것들이 더욱 많이 들어 있습니다.

	농협하나로마트	생협자연드림	
Hompage	www.nhamarket.com	www.icoop.or.kr	
온라인 구매 및 배송	일요일/공휴일 제외 배송가능. 지역별로 주문배송시간, 무료배송가능 금액 다름. 대부분 당일배송, 익일배송 가능함. 주문마감시간 오전 11시. 보통 3만이나 5만 원 이상 주문시 무료, 미만일 때 배송료 3~4천 원(지역별로 다름).	신선 및 냉동식품은 매장에서 배송하며, 나머지(쌀 등)는 택배배송. 주문마감시간은 오전 10시로, 매장배송의 경우 월~토까지 지정 요일에 배송가능함(지역매장별로 지정 요일 있을 수 있음). 주문금액 15,000원 이상 무료배송. 농협이나 이마트처럼 당일배송이나 익일배송은 어려움.	
가입절차	온라인은 일반 홈페이지 가입, 또는 매장에서 직접 가입신청서 제출로 멤버십(적립 가능).	가입신청(전화, 매장, 인터넷)하고 온라인이나 지역 조합에서 가입전 의무교육을 받아야 함.	
비용	없음	**출자금** 가입출자금 5만 원, 매장이용출자금 매장이용시 1일 1회 납부(2만원 미만 구매시 500원 이상구매시 1,000원, 온라인장보기 매회 1,000원). 하지만 모든 출자금은 누적 적립되고, 탈퇴시 반환됨.	**조합비** 가입한 지역생협에 매월 납부하는 운영 회비. 반환되지 않음. 생협의 운영비로 사용됨. 지역별로 다르며, 보통 월 10,000원 정도.
특이사항	인터넷 마켓 구매횟수와 주문금액에 따라 등급이 결정되며, 등급(큰열매, 꽃망울, 잎망울, 여린 잎)에 따라 월별 쿠폰 혜택이 있음. 적립금 있음.	지역 조합에 따라 출산선물 지급. 수매선수금(대금을 미리 예치해두고 쓰는 것)을 넣어두고 인출하여 사용할 때 현금처럼 사용가능한 e세츠(포인트같은 것)가 사용금액의 2% 적립됨.	
쇼핑 Tip!	국내산 채소와 과일을 다양한 종류로 값싸게 구매할 수 있음. 생협이나 한살림에서는 구하기 힘든 나물 종류가 다양하게 항상 있는 편이고, 특히 제철 재료의 공급이 좋음.	유기농 매장 중 가장 대체할 수 있는 음식 종류가 많으며 매장의 크기가 큰 편임. 아이들 간식(과자, 주스류)이 굉장히 다양함. 공산품(휴지, 종이호일, 비닐팩 등)도 꽤 다양하게 출시되며, 식품류도 신제품 출시가 잦음. 조합비를 매월 내는 대신, 유기농매장 중 가장 저렴한 편. 특히 유제품류는 한살림이나 초록마을 등에 비해 월등히 저렴하여 일반 마트 우유와 가격 차이가 크지 않음. 농산물의 가격이 일반매장보다 비싸긴 하나, 가격널뛰기가 별로 없고 일정하게 유지되는 편임. 매장에 베이커리 코너를 운영하는 경우가 많음. 무항생제 고기매장의 운영이 잘 되고 있으며, 고기의 질이 아주 좋은 편. 소고기류만 냉장으로 취급했으나, 몇 해 전부터 닭고기와 돼지고기도 냉장육으로 취급.	

한살림		이마트	초록마을
shop.hansalim.or.kr		emart.ssg.com	www.choroc.com
주문마감시간은 공급 3일 전 오후 9시이며(토, 일 제외), 주1회 지역별로 정해진 요일에 공급함. 지정일이나 시간을 선택할 수 없으며, 당일배송 불가능.		지역의 주문 및 배송량에 따라 지정일, 지정시간 배송이 가능하며, 당일배송. 늦어도 익일배송이 가능함. 4만 원 이상 무료배송이며, 이하일 경우, 3,000원의 배송비가 붙음.	매장배송 및 매장픽업가능. 매장배송은 해당 매장 운영시간에 따라 오후 3시, 오후 6시까지 가능. 매장픽업은 오후 6시까지 주문하여 오후 9시까지 픽업가능. 배송비 3,000원이며, 4만 원 이상시 무료.
인터넷이나 매장방문을 통한 가입.		인터넷이나 매장 가입.	인터넷이나 매장 가입.
출자금	조합비	없음	없음
가입시 출자금 30,000원+가입비 3,000원 내야 함. 주문시 1,000원씩 자동 증자. 직거래 사업 운영에 쓰여지며, 탈퇴시 돌려받음. 적립액이 30만 원이 넘으면 중간에도 그 이상분에 대해 돌려받을 수 있음.	가입비는 소멸됨.		
지역 조합에 따라 출산선물 지급.		'쓱데이' 등 8~11% 할인쿠폰을 주는 날, 생일쿠폰 등이 있으며, 등급별(VIP, Gold, Silver, Bronze, Family 등)로 매월 쿠폰이 나와 유용하게 활용가능. 구매금액에 따라 SSG스탬프가 지급되며, 적립 개수에 따라 등급이 정해짐. 적립금도 있음.	임신부. 혹은 만7세 이하 자녀가 있으면, '초록아이클럽' 가입 및 할인 혜택 받을 수 있음(무료). 비싼 대신 'OO상품전', 무료배송 쿠폰 등의 할인행사가 자주 있음.
지역조합의 운영이 활동적이며(교육, 모임 등) 식품류는 아주 다양하지는 않지만 살 수 있는 기본 품목들이 적절하게 있으며, 건강한 재료와 신선함을 추구함. 패키지마저도 친환경적이어서 튜브류보다는 유리에 담겨져 나옴. 가격은 자연드림보다는 비싸며 초록마을과 비슷한 수준. 식품류의 맛이 그다지 훌륭하지는 않고, 가공식품(함박스테이크, 돈까스 류)의 경우 짜게 조미된 경우도 더러 있음. 베이커리류는 마트형 빵처럼 공급되며, 정말 건강한 맛이지만 좋은 맛은 아님. 냉장육 매장을 운영하는 매장이 하나둘 생기고 있음.		냉동새우, 싱싱한 생선 등을 사기에 좋음. 인터넷으로 주문하면 꽤 크고 싱싱한 생선을 받아볼 수 있음.	산지직송전이나 계절에 따라 한시공급되는 식품이 아주 잘 나옴.(메주, 매실, 꼬막 등) 평상시 가격은 비싼 편이지만, 행사가 자주 있어 세일을 진행하면 다른 유기농 매장 정도의 가격으로 구매가 가능. 아이들 과자와 주스류가 맛이 좋은 편이고 다양함. 냉장육이나 채소의 경우 매장마다 다르겠지만 그다지 신선하게 관리되지 않거나 물량이 많이 공급되지 않음.

Chapter 2

알뜰하게
유아식 재료를 사용해요

WHITE RADISH

무

한식을 요리하며 무를 사용할 때마다 '어떻게 이렇게 기특한 채소가 있나' 생각하곤 해요. 육수에 넣으면 넣지 않았을 때와 엄청난 맛의 차이를 보여주지요. 무 그대로 깍두기도, 동치미도, 단무지도 담고, 가늘게 썰어 나물도 무칠 수 있어요. 찌개나 조림을 자박하게 끓여낼 때 넣으면 양념이 배어들어 설컹 씹히는 맛도 좋지요. 단점이라면… 계절마다 맛이 너무 다르다는 것?

무는 역시 가을무입니다. 여름무는 쓰고 단맛이 없어요. 그래서 무를 주재료로 하는 요리라면 여름보단 가을이 제격입니다. 무는 비타민C 공급원으로 매우 좋습니다. 무는 우리가 잘 알고 있고 슈퍼에 가면 흔히 만날 수 있는 재래무도 있지만, 단무지 재료로 쓰이는 일본무, 샐러드 등에 얇게 저며넣는 서양무(래디시)도 있습니다.

무 고르기

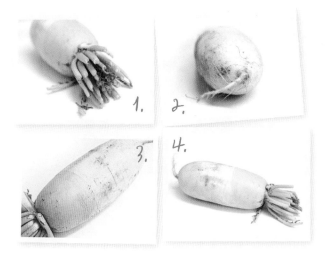

1. 무청이 싱싱하고요.

2. 뿌리에는 잔털이 많지 않아야 합니다.

3. 무의 녹색 부분이 선명하며 1/3까지 내려오는 무가 좋아요. 녹색 부분은 좀 더 달고, 하얀 부분 (땅에 묻혀있던 부분)은 매운 편이에요.

4. 표면은 무르지 않고 단단해야 하며, 흠집이 없고 매끈한 것으로 사야 해요. 눌러보면 확실히 껍질부터 무른 무들이 있어요. 또, 바람 들어간 무가 많으니 같은 조건이라면 무게도 비교하여 구매하세요.

무 보관하기

•손질하지 않은 무

무는 95%가 수분인 채소입니다. 수분 많은 채소는 늘 수분을 흡수할 수 있는 종이나 신문지에 싸서 보관하는 것이 좋아요.

흙이 묻은 채로 무를 보관할 때에는 흙을 좀 털어내고, 무청은 끝까지 잘라내 주세요.

신문지에 싸서 바람이 잘 통하는 서늘한 곳에 두세요. 그러면 2주 정도는 상태 좋게 보관이 가능합니다.

•손질한 무

요리하고 남은 무는 랩으로 감싸주세요.

보관용기에 넣어 냉장보관합니다.

무 손질하기

•껍질 깎기

무는 감자칼 등으로 껍질을 벗겨, 뿌리와 무청을 잘라내고 사용합니다.

•채 썰기

무를 채 썰 때에는 채 썬 무의 양끝 부분이 단단한 껍질 쪽이 되도록 해야 조리 중 많이 부서지지 않습니다. 무는 껍질에서 심지 쪽으로 갈수록 더 무르고 수분이 많기 때문이에요.

애호박

볶아도 살캉하니 맛있고, 전으로 부치면 고소하면서 달콤한 애호박! 초록색 고명으로 예쁘게 얹기에도 제격이지요. 저에게는 만능 식재료인데, 아이들은 초록색이라는 이유만으로, 혹은 물컹한 식감 때문에 거부하기도 합니다. 그래도 채 썰어 전을 부쳐주면 너무 맛있다며 좋아해요.

애호박은 말 그대로 덜 자라서 초록색인 풋호박이에요. 동그랗게 생긴 애호박도 있지만, 씨가 무척 큰 편이죠. 그래서 길쭉한 애호박을 많이 먹는답니다. 우리가 많이 먹는 인큐 애호박은 어린 과실에 단단한 비닐을 씌워 길게 자라게 만든 것이에요. 칼륨이 많은 애호박은 체내 나트륨 성분을 배출해주는 것을 도와줍니다. 애호박의 레시틴 성분은 성장기 아이들의 두뇌발달에 좋습니다.

애호박 고르기

요즘에는 거의 대부분 인큐 애호박을 구매할 수밖에 없지요. 비닐에 싸여있는데 그렇다 해도 애호박의 상태가 확인이 가능합니다. 어떤 것은 표면도 고르고 흠집이 없는데, 어떤 것은 꼭지도 삐뚤게 달려 있고 무르거나 군데군데 흠집이 있어요. 당연히 표면이 고르고 흠집 없이 바르게 생긴 애호박을 골라주세요. 꼭지가 있는 채소는 꼭지가 마르지는 않았는지 확인하고, 무게도 너무 가벼워서는 안 됩니다.

애호박 보관하기

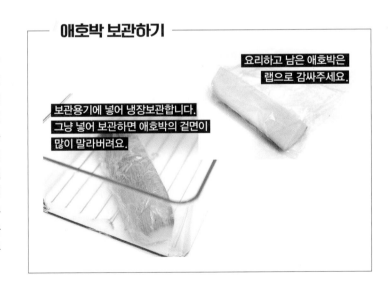

요리하고 남은 애호박은 랩으로 감싸주세요.

보관용기에 넣어 냉장보관합니다. 그냥 넣어 보관하면 애호박의 겉면이 많이 말라버려요.

애호박 손질하기

• 세척하기

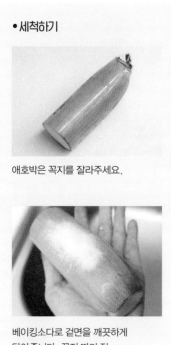

애호박은 꼭지를 잘라주세요.

베이킹소다로 겉면을 깨끗하게
닦아줍니다. 꼭지 따기 전
베이킹소다를 풀어놓은 물에 잠시
담가놓는 것도 좋아요.

• 채 썰기 & 다지기

통째로 두고 넓적하게
슬라이스 해도 돼요.

중간을 한 번 뚝 잘라내어
동그란 면을 밑면으로 세워서
썰어도 되고요.

넓적하게 슬라이스한
애호박은 채 썰어줍니다.

채 썬 애호박을
다집니다.

• 반달썰기

애호박의 반을 그대로 갈라
썰어내면 됩니다.

ONION
양파

양파는 많은 요리에 사용되지요. 『한 그릇 뚝딱 유아식』의 대부분 레시피에 쓰였다 해도 과언이 아니에요. 양파를 볶았을 때 나는 특유의 부담스럽지 않은 단맛은 요리의 맛을 한껏 끌어올려주지요. 양파는 특히 비타민의 흡수를 돕기 때문에 다른 채소들과 함께 조리하면 훌륭한 도우미 역할을 합니다.

양파 고르기

햇양파를 사보면 알 거예요. 속이 꽉 차고 싱싱한 양파가 어떤 느낌인지….
일단 무게감이 있고, 껍질은 잘 말라 있으면서 단단하죠. 5~6월쯤 햇양파를 열심히 사먹길 바랍니다. 싸면서 매끈하고 질이 좋거든요.
햇양파는 보관하기도 좋아서 출하되는 시기에 사서 잘만 보관하면 두 달도 너끈합니다.
햇양파는 수분이 많고 손상도 거의 없어요.

양파 보관하기

• 손질하지 않은 양파

양파는 통풍이 잘되는 서늘한 곳에 보관하는 것이 좋아요. 사온 양파망 그대로 벽에 걸어도 되고, 요즘에는 예쁜 행잉 바스켓이나 수납망도 많이 팔기 때문에 그런 것을 이용해도 됩니다. 하지만 괜히 돈 쓰지 않아도 그냥 있는 바구니에 통풍 잘 되게 널브러져 놓아도 괜찮아요.

우리 집은 아이들 어릴 때 쓰던 국민 기저귀함에 세탁망을 덧씌워 양파를 넣어요. 늘 서늘한 주방 뒷베란다에 보관하고요. 손질하지 않은 양파를 냉장보관하면 절대 안 돼요. 금방 물러지거든요. ※감자와 양파는 한곳에 같이 두면 안 돼요. 둘 다 물러집니다.

• 손질한 양파

요리하고 남은 양파는 랩으로 감싸주세요.

보관용기에 넣어 냉장보관합니다.

양파껍질 활용하기

양파 껍질은 버리지 마세요. 양파껍질은 특별한 맛이 있지는 않지만, 알맹이에 비해 껍질에 퀘르세틴 등의 영양소가 300배나 풍부하게 함유되어 있어 만능육수를 만들 때 넣어주면 좋습니다.

◀양파 손질할 때 껍질을 함께 씻어 바로바로 말려두었다가 육수에 넣어주세요.

양파 손질하기

• 채 썰기

양파의 채 썰기는 참 쉽습니다.

반을 갈라주세요.

양파 결의 방향에서 썰어주세요.

이 방향이 아니에요.

채를 썰 때는 이 방향입니다.

• 다지기

양파는 단단하지 않아 칼질에 큰 힘이 들어가지 않아요. 하지만 그 결이 특이하면서도 진액이 있어 미끄럽고 오히려 단단하지 않아 다지기가 참 힘들어요.

1.

1. 양파는 결의 방향으로 채를 썹니다. 마지막까지 썰지 않고 칼집만 낸다는 생각으로 해도 되고, 완전히 채를 썰어주어도 돼요.

2. 채 썬 양파를 잘 정돈해주세요.

3. 끝을 꼭 잡고 반대편 방향으로부터 썰어나가세요.

2.

3.

감자

여름이 되면 엄마가 푹 쪄주던 김이 모락모락 나는 햇감자가 생각이 나요. 조리 중 영양분 파괴가 상대적으로 덜 되는 감자는 이런저런 요리에 많이 사용됩니다. 사실 그냥 그대로 쪄먹어도 너무 훌륭한 간식이에요.

비타민C가 많아 프랑스에서는 감자를 '밭에서 나는 사과'라고 한대요. 감자는 알칼리성 식품이기 때문에 산성식품인 육류, 생선, 유제품 등과 함께 먹으면 밸런스가 좋아요. 감자호박우유졸임, 흑임자소스감자채무침, 로스트치킨, 차돌박이 된장찌개, 짜장이나 카레에 유제품 및 고기와 함께 넣고 조리하면 좋아요.

감자 고르기

표면에 흠집이 적고 매끈한 것을 고르세요. 겉면이 쪼글쪼글하며 무른 것도 좋지 않아요.
표면이 녹색이거나 싹이 난 감자는 구매하지 마세요. 솔라닌 함량이 크게 증가해 식중독을 유발할 수 있어요.

감자 보관하기

감자는 상자에 넣어 신문지로 덮어 서늘하고 바람이 잘 통하는 곳에 보관합니다. 신문지로 덮는 이유는, 감자가 햇빛을 받으면 껍질이 초록색으로 변하기 때문이에요. 감자는 냉장보관하면 절대 안 돼요. 저온에서 보관할 때 당도가 높아져 조리 동안 생성되는 아크릴아마이드라는 유해물질의 양이 높아질 수 있다는 연구결과가 있어요. 껍질을 깐 감자를 물에 담가 냉장보관하는 경우가 많은데요, 냉장보관 자체가 좋지 않기 때문에 감자는 먹을 만큼만 손질하여 다 소진하는 것을 추천합니다.

감자 보관 상자에 사과 1개를 함께 넣어주는 것도 좋아요.
사과의 에틸렌 성분이 감자의 노화를 방지해줍니다.

파프리카

비타민C가 풍부한 파프리카는 색이 다양하고, 단맛과 매운맛이 조화로워서 다양한 요리에 활용하기 좋아요. 씹다 보면 '달짝지근하다'라는 표현이 참 어울리는 식재료죠. 특히 아이들 이유식에는 파프리카가 많이 사용되었어요. 아이들이 좋아하는 알록달록 음식을 만들기에 너무 좋기 때문이죠. 요리할 때 넣어도 좋지만 그냥 생으로 아삭아삭 먹기에도 좋아요. 수분이 많고, 비타민C 함량이 토마토의 5배, 레몬의 2배, 당근의 20배 정도로 높다고 합니다.

파프리카 보관하기

• 썰어서 보관

절대 씻어서 보관하지 않습니다. 안 씻어서 보관해도 금세 물러버리는 것이 파프리카예요. 비닐팩에 넣어 보관해도 되지만, 습기가 더 많이 차고, 또 과육끼리 붙어 있으면 더욱 잘 무르기 때문에 보관용기를 추천합니다.

▲씻지 않은 상태에서 쓸 만큼만 잘라내고 나머지는 냉장보관합니다. 이때, 씨를 털어내면 더 오래 보관할 수 있어요.

냉장보관용기에 잘라낸 부분이 달라붙지 않도록 해서 넣어요.

뚜껑을 덮어 냉장보관하세요.

• 통으로 보관

물에 씻어 키친타월로 물기를 완전히 제거하거나, 씻지 않은 채로 보관하는 게 좋아요.

파프리카를 통째로 랩으로 꼼꼼하게 싸서 냉장보관하세요. 이때 파프리카에 상처가 없는지 살펴봅니다. 상처가 있으면 금방 무르고 곰팡이가 피기 쉽거든요.

파프리카 손질하기

• 세척하기

꼭지를 따고 베이킹소다를 푼 물에 5분 정도 담가두었다가 흐르는 물에 씻어주세요.

• 채 썰기

세척한 파프리카는 위와 아랫부분을 잘라줍니다.

중간의 과육으로 채를 썰어요.
※다진 파프리카가 필요하면 채 썬 것을 그대로 돌려 작게 썰어내면 됩니다.

파프리카가루

파프리카가루는 베이비 배추김치, 오이김치, 베이비 고추장 등을 만들 때에 정말 잘 활용했어요. 아이허브나 비타트라 같은 직배가능 외국 사이트에서 Simply organic 제품을 구입했고요. 가루만 맛봤을 때 매콤하다 느낄 수도 있는데, 조리 시에 넣거나 김치를 담그면 매운맛이 거의 없어요. 특히 5세 이상 아이의 경우, 거부감이 전혀 없을 정도죠.

• 깍둑썰기 & 다지기

위아래 절단한 부분은 볶음요리용으로 썰거나 다지고, 갈아서 사용해보세요.

CARROT
당근

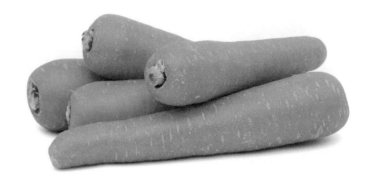

당근 속의 카로틴이 항산화제라는 것은 많이 알려진 사실입니다. 비타민A가 풍부해 시력 향상에 좋죠. 당근은 그 색도 예뻐서 각종 요리에 넣어주면 훨씬 색감을 좋게 만들어줍니다. 서양요리에는 당근이 많이 들어가기도 하고 미니당근 등은 스팀하여 아기들에게 핑거푸드로 즐겨 주곤 하죠. 물론 우리나라에서 당근이 메인인 요리가 많지는 않습니다.

조리한 당근은 생당근보다 덜 맛있다고 생각하지만 그렇다고 아이들이 단단한 생당근을 좋아하지는 않지요. 그래서 유아식에 넣는 당근은 채 썰거나 다져 사용하는 경우가 대부분이에요. 하지만 걱정하지 마세요. 당근이 빠지는 요리가 없을 정도로 어떤 요리에서든 감초 역할을 하니, 아이들은 충분히 필요량을 섭취할 수 있어요.

당근 고르기

뿌리끝이 가늘고 표면이 매끄러운 것을 구입하세요. 움푹 파이거나 손상이 있는 당근은 피하는 것이 좋습니다. 그만큼 부패속도가 빨라요. 세척당근은 수입산이 많아요. 수입해올 때 흙을 묻힌 채로 들여올 수 없기 때문이죠. 국산이면서도 공장에서 세척과정을 거쳐 판매하는 당근도 있습니다. 흙당근을 살 때에는 그 흙의 수분감으로 인해 싹이 트거나 곰팡이가 생길 수 있어요. 잘 들여다보고 사도록 합니다.

당근 보관하기

당근은 단단하여 씻어서 보관해도 크게 무르지 않고 오래 유지할 수 있어요. 다만, 습기로 인해 곰팡이가 필 수는 있죠. 곰팡이가 필 정도로 오래 방치하지 말고, 일주일 내 사용할 분량만큼만 한 번에 구입하세요. 습기를 흡수할 수 있는 신문지로 흙당근을 싸서 실온에 보관해도 되지만, 아무래도 씻어서 밀봉 보관하는 것이 상태가 더 좋습니다.

당근은 먼저 깨끗하게 씻어 감자칼 등으로 겉면을 깎아 물기가 없도록 키친타월로 닦거나 살짝 실온에서 말려주세요.

지퍼백 또는 보관용기에 넣어 냉장고에서 보관합니다.

당근 손질하기

단단한 채소는 힘주어 썰다가 베테랑들도 손을 다치기 일쑤예요. 당근은 둥글기 때문에 힘을 주어 썰다가 칼이 엇나가는 일도 많습니다. 손을 다치지 않고 잘 손질할 수 있는 방법을 소개합니다.

둥근 당근의 한 면을 넓적하게 슬라이스하여 편평하게 만들어주세요. 모든 면이 둥글면 칼로 잘라낼 때 당근이 움직여 손을 크게 다칠 수 있어요. 혹은, 당근의 중간을 두 동강 내어 둥근 면을 아래로 하여 슬라이스해도 됩니다.

편평하게 만든 면을 밑으로 두고 다른 면을 넓적하게 썰어줍니다. 밑면을 편평하게 해주고 나면 당근이 바닥에 붙어 움직이지 않아 훨씬 칼질이 편해집니다.

● 채 썰기

얇게 슬라이스로 썰어주세요.

썰어낸 넓은 면은 얇게 채 썰어줍니다.

● 다지기

잘게 다지려면 채 썬 당근을 그대로 옆으로 돌려 썰어주세요.

LEEK

대파

대파는 향긋한 향과 알싸한 맛으로 여러 요리의 화룡정점 역할을 해요. 그만큼 많이, 널리 쓰이죠. 특히 한식의 국, 찌개 류에는 빠지지 않고 들어가는 식재료라고 할 수 있습니다. 대파는 비타민A, 비타민C, 비파민K, 칼슘 등 영양이 가득한 채소입니다. 처음부터 넣고 조리하는 것보다 요리의 끝 무렵에 넣는 게 좋습니다.

대파 고르기

파는 하얀 부분이 많고 두 꺼우며 꽃대가 올라오지 않은 신선한 것, 길이나 굵기가 일정하고 비슷한 것끼리 있는 묶음을 고르세요.
흰 부분이 많은 것을 고르는 이유는 흰 부분이 더 맛이 좋기 때문입니다.

대파 보관하기

● 냉장보관
금방 무를 수 있지만, 신선해요. 냉장보관할 대파는 절대 씻어서 보관하지 않습니다. 씻어서 보관하면 금방 물러집니다.

한 겹만 벗겨낸 그대로 2~3등분 해주세요.

그대로 지퍼백이나 플라스틱 비닐백에 넣어 냉장보관합니다.

※신문지에 싸서 보관하면 신문지가 습기 를 흡수하여 오래갈 수 있지만 위생상 권하고 싶지는 않아요.

• 냉동보관

사용할 때도 편리하고 무르지 않지만 향이 달아나요. 냉동할
대파는 냉동상태에서 바로 꺼내 사용할 수 있도록 씻어서 보
관합니다.

대파는 흐르는 물에 깨끗이 씻어내고
물기를 털어 작게 썰어요.

썰어낸 대파는 냉동고 보관용기나
지퍼백에 넣어 냉동합니다.

※하얀 부분과 초록 부분을 구분하여 보관하면
용도에 맞게 꺼내 쓸 수 있어요.

냉동한 대파는 통을 흔들어주거나 지퍼백을 툭툭
털어주기만 해도 서로 분리된 형태가 됩니다.

• 화분보관

대파를 사서 뿌리째 흙에 심어놓으면 무르지 않고 정말 오래가요. 손가락으로 튕기면 '퉁' 소리가 날 정도로 대파 줄기가 싱싱해요. 잘라보면 진액이 나올 정도이지요.

대파 보관하는 방법 중에 가장 추천하지만 심는 과정이 당연히 귀찮을 수 있어요. 하지만 한번 심어놓으면 그때 그때 신선한 파를 가져다가 먹을 수 있죠. 주의해야 할 것은 너무 볕이 쨍쨍한 곳에 두면 잎이 시들어버린다는 거예요.

1. 화분에 심어서 뒷베란다에 두면 되고, 가끔 일주일에 한 번 정도 물을 주면 됩니다.

2. 다만 화분에 심어두면 꽃대가 자라날 수 있어요. 꽃을 피우면 영양분이 꽃으로 가니, 꽃봉오리가 보이면 바로 잘라주세요.

대파 손질하기

대파의 뿌리가 있는 끝부분은 잘라내세요. 가장 겉면의 하얀 잎과 이어진 초록 잎을 아래쪽으로 당겨 한 겹 벗겨냅니다. 벗겨낸 잎은 요리에 사용하기에는 시들하지만, 깨끗하게 닦아 말려 육수에 넣으면 좋아요. 벗겨낸 초록 잎과 시든 하얀 잎은 시든 부분을 잘라주고 초록 잎은 따로 둡니다.

•원형 썰기

파를 직각으로 눌러 일자로 썰어요.

보통 볶음요리에 사용해요.

•어슷 썰기

보통 국에 넣는 용도로 많이 사용하며, 파를 직각으로 눌러 어슷하게 썰어요.

•채 썰기

보통 파 자체로 요리를 할 때(파무침, 불고기 등) 사용하여 유아식에는 많이 쓰지 않지만 파채 써는 방법을 소개해요.

흰 부분은 중간을 가르듯 칼집을 내어 넓게 펴주고 반을 접으세요. 접은 채로 채 썰어요.

초록 부분은 그대로 그냥 접어서 채를 썰어요.

• 다지기

정말 잘게 다지고 싶을 때는
채 썰기 방식으로 썬 후 다져주세요.

적당한 크기로 다질 때는 대파 기둥을 십자로 갈라주고,
그대로 뉘여 썰면 돼요.

대파 뿌리 활용하기

파뿌리는 육수낼 때 넣어주면 참 좋습니다. 파뿌리만을 넣어 차를 끓여먹기도 해요. 대파 뿌리는 손질하기도 힘들고 손질하고 나서도 흙이 다 털린 걸까 마음이 불편하지요? 하지만 파의 알리신 성분이 줄기보다 뿌리에 2배 정도 더 함유되어 있어 약재처럼 쓰이기도 한다니까 대파 뿌리, 잘 손질해보아요.

1. 대파 뿌리를 잘라줍니다.

2. 잘라낸 파뿌리는 물에 잠시 담가두세요.

3. 양손으로 비벼가며 깨끗이 닦아내세요.

4. 뿌리가 시작되는 경계에 낀 흙들이 잘 털어지지 않으면 솔 등을 이용해보세요. 포크로 긁어내는 것도 좋은 방법입니다.

5. 깨끗해진 파뿌리는 그 중 가장 긴 뿌리를 끊어내어 머리카락을 묶어주듯 나머지 뿌리를 정리하여 동여매어 묶어주세요.

6. 흙이 많은 부분은 바짝 잘라냅니다.

7. 손질이 끝난 파뿌리는 그대로 실온에 한나절 말려두었다가 바짝 마르면 냉동보관하세요.

TOFU
두부

"콩으로 만든 아주 건강한 식재료는?"이라고 하면 바로 떠오르는 것이 있죠. 바로 두부입니다. '콩'이라면 단백질부터 떠올리겠지만, 콩에는 식이섬유도 풍부하답니다. 그래서 소화가 쉽고 변비에도 좋아요.

두부 고르기

두부를 살 때는 담아놓은 물이 탁하면 좋지 않아요. 물이 깨끗한지 확인 후 구입하세요.

두부 보관하기

사용하고 남은 두부는 밀폐용기에 넣어 정수물이나 생수를 잠길 정도로 부어주세요.

그 위로 소금을 살짝 뿌린 뒤 냉장보관하고, 되도록 빨리 먹는 게 좋습니다. 2~3일 정도 더 보관하게 될 때에는 매일 같은 방법으로 물을 갈아주어야 해요.

두부 손질하기

• 부쳐 먹거나 으깨어 사용할 때

두부를 부쳐 먹거나 으깨어 사용할 때는 두부의 수분이 빠진 상태여야 좋습니다. 그래서 사용 전날 밤 밀폐용기에 물이나 간수 없이 넣어 냉장보관해두세요. 위에 소금을 살짝 뿌려주면 삼투압에 의해 두부 속 수분이 더 많이 빠져나와요.

두부를 으깰 때는 칼등을 이용하세요.

• 사서 바로 먹을 때

두부는 사서 통째로 흐르는 물에 씻어 사용하면 돼요. 조리하기 한두 시간 전쯤 깨끗한 물에 담가두었다가 사용하거나 한번 데쳐서 사용하세요. 비린향도 날아가고 첨가물도 제거됩니다.

• 깍둑썰기

1cm 정도 두께로 두부를 먼저 썬 뒤 모두 눕혀놓고 기둥을 만들 듯 썰어요. 방향을 바꾸어 깍둑썰기 하면 돼요.

브로콜리 & 콜리플라워

브로콜리는 비타민C와 베타카로틴 등 항산화물질이 풍부한 아주 좋은 식재료입니다. 쪄서 먹는 것이 영양소가 덜 파괴돼요. 콜리플라워는 비타민이 정말 풍부합니다. 콜리플라워 100g을 먹으면 하루에 필요한 비타민C의 총량을 섭취할 수 있다는 말이 있을 정도예요. 비타민 외에도 식이섬유 함유량도 많습니다.

브로콜리 & 콜리플라워 고르기

질 좋은 브로콜리와 콜리플라워를 고르기는 쉬워요. 초록색이 선명한 브로콜리, 하얀색이 선명한 콜리플라워를 고르면 되지요. 우리말로는 꽃양배추인데요, 꽃들이 촘촘하게 붙어있어 되도록 아주 둥근 모양을 형성하고 있는 것이 좋아요. 콜리플라워는 꽃봉오리가 큰 편이고, 브로콜리는 꽃봉오리가 작으며 여러 개예요. 심지가 검게 변해버린 브로콜리와 하얗기 때문에 살 때 잘 표시나지 않은 곰팡이 핀 콜리플라워를 주의하세요. 유심히 들여다보고 구매해야 한답니다. 줄기 부분이 그냥 만져보기에도 단단하지 않고 물렁한 것들도 있는데, 이는 싱싱하지 않아요.

브로콜리 & 콜리플라워 보관하기

소금을 약간 넣은 물에 살짝 데쳐서 식힌 후, 밀폐용기에 보관하세요.

데칠 때는 꽃 부분 따로 줄기 따로 손질하여 줄기를 먼저 넣고 꽃 부분을 그 다음에 넣어 데쳐주세요. 손질 전에는 상온에 데치지 않은 상태로 놓으면 꽃이 피니 냉장보관하세요. 데쳐서 밀폐용기에 보관하며 먹으면 3일 정도는 괜찮습니다.

브로콜리 & 콜리플라워 손질하기

• 세척하기

베이킹소다를 푼 물에 5분 정도 담가두었다가 흐르는 물에 씻어주세요.

• 데치기

끓는 물에 넣어 살짝 데칩니다. 줄기 부분은 꽃 부분보다 조금 더 데쳐 먹으면 됩니다. 이것도 생각보다는 여리기 때문에 너무 오래 삶아서는 안 돼요.

Tip.

줄기에도 영양이 있어요. 밑둥은 수확 후 마르기 때문에 4cm 정도는 잘라내고 먹으면 됩니다. 초록색에 거부감을 보이는 아이들의 볶음밥에 상대적으로 색이 없는 브로콜리 줄기 부분을 작게 썰어 넣어도 좋아요.

SWEET PUMPKIN
단호박

단호박은 삶거나 찌고, 혹은 구워서 으깨어 유아식에 활용해볼 수 있어요. 수프 등을 만들기 위해 으깨어 손질할 때는 절구에 빻아도 좋지만 그러면 덩어리가 안 풀어지는 경우가 있으므로 칼등으로 눌러서 으깨면 좋아요.

단호박 고르기

좋은 단호박을 선별하기는 어렵지 않지만 생각보다 좋은 단호박을 만나기가 어려워요. 색이 고르게 짙은 녹색이고 무거운 것이 좋은데, 누렇고 연두색과 초록색이 섞인 단호박이 많지요. 누런 부분이 있다면 이미 호박이 과숙성되어 늙었다고 판단할 수 있어요.

단호박 보관하기

조리 전에는 서늘한 곳에 보관하고, 조리 후 남은 단호박은 씨를 긁어내고 랩을 씌워 냉장고에 보관하도록 합니다.

단호박 손질하기

깨끗하게 씻고 크게 4등분으로 썰어요.

씨를 제거합니다.

• 으깨기

절구에 넣어 찧는 방법도 있고, 칼등으로 눌러 으깨는 방법도 있어요.

• 냄비에 찌기

납작하게 썰어서 찜기에 넣고 찝니다.

조금 큼지막하게 썰어서 찜기에 넣어도 돼요.

• 전자레인지에 찌기

접시에 물을 얕게 담아 전자레인지에 넣고 3~5분 정도 돌려요.

• 끓는 물에 삶기

껍질을 벗기고 끓는 물에 삶아요.

• 채 썰기

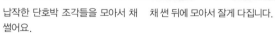

납작한 단호박 조각들을 모아서 채 썰어요.

• 다지기

채 썬 뒤에 모아서 잘게 다집니다.

시금치

시금치에 풍부한 철분과 엽산은 빈혈을 예방하고 향과 맛이 강하지 않아 유아식에 자주 이용합니다. 시금치는 비타민A, 비타민B1, 비타민B2, 비타민C 그리고 칼슘과 철분이 풍부해요. 시금치의 수용성유기산들이 데치지 않고 사용하면 칼슘과 결합해 불용해성수산칼슘이 되어 결석의 원인이 될 수 있습니다. 살짝 데치면 수용성인 유기산들이 제거됩니다.

시금치 고르기

시금치도 여러 종류가 있어요. 혹시 '해풍 맞고 자란 시금치'라는 말을 들어보셨나요? 그 해풍을 맞고 자란 겨울에만 먹을 수 있는 포항초는 달달한 맛이 나서 마트에서 만나면 반가워서 "와! 포항초 나왔다!"라는 말이 절로 나와요. 포항초는 뿌리 부분이 붉고 초록빛도 선명해요. 다른 시금치를 먹다 포항초를 먹으면 '시금치가 이렇게 단맛이 나는구나' 하고 느낄 거예요. 포항초 외에 남해초, 섬초도 있고요.

시들거나 누렇게 뜬 잎이 없고 초록색이 선명한 시금치를 구매하세요. 국에 넣을 것은 잎이 큰 것, 나물용으로는 잎이 짤막하며 여린 것으로 구매하세요.

시금치 보관하기

생시금치는 종이호일 등에 싸서 냉장고 야채칸에 냉장보관하세요.
며칠 안에 먹을 시금치는 살짝 데쳐서 물기를 짜 밀폐용기에 넣어 냉장보관해도 됩니다.

시금치 손질하기

베이킹소다를 푼 물에 3~5분 정도 담가두세요.

흐르는 물에 깨끗하게 씻으세요.

Tip.

시금치를 국에 넣을 때에는 생시금치를 그대로
넣기보다는 소금물에 아주 살짝 데친 후(담그었
다 빼는 정도) 넣어 끓이세요. 생시금치를 그대로
넣으면 옥살산이 나올 수 있어요.

• 데치기

시금치 밑둥을 잘라줍니다.

끓는 물에 넣었다 바로 뺍니다.

데친 시금치는 흐르는 찬물에 헹군 뒤
물기를 짜주세요.

SHRIMP

새우

새우는 칼슘과 타우린이 풍부해 성장발육에 효과적인 식품입니다. 요리에 새우를 넣으면 감칠맛이 더해집니다.

새우는 아주 여러 종류가 있어요. 알려진 것만 무려 8,900여 종이라 합니다. 우리나라에서 나는 대하만 해도 검은새우, 차새우, 고려새우로 세 종류나 있다고 해요. 주로 많이 먹는 것이 자숙새우나 생새우인데, 이는 어떻게 고르고 손질하면 되는지 알아보아요.

새우 고르기

새우의 다리와 머리가 떨어지지 않고 온전하며, 몸이 투명하고 윤기 있는 것을 고르세요. 내장 손질 중 한 번에 쏙 빠지지 않고 끊어지면 그만큼 덜 싱싱한 거예요.

꼬리 부분의 삼각형은 물주머니예요. 새우의 머리와 꼬리는 수분을 많이 가지고 있어 튀김할 때 꼬리 부분의 물주머니는 기름이 튀지 않도록 꼭 잘라주세요. 또, 새우 삶을 때 소금과 식초를 넣으면 비린내가 엷어져요.

생새우를 사다가 조리하면 제일 신선하고 좋겠지만, 냉동새우도 품질이 좋아요. 조업 후 바로 두절, 탈각하여 급랭시킨 냉동새우를 이용해도 좋습니다.

Tip.

냉장이든 냉동이든 한 번 데쳐서 판매하는 자숙새우가 있습니다. 새우 맛이 좀 떨어져요. 익힌 새우라 색깔이 핑크빛이죠. 맛을 위해서는 냉동새우 구매 시, 생새우를 냉동한 것을 추천합니다. 우리가 흔히 말하는 '칵테일새우'는 자숙새우의 '꼬리 있음' 버전이라고 생각하면 돼요.

140

새우 보관하기

내장을 빼고 소금물에 흔들어 씻은 후 그대로 냉동보관해두었다 사용해도 되고, 바로 쓸 것은 냉장보관하면 됩니다. 손질을 하지 않고 냉동보관해도 되지만, 해동하여 손질하는 것보다 바로 꺼내 사용할 수 있도록 손질해서 냉동하는 것을 추천해요.

새우 손질하기

머리를 떼어냅니다.

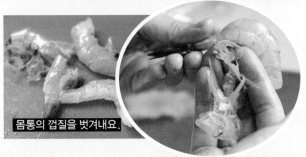

몸통의 껍질을 벗겨내요.

Tip.

새우를 반으로 갈라서 내장을 손질해도 돼요.

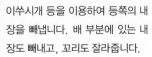

이쑤시개 등을 이용하여 등쪽의 내장을 빼냅니다. 배 부분에 있는 내장도 빼내고, 꼬리도 잘라줍니다.

ABALONE
전복

전복에는 비타민과 미네랄이 풍부합니다. 또한 아르기닌이라는 아미노산 함량이 높아 성장발육에 좋아요. 전복의 내장을 사용해도 되지만 반드시 모래집을 제거해야 합니다.

전복 손질에 자신감이 생기면, 책에 실린 전복미역국, 전복토마토조림, 전복리소토, 전복오일파스타, 전복내장죽, 전복찜, 전복버터구이 등에 도전해보세요.

전복 고르기

육질이 단단한지 만져보면 좋겠지만, 보통 눈으로 보고 사야 하죠. 윤기 나는 것을 고르세요. 전복을 닦고 손질하는 일이 만만치 않기 때문에 조금 비싸더라도 큰 사이즈를 구매하는 편이 좋아요. 육질도 더 좋고요.
마트에서 서너 개 정도 용기에 포장하여 파는 전복보다 산지에서 특수포장(산소포장 등)하여 보내주는 전복을 구매하는 걸 추천합니다.

전복 보관하기

세척 후, 탈각하여 전복살 따로, 내장 따로 분리하세요. 한 번에 먹을 만큼씩 냉동보관했다가 꺼내어 해동해서 먹어도 되지만, 맛이나 식감이 확연히 떨어집니다. 전복은 죽도 해먹고, 구이도 해먹고, 회로도 먹고, 찜으로도 먹는 등 조리 방법이 다양하니 한 번에 먹을 만큼 구매하여 다양한 조리 방법 이용하여 한 번에 다 먹을 것을 추천해요.

전복 손질하기

• 세척하기

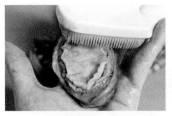

솔로 구석구석 잘 닦아냅니다. 솔은 면적이 넓되, 거칠지 않은 부드러운 미세모가 좋아요.

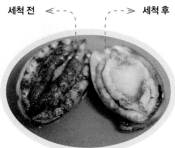

세척 전 ≪--- ---≫ 세척 후

껍데기와 전복살을 분리할 거예요. 날카로운 껍질이 있는 쪽으로 숟가락을 넣어 들어냅니다.

내장을 잘 떼어내줍니다.

전복살과 내장이 잘 분리되었습니다.

전복 앞 부분에 칼집을 내어 이빨을 잡아당겨 제거해주세요.

전복 이빨입니다.

• 전복살

통으로 요리할 때는 이렇게 칼집을 내주면 돼요.

편으로 얇게 썰어서 요리에 넣을 수도 있어요.

• 전복내장

따로 분리한 전복내장은 믹서에 넣어 갈아주세요.

매생이

매생이는 겨울이 제철입니다. 매생이 30g에는 엽산과 철의 하루 권장량이 들어 있어요. 다른 해조류처럼 질깃하거나 미끌거리지 않고 정말 부드러워 여러 요리에 활용해볼 수 있습니다. 『한 그릇 뚝딱 유아식』 책 속에도 새우매생이죽, 매생이달걀말이, 매생이오징어전, 매생이단호박리소토, 매생이굴떡국 등 아이들이 좋아하는 메뉴에 듬뿍 들어갔답니다.

매생이 고르기

매생이는 광택이 좋고 선명한 녹색인 것을 구입하면 돼요. 매생이 자체가 질기거나 거칠지 않기 때문에 신선한지 아닌지만 눈으로 보고 향으로 판단하여 구매하면 됩니다.

매생이 보관하기

며칠 안에 먹을 것은 씻어 물기를 빼고 보관용기에 넣어 냉장보관하면 됩니다. 11월부터 이듬해 5월까지 매생이 제철이에요. 제철일 때 구매하여 물에 풀어 씻어낸 뒤, 1회에 먹을 만큼 소분하여 냉동보관하고, 요리에 전에 냉장고에서 해동하여 먹으면 간편하고 좋아요.

매생이 손질하기

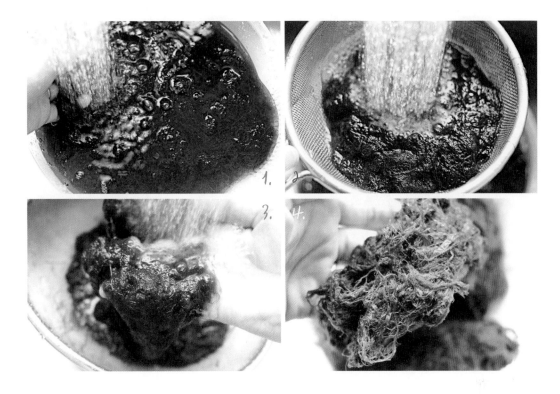

1. 넓은 볼에 찬물을 담아두고 매생이를 넣고 흔들어 이물질이 빠지게 합니다.

2. 체에 밭쳐 흐르는 물에 씻어냅니다.

3. 이런 과정을 3~4회 정도 반복해요.

4. 물기를 꼭 짠 뒤에 사용합니다.

Chapter 3

유아식 잘 만드는
팁이 있나요?

한 그릇 뚝딱 요리하기

『한 그릇 뚝딱 이유식』이 많은 사랑을 받을수록 언제나 감사했지만 한편으로는 부담스러웠어요. 저는 셰프도 아니고, 영양사도 아니며, 요식 업계 종사자도, 이유식 업계 사람도 아니기 때문이었어요.

'나 너무 극성 맞아 보이면 어쩌지?'

'내가 하는 게 맞을까?'

이런 고민은 언제나 하고 있었어요.

저는 그저 '요리'가 즐거운 평범한 엄마랍니다. '평범'하다는 표현이 거북스럽다면 '요리에 조금 재능이 있는(?)'이라고 하면 어떨까요?

사람들은 누구나 본업을 제외하고 하나씩 잘하거나 즐기는 일이 있잖아요. 낚시를 즐기는 사람이 있고, 축구관람을 좋아하는 사람도 있지요. 캔들을 만들거나 글을 쓰는 분들도 있고요.

저에게 요리는 '낚시'나 '축구관람', '캔들 만들기'나 '글쓰기'와 같은 취미이자 특기인 셈이에요. 요리에 관심이 많아서 어떤 음식을 먹더라도 '이건 어떻게 만들었을까?' 생각하게 됩니다.

또한 거기서 멈추는 게 아니라 '다른 방법으로 만들 수는 없을까?' '다른 재료를 넣으면 어떤 맛이 날까?' 하고 궁금해집니다. 그리고 한번 도전해보지요.

그래서 『한 그릇 뚝딱 이유식』도 『한 그릇 뚝딱 유아식』도 아주 다양한 레시피를 담고 있어요. 그 방대한 레시피 양만 보면 '도대체 이걸 어떻게 다 따라해?'라고 할 수 있지만 자세히 들여다보면 방법이 매우 간편해요. 막상 보고 나면 아마도 이것저것 도전해볼 용기가 생길 거예요. 반드시 레시피 그대로 따르지 않아도 됩니다. 몇몇 재료는 빠져도 되고, 더 추가되어도 되지요. 그렇게 하다 보면 어느덧 유아식 만들기에 두려움이 사라질 거예요.

기본 채소

유아식을 할 때 어떤 요리가 되었든 들어가면 좋을 기본 채소가 있어요. 레시피 여기저기에 많이 사용했어요. 늘 강조하지만 하나의 채소가 빠져도 괜찮아요. 다른 것이 더 들어가도 되고요. 다만 어떤 유아식이든 많이 사용하기 때문에 냉장고에서 떨어지지 않게 하는 게 좋겠지요?

애호박 　　　　　 당근 　　　　　 양파 　　　　　 파프리카

마늘 　　　　　 대파

다진 마늘과 대파도 자주 등장하는 재료이기 때문에 늘 준비해두면 좋아요.

도구 백배 활용하기

스테인리스 팬 사용할 때

바디버든 줄이기 일환으로 저도 스테인리스 재질의 냄비나 팬을 사용해요. 관리하는 데 어렵긴 하지만 방법만 익힌다면 금세 익숙해질 거예요.

스테인리스 팬을 사용할 때는 물을 튀겼을 때 방울이 굴러다닐 정도의 온도로 예열한 후, 잠시 식혀두었다가 사용하세요.

처음 쓸 때

키친타월에 소량의 오일을 묻힌 뒤 곳곳을 잘 닦아내세요.

베이킹소다와 과탄산소다, 식초를 소량 넣으면 거품이 바글바글 나는데, 부드러운 수세미로 박박 닦아주세요.

물로 닦아 내지 않고 팬에 물을 부어 2~3분 정도 끓인 뒤 헹구면 반들반들 윤이 날 거예요.

주물냄비 사용할 때

저수분이나 무수분 요리가 가능한 주물냄비, 참 유용하지만 자칫 녹이 슬기 쉬워 세심하게 관리를 해야 하지요?

사용하기 전에 키친타월에 참기름 등을 조금 적셔 골고루 냄비를 닦아내듯 묻혀내세요.

약불로 예열한 후에 다시 살짝 식혔다가 사용하면 돼요.

사용한 뒤

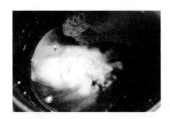

뜨겁게 달궈진 냄비를 바로 찬물에 담그면 안 되고, 식힌 다음 씻어내야 해요. 냄비에 묻어있는 음식물은 부드러운 수세미로 살살 닦아내고 베이킹소다 1T 정도를 냄비에 넣어 수세미로 깨끗하게 닦습니다.

잘 헹구어내세요.

주물냄비는 사용 후 마르도록 물기가 묻은 채로 두면 안 돼요. 마른수건으로 바로 닦아주어야 합니다. 틈새에 물이 남아있지 않도록 구석구석 잘 닦아주세요.

튀김요리 간편하게 하기

오븐 이용하기

〈한 그릇 뚝딱〉 시리즈에서는 유난히 오븐요리가 많지요? 오븐은 가지고 있는 사양마다 조금씩 다르기 때문에 책에 나와 있는 가이드라인에 따르되, 좀 더 유동적으로 활용해주면 좋겠어요.

1 오븐 팬 위에 테브론시트나 종이호일을 깔고 사용하세요. 2 제시된 온도로 예열을 먼저 한 뒤 사용하세요. 3, 4 오븐으로 튀김을 할 때는 기름을 살짝 둘러줍니다. 오일스프레이가 있다면 스프레이를 이용하세요.

기름에 튀기기

튀김을 할 때 '적당한 온도'는 어느 정도일까요?

1 기름에 튀김옷을 살짝 뿌려보세요. 가라앉지 않고 떠오른다면 튀김을 해도 좋습니다. 2 튀김은 두 번 튀기면 더 바삭하고 맛있어져요. 3 튀김을 한 뒤에는 키친타월 위에 올려 기름을 한 번 빼주면 좋아요.

완자 만들기

이유식 때는 매일 갈아먹이던 소고기를 유아식으로 넘어오면서 충분히 섭취하지 못하는 경우가 많지요. 그럴 때 유용한 게 완자 요리입니다.

완자를 만들어 오븐에 구워 줄 수 있고요.

카레가루를 묻혀 구워줄 수 도 있습니다.

밀가루와 달걀을 묻혀 전처럼 구워줄 수도 있지요.

오트밀을 믹서에 갈아서 완 자에 옷을 입혀 구워도 되 지요.

밥을 함께 섞어서 밥완자를 만들 수도 있습니다.

완자를 구울 때

저는 '완자'를 자주 만들어요. 동글동글 한입에 쏙 들어가니까 아이들도 매우 좋아하여 즐겨 만들게 되었어요. 완자를 촉촉하게 구우려면 어떻게 해야 할까요?

오븐을 이용하는 방법

스팀오븐기라면 스팀 기능을 사용하여 촉촉하게 구울 수 있습니다. 하지만 일반 오븐이라면 이 방법을 쓰세요.

작은 오븐용기에 물을 떠서 옆에 함께 놓고 구우면 돼요. 물은 용기의 2/3 정도만 채웁니다.

프라이팬을 이용하는 방법

오븐이 없다면 프라이팬에서 구울 수 있어요.

1 프라이팬에 종이호일을 깔아요. 2 완자를 올리고 뚜껑을 닫아 약불에 5분 정도 익혀요. 3 종이 자체가 탈 수 있으니 중간에 종이호일을 한번 갈아주거나 타지 않은 부분으로 옮겨가며 익혀주세요.

오븐에서
구워낸 것

프라이팬에서
구워낸 것

찌는 방법

찜기에 찌면 완자의 식감이 상당히 부드러워지기 때문에 완자 크기를 더 크게 해도 괜찮습니다.

찜기에 넣고 10~15분 정도 익혀낼 수도 있어요.

오븐에서
구워낸 것

쪄낸 것

완자를 만들 때는 소고기, 닭고기, 돼지고기 등 모두 사용 가능합니다. 기본 완자에서 채소를 추가해나가는 식으로 하면 됩니다. 완자를 만드는 기본 원리를 설명해드릴게요.

메인 재료	추가 재료			레시피
잘게 다지거나 믹서에 갈아주세요	잘게 다지기			완자 활용하기
닭고기	양파			토마토가지닭고기완자볶음 480쪽
	양파	애호박	새송이버섯	닭고기완자마늘종새송이볶음 394쪽 / 치킨볼 440쪽
	양파	애호박	파프리카	닭고기완자카레조림 401쪽
돼지고기	양파	가지		브로콜리돼지고기완자구이 429쪽
소고기	단호박	아몬드가루		단호박아몬드소고기구이 424쪽
돼지고기+소고기	없음			오트밀완자구이 428쪽
	양파			미트볼카레구이 372쪽 / 멘치가스 404쪽 / 콘시럽완자볶음 437쪽
	양파	크랜베리		크랜베리고기완자구이 433쪽
	양파	팽이버섯	치즈	팽이치즈밥완자구이 382쪽 / 치즈완자토마토조림 476쪽

양파 + 애호박 + 양송이버섯 + 파프리카 당근 + 부추 + 두부 + 전분	애호박완자볶음 446쪽
아보카도	아보카도고기완자구이 381쪽
없음	오징어볼짜장볶음 392쪽
브로콜리	오징어볼튀김 466쪽
양파 + 애호박 + 파프리카	오징어크로켓 413쪽
양파 + 애호박 + 파프리카 + 브로콜리	오징어볼자두탕수 386쪽 오징어볼가지소스볶음 414쪽
없음	새우볼파프리카탕수 390쪽
크림치즈	크림치즈새우볼튀김 470쪽
매생이	매생이새우볼탕 360쪽
양파 + 애호박 + 파프리카	새우볼황도볶음 397쪽
대구살 + 양파 + 파프리카 + 당근 전분 + 밀가루	어묵탕수 430쪽

좋은 유지류 사용하기

식용유

유지류는 잘 알아보고 구입해야 해요. 유전자변형(GMO) 재료를 사용하는 식용유가 꽤 많기 때문이에요. 수입되는 GMO 농산물의 99%가 식용유와 간장에 사용되고 있고, 심지어 이 품목들은 제조 과정에서 DNA와 단백질이 파괴되어 GMO 성분 검사가 어렵다는 이유로 'GMO 표시제' 대상에서 빠져 있어요.

항상 "식용유는 무엇을 사용하나요?"라는 질문을 많이 받고 있는데 저는 한살림의 현미유를 주로 사용하고 있어요. 자연드림에서 나오는 'Non-GMO 압착 유채유'도 사용하고요.

레시피에는 대부분 '현미유'로 표현했지만 다른 식용유를 써도 괜찮습니다.

버터

버터는 만들어 쓰기도 하지만, 아무래도 매번 그렇게 만들기는 번거롭지요. 국산 버터든 수입해오는 버터든 중요한 것은 모든 레시피는 무염버터를 기본으로 한다는 겁니다. 가염버터는 생각보다 짠맛이 더 강해요. 따라서 버터를 구매할 때는 무염버터인지 꼭 확인하세요.

냉장보관하게 되면 냄새를 잘 흡수하는 버터의 특성상 냉장고의 김치 냄새, 반찬냄새를 머금게 될 수 있어요. 쓸 만큼을 남겨두고, 나머지는 적정량씩 소분하여 냉동보관하는 것이 좋습니다.

활용만점 큐브 만들기

큐브

이유식을 진행할 때도 큐브는 큰 힘이었습니다. 남은 과일 및 채소도 소진하고, 아이들 요리를 후다닥 해줄 때도 큐브는 매우 유용하지요. 특히 고기가 들어간 요리나 탕수 요리에 더욱 활용도가 높습니다. 큐브 만드는 방법을 알아볼까요?

연육큐브

연육큐브는 말 그대로 고기의 육질을 부드럽게 해주는 큐브입니다. 고기요리할 때 한두 개씩 넣으면 참 좋아요.

1, 2 키위와 배를 각각 믹서에 갈아주세요. 3, 4 잘 갈아진 키위와 배를 아이스트레이에 넣어 얼려줍니다. 5 꽁꽁 얼면 틀에서 분리하여 밀폐용기에 옮겨 담아요. 6 냉동보관하여 사용합니다. 7 고기양념을 믹서에 갈아만들 때 함께 넣어도 돼요. 8 고기를 재울 때 5~10분 정도 미리 꺼내놓고 넣어도 되고요.

탕수큐브

탕수소스를 만들 때 과일로 탕수큐브를 만들어 넣으면 새콤달콤 더 맛있게 됩니다.

1 포도나 복숭아, 자두 등 새콤한 맛이 강한 과일이 물러가고 있다면 믹서에 갈아서 얼려둡니다. 2 탕수 요리를 할 때 녹여서 전분물만 섞어주면 훌륭한 탕수소스가 됩니다.

넉넉하게 만들어 냉동해두기

홈메이드 냉동식품으로 만들어둘 만한 음식들이 꽤 있어요. 멘치가스, 치킨텐더, 오징어볼, 오징어볼튀김, 새우패티, 수제 어묵, 함박스테이크, 떡갈비 등….

그때그때 자주 만들어주면 물론 더 좋겠지만, 여러 번 하기에는 힘에 부칩니다. 워킹맘으로서 아이에게 죄책감을 느끼며 뭐든 사먹이는 것보다는 내 손으로 만들어 먹인다는 것에 의의를 두고 넉넉하게 만들어 냉동해두고 꺼내어 요리해주는 것 어떠세요?

홈메이드 냉동식품 보관법

냉동식품은 그 맛의 보존을 위해 대략 2주 안에 다 먹도록 합니다. 하나씩 랩으로 싸서 들러붙지 않게 하고, 밀폐용기에 넣어주세요.

밀폐용기에 그냥 통째로 넣으면 원하는 만큼 꺼내어 먹을 수가 없고 모두 다 해동시켜야 하는 불상사가 생겨요. 세균이 번식할 수 있기 때문에 냉동한 음식을 해동했다가 다시 냉동하는 것은 좋지 않습니다. 그러니 원재료도 냉동이 아니어야 하겠죠. 이를테면 냉동새우를 해동하여 만든 새우패티를 다시 냉동하여 보관하는 것은 추천하지 않습니다.

한 그릇 뚝딱 유아식 레시피 중 냉동식품으로 만들기

멘치가스 404쪽

치킨텐더 463쪽

오징어볼 352쪽

오징어볼튀김 466쪽

새우패티 384쪽

관자어묵 472쪽

함박스테이크 604쪽

떡갈비 378쪽

가루류 만들어 쓰기

가루류의 혼합으로만 부침가루와 튀김가루를 만들 수 있어요. 한데 모아 섞어 체에 내리고 잘 담아주면 완성이지요.

가루류는 봉지째 클립으로 눌러 두기보다는 투명한 용기에 넣어 쉽게 찾을 수 있게 라벨링하여 두는 것이 좋아요.

유통기한은 함께 라벨링해도 좋지만 그러면 바꾸어 넣을 때마다 다시 붙여야 하니 품목은 예쁜 라벨링으로 하고, 유통기한은 마스킹테이프 등으로 써 두는 것이 편리합니다.

부침가루 만들기

부침가루는 전을 부칠 때 필수인 아이템이죠. 집에서도 간편하게 만들 수 있습니다.

🍚 INGREDIENT

밀가루 850g, 전분 15g,
찹쌀가루 10g, 소금 8g,
설탕 8g, 옥수수가루 20g,
양파가루 10g, 마늘가루 10g

1 재료를 한데 모아 섞어주세요. 2 섞은 가루를 체에 걸러줍니다. 3 통에 담아줍니다.

튀김가루 만들기

부침가루와 마찬가지로 튀김가루도 집에서 만들 수 있어요. 이것을 만들기 위해 부재료가 너무 많이 필요하다면 살림하는 주변의 이웃이나 친구들과 함께 사서 대량으로 만들고 나누어 가지는 것도 방법이에요.

🧂 INGREDIENT

밀가루 800g, 전분 15g,
쌀가루 10g, 소금 8g, 설탕 8g,
옥수수가루 20g, 양파가루10g,
마늘가루10g, 베이킹파우더 5g

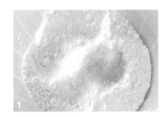

1 재료를 한데 모아 섞어주세요. 2 섞은 가루를 체에 걸러준 뒤 통에 담아줍니다.

팬케이크가루 만들기

팬케이크가루도 집에서 만들 수 있답니다. 아래의 레시피 재료량은 5~6cm 지름의 팬케이크 10~13개 정도 나오는 분량입니다. 4인 가족이 한 번에 먹을 양이지요. 베이킹파우더나 설탕의 양이 밀가루에 비해 소량이라 골고루 믹스되기 힘들 수 있겠지만 배로 계량하여 팩에 넣어두고, 나중에 믹스하여 만들어도 됩니다.

🧂 INGREDIENT

중력분 120g, 설탕 15g,
베이킹파우더 3g

1 모든 재료를 한데 섞어주세요. 2 체에 곱게 내려줍니다. 3 팩에 넣어 실온보관도 괜찮고(모두 실온보관재료이므로) 냉동보관해도 됩니다. 4 사놓고 쓰지 않은 모유저장팩 등을 활용하여 보관하면 됩니다. 5, 6 우유(130mL)에 달걀 하나 깨뜨려 팬케이크가루 한 팩 넣어 휘저어 구워주기만 하면 아침을 든든하고 편하게 먹을 수 있어요.

절대 실패하지 않는 맛가루 만들기

유아식을 만들 때 대부분 육수를 내어 맛을 내지만, 그래도 가끔 맛가루가 아쉬울 때가 있습니다. 조금 진득한 국물요리를 할 때 간편하게 맛을 내고 싶거나, 장류를 만들 때 미리 넣어 숙성하고 싶을 때가 그러하죠. 그래서 저는 맛가루를 늘 넉넉하게 만들어둡니다. 한번 만들어두면 마음이 든든해진답니다.

맛가루 활용

맑은 국물요리(콩나물국, 북엇국, 감자국 등)에 사용하지 말고, 탁해져도 되는 찌개류나 떡볶이, 볶음류, 눅진한 국물요리나 나물요리 등에 살짝 써보는 것을 권합니다. 맑은 국물요리에 넣으면 꽤나 탁해지고 뜨는 불순물이 많아져요. 수제 고추장이나 수제 저염된장 등에 넣으면 숙성 후 깊은 맛을 느낄 수 있습니다.

재료별 맛가루

맛가루는 멸치와 새우 등을 재료로 하는데, 아무리 습기를 날렸다 해도 공기 및 습기 접촉으로 특유의 냄새를 유발할 수 있어요. 냉동보관하기를 권합니다. 특히 지방질이 많은 멸치는 더욱 냉동보관하길 추천해요.

멸치가루 　　새우가루

멸치가루

부드럽게 휘어지지 않고요.

1 멸치는 내장을 빼줍니다. 내장을 빼주어도 멸치 특유의 쌉쌀함이 남아요.
2 내장 뺀 멸치는 팬에 볶거나, 165도 오븐에서 5분 정도 구워 수분과 비린 향을 날려주세요.

이렇게 바삭한 느낌이 날 때까지.

3 푸드프로세서나 믹서를 이용하여 곱게 갈아냅니다. 4, 5 잘 갈아진 가루를 용기에 넣어두고 사용합니다.

새우가루

1 새우는 오븐에 저온으로 굽거나 프라이팬에 볶아주세요. 2 푸드프로세서나 믹서를 이용하여 최대한 곱게 갈아주세요. 3, 4 부드럽게 갈아진 새우가루를 용기에 담아두고 사용합니다.

맛가루 보관

저는 주로 플라스틱 용기를 이용합니다. 유리는 무겁고 깨지기 쉬울 뿐더러 뚜껑을 돌려 따는 형태는 뚜껑에 녹이 슬기도 쉽기 때문이에요. 아무래도 습기가 많은 주방에 오래 두기 때문에 알루미늄으로 된 뚜껑은 쉽게 부식됩니다. 돌려 따는 형태로 되어 있어, 그 마찰로 인해 더욱 그러하죠. 매번 돌려 따는 것도 일이고요. 그래서 제가 추천하는 양념병은 플라스틱 (PP, PET 등)이에요.

뜨거운 물을 넣어 세척도 가능한 트라이탄 재질(아기 젖병 소재)의 양념병도 있어요. 어떤 걸 사용해도 좋지만 뚜껑만은 플라스틱을 추천합니다. 다만 플라스틱 양념병의 경우 오래 사용하지는 못할 거예요. 미세한 잔기스가 생기기 때문입니다.

뜨거운 물로 닦아내면 안 되고, 베이킹 소다를 푼 물에 반나절 두었다가 병 닦는 솔로 깨끗하게 닦아서 바짝 말려주세요.

이런 양념병을 사용하게 될 경우 습기를 흡수할 수 있는 습기제거제 한 포씩을 뚜껑 등에 부착하여 넣어주세요. 습기를 없애주어 양념통 관리하는 데에 도움이 될 거예요.

가루 양념을 사용할 때에는 요리 중에 바로 용기를 대어 뿌리거나 쓰던 숟가락으로 퍼서 넣으면 좋지 않아요. 뜨겁게 올라오는 증기가 양념통 안으로 들어가 가루류가 뭉치고, 용기 벽면이나 뚜껑으로 들러붙기 때문이에요. 다른 숟가락이나 작은 그릇에 한 번 덜어서 넣어주세요.

마법의 맛 만능육수 만들기

한번 만들어두면 요리를 할 때마다 마음이 든든해지는 '만능육수'. 만능육수를 기본으로 하면 음식 맛의 깊이가 달라져요. 육수 비법을 알려드릴게요.

만능육수 재료들

모두 다 넣어야 하는 것은 아니지만, 확실한 것은 모두 넣으면 그만큼 풍부한 맛을 낼 수 있습니다. 자, 그럼 어떻게 손질하여 넣는지 살펴볼까요?

INGREDIENT

물 2.5L, 다시마 2g, 말린 파뿌리 3g, 양파껍질 10g, 무 60g, 디포리 30g, 솔치 25g, 멸치 25g, 황태머리 20g, 말린 표고기둥 20g

파뿌리

파뿌리는 아무리 씻어도 흙이 잘 털어지지 않습니다. 포크나 손톱으로 긁어내기도 하지만 그것보단 끝을 잘라주는 게 더 간편합니다.

1, 2 물에 깨끗하게 씻어줍니다. (대파 손질 126쪽 참고) 3 뿌리를 가지런히 해서 묶어줍니다.
4, 5 뿌리만 남겨두고 칼로 잘라줍니다.

양파껍질

양파 알맹이는 넣지 않는데, 육수가 너무 달달해질 수 있어 그렇습니다. 양파껍질은 특별한 맛이 있지 않지만, 알맹이에 비해 껍질에 퀘르세틴 등의 영양소가 300배나 풍부하게 함유되어 있어 육수에 넣어주면 좋습니다.

1 양파 손질할 때 껍질을 함께 씻어둡니다. 2 바로바로 말려두었다가 육수에 넣어주면 됩니다.

표고기둥

표고버섯의 기둥은 쫄깃한 식감이 좋아 결대로 찢어 조림을 해먹어도 맛있습니다. 아니면 기둥만 따로 바짝 말려 육수에 넣을 수도 있어요.

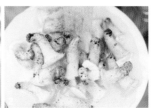

1 기둥을 모두 분리해주세요. 2 흐르는 물에 깨끗하게 씻어요. 3, 4 볕에서 자연건조하거나 165~170도 오븐에 넣어 15분 정도 돌려주면 바짝 마릅니다.

솔치
깔끔하고 시원한 맛으로 '육수의 왕'이라 불립니다.

디포리
맛이 깊지 않지만 구수한 단맛이 납니다.

멸치
깊은 맛이 나지만 떫거나 텁텁할 수 있어요.

황태머리
시원한 감칠맛을 완벽하게 냅니다.

다시마
모든 재료를 넣고 끓이다가 팔팔 끓으면 다시마는 건져줍니다. 다시마는 그 진액으로 육수를 다소 탁하게 만들 수 있습니다.

무
무가 들어가면 국물이 좀 더 시원해집니다.

만능육수 만들기

실은 '육수'라고 했을 때 생각나는 재료들을 다 넣고 끓이면 다른 비법이랄 것도 없이 풍부한 맛이 날 거예요. 재료의 밑손질만 제대로 되어 있다면 비릿하거나 이상하게 단맛이 나는 일은 없답니다.

1 모든 재료는 거름망에 넣어줍니다. 2 물에 넣고 팔팔 끓여줍니다. 3 끓었을 때 다시마는 건져냅니다. 4 식힌 뒤 체를 받쳐 걸러줍니다. 5 일주일 안에 먹을 것은 병에 담아 냉장해둡니다. 6 나머지는 팩에 넣어 냉동합니다. 스탠딩 지퍼백을 이용하면 간편합니다. 7 얼린 육수는 라벨링해두고, 먹기 전에 꺼내놓으면 됩니다.

간편육수 만들기

매번 만능육수를 만들어 사용하기 어려울 수 있어요. 맑은 국일수록 육수가 깊어야 하지만 원래의 진한 맛이 있는 된장을 풀어 만드는 찌개라든지, 고추장을 풀어 만드는 떡볶이라든지, 그런 요리를 할 때는 가볍게 육수를 만들어도 됩니다. 다시백을 미리 만들어 두었다가 한 포씩 뚝배기나 냄비에 넣고 육수를 간단하게 만들어 봅시다.

🍲 INGREDIENT

(다시백 1개 기준)
디포리 2마리, 멸치 4마리,
작은 솔치 5~6마리,
황태채 두세 가닥, 파뿌리 하나,
표고기둥 2개

*다시마를 넣지 않는 이유는
마지막에 넣었다 빼야 하기 때문
이에요.

1 모든 육수 재료는 바짝 말리거나 볶아서 수분과 비린향을 날려 준비해주세요. 2 다시백 안에 넣어줍니다. 3, 4 완성된 다시백은 지퍼백에 넣어 냉동보관합니다. 5 간단하게 요리할 때 하나씩 사용합니다.

🧪 만능육수 만들기 Q&A

육수도 레시피가 있을까요? 사람들은 그냥 넣고 끓이면 되지, 무슨 육수 레시피가 있느냐고 하지만 밑손질이 안되어 비리거나 양 조절에 실패하여 재료 밸런스가 안 맞으면 맛이 한층 떨어지게 됩니다. '그럭저럭 괜찮은 요리'보다는 '좀 더 맛있는 요리'를 위해 재료에 대해 좀 더 깊이 아는 게 중요해요.

Q. 멸치, 디포리, 솔치 다 같은 멸치류 아닌가요? 굳이 다 같이 써야 하나요?
A. 멸치, 디포리, 솔치, 황태머리는 육수 내기에 제격인 건어물 4대장이라고 할 수 있어요. 재료 준비에는 다 넣으라고 했지만 하나만 써도 됩니다. 하지만 저는 '멸치+디포리' 혹은 '멸치+솔치' 이렇게 두 개의 조합을 추천합니다.

디포리나 솔치는 멸치에 비해 지방 함유량이 더 높아 국물을 진하게 낼 수 있고, 멸치 특유의 비린향이 디포리나 솔치는 확연히 덜합니다. 또, 멸치에 없는 단맛이 디포리나 솔치에는 있거든요.

Q. 멸치는 하나하나 내장을 제거하고 사용하는데 디포리나 솔치는 그냥 쓰는 것 같아요. 이유가 있나요?
A. 디포리나 솔치는 그냥 써도 돼요. 멸치에 비해 내장이 적거든요. 특히 밴댕이라 불리기도 하는 디포리는 내장이 정말 적어요. 그래서 국물이 담백해지지요. 채소 없이 멸치만 따로 끓인 육수와 디포리나 솔치만 넣고 끓인 육수를 비교해보면 멸치육수 특유의 텁텁하고 씁쓸한 맛을 확연히 느낄 거예요. 디포리나 솔치는 내장을 제거하지 않아도 국물 맛이 쓰지 않고 담백하고 깔끔합니다.

Q. 건어물류로 육수를 내면 가끔 비린향과 비린맛이 나요.
A. 비린향과 맛이 나지 않는 깔끔하고 담백한 육수를 내려면 멸치류의 수분을 날리는 것이 중요해요. 팬에 종이호일을 깔고 그 위로 볶아내며 수분을 날리는 것도 좋고, 오븐에 넣어 높지 않은 온도(165~170도)로 10분 정도 구워주어도 좋아요. 그러면 특유의 비린맛을 확 줄일 수 있어요.

영양 가득 닭고기 육수 만들기

닭고기 육수는 두 가지로 나누어볼 수 있어요. 한식에 쓸 육수와 양식에 쓸 육수! 치킨스톡을 한식에 사용하면 이상한 향과 맛이 날 수 있죠. 마찬가지로 한 방육수를 양식에 사용하면 그것 또한 묘한 향이 됩니다. 그래서 맛도 잡고 냄새도 잡는 닭고기를 베이스로 한 두 가지 육수를 알려드립니다.

치킨스톡 Chicken Stock

치킨스톡은 볶음요리나 파스타, 수프 등에 사용하면 됩니다. 귀찮은 밑준비라고 여겨질 수 있겠지만 공을 들인 만큼 맛의 깊이가 달라져요. 한 번 만들어놓으면 냉동하여 꽤 여러 요리에 사용가능합니다.

🪙 INGREDIENT

닭뼈 600g(작은 닭 두 마리 분량),
통마늘 50g, 양파 100g, 당근 70g,
파 60g, 무 70g, 파프리카 50g,
각종 향신료 (샐러리 40g,
월계수잎 2장, 오레가노 2g,
로즈마리 2g, 통후추 1g), 물 4L

*향신료는 한두 가지만 사용해도 돼요.

1, 2 향신료는 꼭 전부 갖추지 않아도 됩니다. 구하기 쉬운 재료 한두 가지면 됩니다. 건조된 향신료를 넣을 땐 입자가 작아 국물이 탁해질 수 있어 다시백을 이중으로 사용합니다. 3 한 개의 다시백에 재료를 넣고 입구를 봉해 다른 하나의 다시백 바닥쪽에 머리를 넣어 다시 입구를 봉합니다.

🍗 뼈 발골하기

뼈만 빌라 발골한 닭입니다. 닭을 발골할 때에는 먼저 칼집을 내는 것과 중간중간 힘줄을 잘라주는 것 등이 중요 포인트가 됩니다. 닭 발골은 유튜브에서 'Debone chicken'이나 '닭 발골'로 검색하면 손쉽게 발골하는 법을 설명하는 동영상을 찾을 수 있어요.

4, 5 발골한 닭과 준비한 채소는 230도 오븐에서 25분 구워주세요. 6 오븐에 구우면서 생긴 약간의 국물은 육수를 끓일 때 함께 넣어줍니다. 7 물 4L를 부어 준비한 향신료 다시백도 함께 넣습니다. 8 한 시간 정도 중불에 푹 끓여줍니다. 중간중간 끓어오를 때 기름기를 걷어주어도 좋습니다. 9 육수낸 후 체에 밭쳐 걸러내면 되는데, 기름기가 굉장히 많습니다. 10 식은 후 냉장고에 넣어 차가워지면 위에 기름이 뜹니다. 뜬 기름을 걷어주세요. 11 한식에는 국물요리가 많지만, 양식요리에 들어가는 육수는 대량이 아닌 경우가 대부분입니다. 큰 지퍼백에 넣기보다는 이렇게 얼려 2~3큐브씩 꺼내어 쓰면 편리합니다.

한방육수

한방육수는 닭을 재료로 하는 한식요리(닭볶음탕, 찜닭, 닭죽 등)에 적합합니다. 닭고기 특유의 누린내를 많이 잡아주고 국물을 구수하게 만들어줘요.

🍶 INGREDIENT

닭(중간닭 한 마리 정도,
부위별로 써도 좋고 통째로 넣어
끓여도 됨) 600g, 통마늘 50g,
한약재(황기, 오가피, 엄나무, 대추,
유근피 등 100g가량),
물 4L

*한약재는 마트에서 간편하게 파는
'삼계탕 재료 모음'이 있어요.

1 모든 재료를 냄비에 넣어 불을 올립니다. 2 팔팔 끓여줍니다.

Chapter 4

건강한 엄마표 산
만들어볼까요?

굴소스

싱싱한 제철 굴로 만드는 향신소스, 굴소스!
어디에 넣어도 맛있어지는 마법소스입니다.
신선한 굴로 만드는 수제 굴소스는 어떤 맛일까요?

INGREDIENT

양조간장 300mL,
청주 200mL,
굴 300g, 양파 150g,
마늘 10톨, 파(흰 부분) 1대,
무 300g(절반은 세척용),
당근 50g, 다시마 2조각,
사과 1/2개(150g),
배 1/4개(150g)
숙성 후: 청주 100mL,
올리고당 4T,
전분물(물 100mL+전분 2T)

굴 손질하기

1 굴은 흐르는 물에 씻으면 영양분이 함께 씻겨지므로 주의해서 손질해야 합니다. 2 무를 강판이나 믹서에 갈아서 굴에 넣어 뒤섞어 놓습니다. 3 그러면 무가 굴에 붙어있는 불순물을 흡수합니다. 4 하나씩 건져 받아놓은 물에 흔들어 씻어주면 됩니다. (2~3번 반복) 5 새하얗던 무가 이렇게 불순물을 흡수해 탁해진 걸 볼 수 있을 거예요. 6 손질이 끝난 굴은 체에 받쳐놓습니다.

굴소스 재료
숙성하기

1 채소 및 과일은 잘 씻어 준비합니다. 2 무는 얇게 저미고 나머지 재료는 깍둑썰기합니다. 3 열탕소독한 유리용기에 차곡차곡 채우되, 채소+과일 → 굴 → 채소+과일 → 굴 순서대로 쌓습니다. 다시마는 깨끗하게 닦아서 넣어줍니다. 4 간장은 부르르 한 번 끓입니다. 5 끓어오르면 분량의 청주를 넣어 한 번 더 부르르 오를 때까지 끓입니다. 6 준비해둔 밀폐용기에 붓습니다. 7 이대로 3일을 숙성시킵니다. 겨울철이라면 뒷베란다에 놓고, 여름철이라면 냉장고에 두세요.

178

굴소스
만들기

1 숙성이 끝나면 내용물을 냄비에 담고 끓여줍니다. 이때, 들어있던 다시마는 빼줍니다. 2 살짝 졸아들 때까지 끓입니다. 3 불순물이 많은 편이기 때문에 체로 거르지 말고 면보에 싸서 국물을 분리합니다. 4 면보 위로 접시를 얹어 눌러주면 뜨거운 상태에서도 잘 짜낼 수 있습니다. ※남은 건더기는 버리기 전에 면보째로 냄비에 물을 부어 끓여주면 생선조림 등의 육수로 사용할 수 있어요. 5 다시 냄비에 부어 청주 100mL와 올리고당 4T를 넣고 끓입니다. 부르르 끓어오르면 전분물을 넣고 다시 졸이듯 끓입니다. 6 시판 굴소스처럼 진득하고 걸쭉한 느낌은 아닙니다.

굴소스
보관하기

이렇게 만든 굴소스는 석 달 안에 먹는 것이 좋습니다. 다만 한 달 정도 보관해서 먹다가 한번 끓여주고 한 달이 지나면 한번 더 끓여서 다시 보관해주세요.

블루베리배소스

블루베리배소스는 막 갈아내었을 때는 주스처럼 간식으로 주어도 되고
각종 반찬이나 간식류에 사용해도 좋습니다.

🔲 INGREDIENT

블루베리 150g
배 200g

1 재료는 깨끗하게 세척하여 믹서에 담습니다. 2 믹서에 곱게 갈아냅니다. 3 밀폐용기에 넣어 냉장고
에 반나절 정도 넣어두세요. 4 이렇게 응고된 젤리형태가 되면 완성입니다. 냉장보관해서 일주일 이내
먹거나 한 번 먹을 분량씩 소분하여 냉동보관하면 됩니다.

블루베리콩포트

블루베리콩포트는 빵에 발라주어도 좋고, 머핀을 만들 때 넣어도 좋습니다.

『한 그릇 뚝딱 유아식』책 속에도 블루베리콩포트가 들어간 레시피가 꽤 많답니다. 다양하게 활용해보세요.

INGREDIENT

블루베리 130g, 배 150g,
물 100mL

1 배와 물은 함께 믹서에 갈아냅니다. 2 체에 밭쳐 걸러낸 배즙만 사용합니다. 3 팬에 블루베리를 넣고 걸러낸 즙을 부어 졸입니다. 4 졸아들 때까지 저어가며 끓여내면 완성입니다. 냉장보관해서 일주일 이내 먹거나 한 번 먹을 분량씩 소분하여 냉동보관하면 됩니다.

맛술

은은한 단맛과 향으로 요리의 풍미를 살려주는 맛술!

보통 '미림'이나 '미향'이라고 이름 지어진 맛술을 많이 사용합니다.

하지만 화학첨가물이 고민될 수밖에 없지요? 그래서 청주를 그대로 사용하기도 합니다.

하지만 청주나 소주를 음식에 직접 사용하게 될 경우, 알코올의 성분이 남아 요리의 맛을 방해하기도 합니다.

향이 좋은 맛술을 집에서 직접 만들어 사용해보는 건 어떨까요?

한번 만들어두면 요리에 큰 도움이 됩니다.

🔩 INGREDIENT

정종 700mL, 레몬 1개,
마늘 60g, 생강 60g

1 레몬의 반은 슬라이스합니다. 2 레몬의 반은 즙짜개로 즙을 내어줍니다. 3 정종 150mL과 레몬즙,
생강 30g, 마늘 30g은 믹서에 넣어 갈아줍니다. 4 갈아낸 정종+레몬+생강+마늘은 체에 밭쳐 즙만
걸러냅니다. ※체에 걸러낸 건더기는 얼려두었다가 고기를 재울 때나 쯔유 등을 만들 때에 써도 좋
습니다. 5 이렇게 만들어진 엑기스는 나머지 정종 550mL와 섞어요. 6 그리고 남은 레몬, 생강, 마
늘을 편 썰어 넣습니다. 7 맛술이 완성되었습니다. 이렇게 일주일 두고 넣은 재료를 빼내어 체에 밭
쳐 걸러낸 뒤, 길게는 6개월까지도 냉장보관하며 사용이 가능합니다.

마요네즈

마요네즈를 직접 만들면 더 고소하고 맛있습니다.
시판 마요네즈와 비슷한 듯하지만 확실히 달라요.
마요네즈는 유청이 분리되면서 상할 염려가 있어 냉장보다 실온보관하는 것이 원칙이지만,
방부제를 넣은 것이 아니고 날달걀이 주재료이므로 냉장고에 보관해주세요.
2~3주간 먹을 수 있습니다.

🍲 INGREDIENT

노른자 2개, 유채유 80g,
설탕 3g, 소금 한 꼬집,
식초 6g

*유채유가 아닌 다른 유지
류를 써도 됩니다.

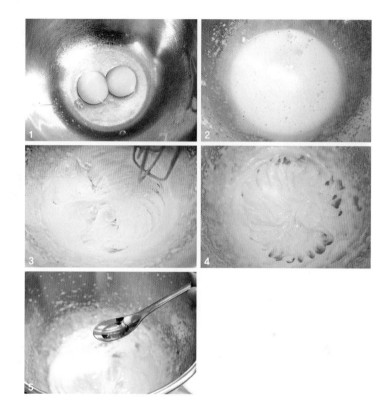

1 실온에 두었던 달걀은 노른자 두 알만 따로 분리하여 휘핑기계로 거품을 내줍니다. 2 아무 재료
도 넣지 않고 오로지 노른자만 거품을 먼저 내는데, 사진처럼 살짝 형태가 바뀐 것 같으면, 설탕을
넣어 다시 휩 해줍니다. 절대 식초나 유채유 등을 한꺼번에 넣어서는 안 됩니다. 3 거품이 하얗게
나고 마치 핫케이크 반죽처럼 걸쭉해지면 유채유를 넣습니다. 분량의 유채유를 5회 정도 나누어 넣
어주세요. 한꺼번에 넣으면 달걀과 유채유가 분리되어버립니다. 4 이렇게 유채유를 조금씩 넣어가
며 휩 하다 보면 우리가 흔히 알고 있는 마요네즈의 제형이 됩니다. 5 마지막으로 식초를 넣어 다시
한 번 휩 해주고 마무리합니다.

토마토페이스트

이유식용 토마토소스는 토마토의 신맛에 아이들이 적응을 못하는 경우가 있어
단맛을 내기 위해 양파와 사과를 사용했었습니다.
신맛은 단맛으로 잡을 수 있지요. 그러다 보니 약간 달콤해서 오리지널리티가 떨어지는 소스의 맛이 됩니다.
건강한 맛이지만, 유아식을 하는 아이들에게는 맛이 없다고 느낄 수 있어요.
그래서 시판 소스에 가까운 맛이지만 자극적이지 않은 유아식용 토마토페이스트 레시피를 소개합니다.
토마토페이스트를 만들 때 가장 중요한 건 토마토의 맛입니다.
싱겁고 신 토마토보다는 굉장히 신선하고 맛있는 토마토를 써야 훨씬 맛좋은 페이스트가 나옵니다.
방부제를 넣지 않기 때문에 오랜 기간 보관하기는 어렵습니다. 하지만 한 달 정도는 괜찮고,
혹시 보관하다가 한 달 이내에 못 쓰게 되면 냄비에 덜어내어 한 번 더 끓였다가 넣어주세요.
한 달 더 보관할 수 있습니다.

🍳 INGREDIENT

토마토 500g,
올리브유 100g, 소금 1t,
바질 30g, 마늘 100g

1 토마토 450g과 올리브유 중 80g, 소금을 믹서에 넣습니다. 2 믹서에 곱게 갈아줍니다. 3 체에 걸러 부드럽게 만들어줍니다. 4 마늘을 편으로 썰어 올리브유 10g에 튀기듯 고소한 향이 날 때까지 볶아주세요. 5 체에 걸러두었던 3번의 토마토+올리브유+소금에 마늘을 넣습니다. 6 이대로 냄비에서 부글부글 끓입니다. 7 생바질을 잘게 썰어 넣고, 토마토 50g도 듬성듬성 썰어 넣어줍니다. 8 이런 소스류는 직화에 끓이다 보면 엄청 튀깁니다. 그럴 땐 오븐을 사용해보세요. 230도 오븐에서 15~20분 가열합니다. 중간에 꺼내어 한 번씩 뒤적여주세요. 9 수분은 날아가고 소스화되는 것을 확인할 수 있어요. 10 그러면 토마토페이스트가 완성되었습니다. 11 토마토페이스트가 식은 후, 그 위로 올리브유 10g을 부어주면(소스가 덮어질 정도) 보관력이 더 좋아집니다.

토마토케첩

'고기채소볶음밥'이나 '두부강정' '코티지파이' 등을 만들 때 토마토케첩이 필요해요.
시중에서 판매하는 케첩을 이용할 수도 있겠지만 손수 만든 케첩을 넣으면 더욱 맛있어지겠지요?
케첩 만들기는 그렇게 어렵지 않아요. 차근차근 따라해볼까요?

🍅 INGREDIENT

토마토 3개, 사과 3/4개,
양파 10g, 레몬즙 2T,
전분물(전분 1t+물 3t),
비트 10g

1 토마토는 십자 모양으로 칼집을 내줍니다. 2 사과는 껍질과 씨를 제거하고 듬성듬성 썰어줍니다. 3 양파도 듬성듬성 썰어줍니다. 4 십자 모양을 낸 토마토를 끓는 물에 데친 뒤 껍질을 벗깁니다. 5 3의 토마토와 사과, 양파, 레몬즙을 넣고 믹서에 갈아줍니다. 6 체에 밭쳐 국물만 곱게 걸러줍니다. 7 냄비에 넣고 끓여줍니다. 8 전분물을 조금씩 넣어가며 끓이되 어느 정도 걸쭉해지면 불에서 내립니다.

Plus

5번의 과정에서 비트(10g)도 함께 갈아주면 새빨간 케첩이 완성됩니다.

콩배기 & 완두배기

완성된 콩배기, 완두배기는 쓸 만큼 쓰고, 소분해 냉동해두었다가
빵이나 떡을 해먹을 때 이용하면 됩니다.
아이들 요거트에 넣어주어도 좋고요.

콩배기 만들기

🥣 INGREDIENT

강낭콩 100g(불린 후 200g),
올리고당 30g

1 강낭콩은 반나절 정도 물에 불려줍니다. 2 불린 물 그대로 함께 냄비에 넣어줍니다. 3 푹 끓여주세요. 4 먹었을 때 콩이 설컹하게 익었을 때까지 삶습니다. 5 물 100mL에 올리고당을 넣어 부글부글 끓여주세요. ※30g 정도의 올리고당으로는 사실 달콤한 콩배기가 나오지 않습니다. 더 달게 만들고 싶다면 설탕을 동량으로 더 추가해주세요. 하지만 아이에게 줄 것이라면 너무 달콤하지 않는 게 좋겠지요. 6 삶아두었던 4의 강낭콩을 끓고 있는 시럽에 넣어 졸입니다. 7 물기 없이 졸여진 콩배기는 종이호일이나 접시에 펼쳐 30분쯤 두어 습기를 말려줍니다.

완두배기 만들기

🏋 INGREDIENT

완두콩 100g,
올리고당 30g

1 적당히 설컹하게 익었을 때까지 삶아주세요. 2 너무 푹 삶으면 시럽에 졸일 때 뭉개집니다. 3 물 100mL에 올리고당을 넣어 부글부글 끓여주세요. 4 끓고 있는 시럽에 2의 완두콩을 넣어 졸여주세요. 5 물기 없이 졸여진 콩배기는 종이호일이나 접시에 펼쳐 30분쯤 두어 습기를 말려줍니다.

무화과잼

무화과잼은 과육 덩어리가 적당히 씹히고 알알이 톡톡 터지는 느낌이라 맛도 좋지만 식감이 더 좋습니다.
한 번 만들어두면 한두 달 정도 냉장보관하여 먹을 수 있고,
그 기간이 지나면 잼을 한 번 더 끓여 다시 열탕소독한 병에 담아 재보관해주세요.
잼을 먹을 때는 용기 째로 먹지 말고 먹을 만큼만 덜어 먹는 게 좋습니다.

Plus

한여름 빙수를 많이 먹을 때는 우유만 얼려 부셔 넣고 무화과잼 한 스푼, 무화
과육을 썰어 넣어 팥을 조금 얹은 무화과빙수를 간식으로 주어도 좋습니다.

🍯 INGREDIENT

무화과 3개(300g),
꿀 100g, 레몬 1/2개

1 잘 익은 무화과는 꼭지 부분
을 잘라냅니다. 2 작은 크기
로 대충 썰어주세요. 3 썰어
낸 무화과에 꿀을 섞고 대충
으깨줍니다. 4 냄비에 넣고
뚜껑을 덮어 중불에 졸입니
다. 5 레몬은 썰어둡니다. 6
끓이다 보면 이렇게 과일즙이
나와 물이 생깁니다. 7 눅진
하게 졸여지면 레몬즙을 짜서
넣어줍니다. 8 찬물에 잼을
떨어뜨렸을 때 이렇게 퍼지지
않고 형태가 유지되면 완성이
된 겁니다. 9 완성된 무화과
잼은 열탕 소독한 병에 담습
니다. 병에 채워 넣은 후 뚜껑
을 닫아 거꾸로 세워서 식혀
야 보관을 오래할 수 있어요.

베리베리잼

'딸기잼'이라고 하면 어릴 때 엄마가 엄청난 양의 딸기를 큰 양은솥에서 나무주걱으로 저어가며
거뭇거뭇하도록 폭폭 끓여주었던 것이 떠올라요. 저에게는 추억의 잼이라고 할까요?
블루베리를 더해 더욱 맛있게 만들어보았습니다.
딸기는 너무 작은 것을 사용하게 되면 씨가 굉장히 많이 나와요.
식감이 걱정된다면 비싸더라도 중간 크기 정도 딸기를 사서 만드세요.

🏋 INGREDIENT

딸기 600g, 블루베리 80g,
꿀 200g, 레몬즙 1T

1 꼭지를 딴 딸기는 베이킹소
다를 풀어 닦아주고 흐르는
물에 잘 씻어냅니다. 2 손으
로 대충 으깨어주세요. 3 으
깬 딸기에 꿀을 넣고 섞어줍
니다. 4 압력솥에 넣어 추가
움직이기 시작할 때까지만 끓
여줍니다. ※절대 더 끓이지
마세요. 다 넘칩니다. 처음부
터 냄비에서 끓여도 상관없습
니다. 5 냄비로 옮겨서 블루
베리를 넣어줍니다. 블루베리
는 모양을 살리기 위해 딸기
보다는 조금 늦게. 으깨지 않
고 넣습니다. ※냉동 블루베리
를 사용해도 됩니다. 6 틈틈
이 저어가며 계속 졸이면 됩
니다. 7 졸아들면 레몬즙도
넣어줍니다. 8 잼의 농도가
적당하다 싶을 때쯤 찬물에
떨어뜨려 잼이 퍼지지 않는지
확인하세요. 9 완성된 베리베
리잼은 열탕 소독한 유리병에
넣어줍니다. 병에 채워 넣은
후 뚜껑을 닫아 거꾸로 세워
서 식혀야 보관을 오래할 수
있어요.

양파잼

양파도 고추처럼 특히 매운 양파가 있어요.

양파잼은 그리 맵지 않은 양파로 만드는 것이 좋습니다.

양파가 익으면 매운 맛이 없어지지만, 아주 매운 양파는 그래도 매운 향이 남습니다.

이렇게 만든 양파잼은 빵에 발라주어도 좋고 반찬으로 주어도 좋습니다.

🍶 INGREDIENT

적양파(흰양파) 250g, 배 300g,
발사믹 식초 1T

*꿀을 30g 첨가해도 좋습니다.

1 양파는 반을 갈라 3등분합니다. 2 얇게 채를 썰어줍니다. 3 절반은 잘게 다져냅니다. ※미온수에 30분간 넣어두었다가 헹구어 사용하면 양파의 아린 맛을 없앨 수 있습니다. 4 손질한 양파는 비닐봉지에 넣어 3시간 정도 냉동해둡니다. 5 냉동해두었던 양파를 꺼내어 냄비에 넣어 볶습니다. 얼려두면 물 없이도 잘 볶아낼 수 있어요. 6 뚜껑을 덮어 무수분으로 요리합니다. 7 뚜껑을 열면 이렇게 수분이 생겨 카라멜라이즈되어가고 있습니다. 8 발사믹 식초를 넣어 함께 볶습니다. 9 양파의 매운 기운이 가실 때까지 카라멜라이즈합니다. 10 배는 믹서에 갈아냅니다. 11 잘 볶아진 양파에 갈아낸 배를 넣어 끓입니다. 12 녹진하게 졸이면 완성. 완성된 잼은 열탕 소독한 유리병에 넣어줍니다. 병에 채워 넣은 후 뚜껑을 닫아 거꾸로 세워서 식혀야 보관을 오래할 수 있어요.

Chapter 5

베이비 저염장
손수 만들어보세요

만들어두면 든든한 저염된장

된장 담는 과정은 생각보다 복잡하지는 않습니다.

힘들다기보다 정성이 많이 들어간다고 할까요?

시중에 작은 크기의 메주를 살 수는 없어서 쉽게 도전하기 어렵겠지만

만약 주위에 나눌 수 있는 가족이나 친구가 있으면 반 말 정도만 사서 나눠서 만들어보면 어떨까요?

🫙 INGREDIENT

메주 1/4덩어리(250g), 소금(천일염) 150g, 흰콩(불리기 전 생콩) 50g, 메주가루 100g, 맛가루 30g(말린새우, 멸치, 표고버섯 등 다시 재료를 곱게 갈아낸 가루, 163쪽 참고), 건고추, 숯

1 소금은 간수 뺀 천일염을 사용하는데, 독에 수년 전부터 넣어두었던 천일염을 꺼내어 뜨겁게 끓인 물을 부어 녹입니다. 150g의 소금에 1L의 물을 사용했습니다. 2 달걀을 띄웠을 때 500원짜리 동전만큼의 면적이 보일 정도로 뜨면 적당한 염도입니다. ※저염 된장을 만든다 하여 이 염도를 낮추면 간장을 내는 과정에서 곰팡이가 필 수 있습니다. 3 천일염을 사용한 이 소금물은 한쪽에 두었다가 불순물이 다 가라앉기를 기다립니다. 4 불순물이 가라앉은 천일염 물의 깨끗한 부분만 사용합니다. 5 메주 한 말은 보통 5덩어리 정도 됩니다. 이중 한 덩어리의 1/4 정도면 아기된장을 만들 수 있습니다. 6 메주의 표면은 솔로 잘 닦아냅니다. 7 잘 닦아낸 후 물기를 말려 열탕소독한 독이나 유리병에 담아줍니다. 독에 넣는 것이 더 좋습니다. 8 유리병 입구에 체를 받치고 4의 물을 부어줍니다. 9 건고추와 숯도 함께 넣습니다. 이렇게 한 달여 숙성시키세요. ※숯은 흡습성이 있어 잡내를 빨아들이고(숯은 빨갛게 달구어 바로 넣도록 합니다) 통고추는 살균 효과가 있습니다.

🫙 숙성시킬 때 Tip

- 한 달여간 숙성시킬 때의 팁은 메주가 자주 볕을 보게 하고 숨 쉬도록 해주는 것입니다.
- 독에 두어도 그렇지만 유리병에 두었으면 더 그렇게 해야 해요.
- 뚜껑을 열어 볕을 보여주고 자주 환기시킵니다.
- 냄새가 좀 나지만 이때 메주가 숨을 못 쉬면 금세 곰팡이가 생겨버려요.

처음 메주를 담갔을 때   열흘 후

10 4주 후 메주는 건져내고 간장은 따로 담아둡니다. 남은 물이 간장인 셈이에요. 11 흰 콩은 푹 무르게 삶아줍니다. 콩 삶은 물은 버리지 마세요. ※냄비에 삶아도 되지만 오래 걸리므로 압력솥에서 쪄내는 것을 추천합니다. 12 삶은 흰 콩은 믹서에 넣고, 콩 삶은 물 20mL와 맛가루를 함께 넣어 갈아줍니다. 이때의 맛가루는 정말 곱게 간 것이어야 해요. 13 건져놓은 10번의 메주에 믹서에 간 것을 넣어 치대어 섞습니다.

14 치대다가 메주가루를 넣고 섞습니다. 15 콩 삶은 물도 100mL 넣어 질기를 조절합니다. ※이때 물은 질기를 봐가며 넣으세요. 16 딱 이 정도의 질감으로 맞추면 됩니다. 너무 되직해도, 질어서도 안 됩니다. 17 독에 장을 담습니다. 18 완성된 된장은 밖에서 익어가게 두면 좋겠지만 저염 된장이라 그러면 곰팡이가 핍니다. 19 일주일 정도 앞베란다 볕에 두며 뚜껑을 수시로 열었다 닫았다 관리한 뒤 김치냉장고에 넣어 서서히 숙성시킵니다. 한 번 김치냉장고에 넣은 된장은 다시 밖으로 꺼내어 숙성시키면 안 됩니다.

🫙 간장까지 일석이조

10번 과정에서 따로 빼둔 간장은 한번 부르르 끓여 보관합니다.

끓이면 메주찌꺼기로 인해 마치 미소 된장국 같아집니다.

면보에 한 번 걸러 보관해 요리할 때 사용합니다. 조선간장, 국간장이라 생각하면 됩니다.

20 고소한 냄새와 맛이 특징
적인 승아네 저염된장입니다.
21 완성된 된장은 그대로 먹
어도 좋지만 한번 갈아 먹어
도 좋습니다. 그래야 더 잘 섞
이고, 콩도 다 먹을 수 있으니
까요. 22 오른쪽이 갈아내기
전, 왼쪽이 갈아낸 후입니다.

🫙 저염된장 염도 측정

세계보건기구에서 제시한 하루 적정 소금량은 5%로, 저염은 0.3~0.6%, 보통은 0.7~1.1% 정도, 고염은 1.1% 이상입니다. 승아네 저염된장과 장모님표 된장, 그리고 시판 된장의 염분을 비교해보았습니다. 각 된장은 10배의 물을 넣어 희석해 염도를 측정했습니다.

승아네 저염된장   장모님표 된장   시판 된장

된장양념을 이용한 3종 불고기 요리

된장양념을 넉넉히 만들어두면 냉장고에서 일주일 정도 보관이 가능하니, 아이들이 질리지 않도록 고기를 종류별로 사다가 돌아가며 해주어도 좋습니다. 혹은 양념은 소분하여 냉동했다가 써도 됩니다.

🔧 INGREDIENT

(고기 300g 기준)
양파 50g, 키위 40g, 배 40g,
수제 저염된장 60g
(시판 된장 20~25g),
수제 굴소스 20g
(시판 굴소스 5g),
올리고당 20g, 간장 10g

1 재료를 믹서에 모두 넣고 갈아냅니다. 고기를 오래 재우게 되면 양을 줄여주세요. 키위가 고기를 너무 녹일 수 있습니다. 2 된장양념 완성!

소고기 된장 불고기

소고기는 된장양념이 아주 잘 어우러지는 재료는 아닙니다. 간장양념과 크게 맛이 다르지 않습니다.

1 양념을 넣어 고기를 2~3시간 정도 재우세요. 2 당근 등 채소를 곁들여 잘 볶아내면 완성.

닭고기 된장 불고기

부드러운 닭고기 살과 된장 양념의 맛이 잘 어우러집니다. 닭고기는 안심이나 닭다리살 정육을 사서 재워주세요. 이 두 부위가 아이가 먹기에 부드럽습니다.

1 양념을 넣어 고기를 2~3시간 정도 재우세요. 2 굽듯이 볶아내면 완성.

돼지고기 된장 불고기

된장양념 구이는 돼지고기로 했을 때 맛이 가장 좋습니다. 가장 잘 어울리지요.

1 양념을 넣어 고기를 2~3시간 정도 재우세요. 2 노릇하게 구우면 완성.

간단하게 만드는 맛간장

간장은 많은 정성이 들어가는 듯 보입니다.
하지만 단순하게 생각해보면 그냥 다 넣고 끓이면 되는 거예요.
막상 해보면 '이게 이렇게 간단한 거였나?'라고 생각할지 몰라요.
조금 귀찮더라도 해놓으면 요리조리 유용하게 잘 쓰일 테니 꼭 도전해보세요.

간장 재료들

재료가 너무 많아 다 넣을 수 없다면 몇 가지만 가지고 만들어도 됩니다. 혹은 더 맛있게 만들고 싶다면 더 넣어도 되지요. 양배추나 깻잎을 넣으면 더욱 풍미가 좋아지고요. 레몬을 넣어줘도 좋습니다. 더욱 더 맛있게 만들고 싶다면 말린 홍합살을 넣어 끓여보세요. 맛있어서 숨겨두고 먹고 싶은 간장이 된답니다.

🎒 INGREDIENT

양파 100g, 무 100g,
대파 50g, 디포리 5마리,
북어대가리 1개,
건새우 20g, 마늘 5톨,
생강 20g

※맛간장에 많이 넣는 재료 중 하나가 가츠오부시, 말린 표고버섯이지요. 방사능의 여파로 두 재료 모두 생략했습니다. 만약 신경 쓰지 않고 넣는다면, 가츠오부시는 끓이는 내내 넣는 것이 아니라 불 끄고 넣었다가 1~2분 후에 건져내면 됩니다. 말린 표고버섯의 경우, 표고버섯 대신 생협에 말린 양송이버섯 등이 있으니 이것으로 대체해도 좋습니다.

무
무는 간장의 염도를 낮추는 역할을 합니다. 무를 넣으면 옅어지기 때문에 어른용 맛간장을 만들 때에는 넣지 않습니다.

대파
대파는 초록 부분이 아니라 흰 부분을 사용하세요.

생강
생강은 편으로 썰어 넣습니다.

맛간장 만들기

보통 맛간장은 6개월 정도 보관가능합니다. 3개월 정도 지나 한번 냄비에 넣어 부르르 끓어오를 때까지만 한소끔 끓여주면 좋습니다. 맛간장은 그대로 조림이나 볶음, 무침요리에 사용해도 좋고, 어른들은 이 맛간장에 아주 약간의 물과 고추냉이를 섞어 튀김을 찍어 먹어도 맛있지요. 맛간장에 쪽파나 달래를 송송 썰어, 고춧가루 등을 넣으면 콩나물밥이나 버섯밥 등의 훌륭한 비빔장 재료가 됩니다.

🝆 INGREDIENT

진간장(한살림) 500mL,
물 300mL, 다시마 2g,
청주(한살림) 300mL,
사과(또는 배) 200g,
레몬 1/2개

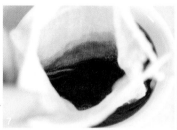

1 손질해둔 기본 재료를 모두 넣고(다시마는 나중에) 간장과 물 200mL를 넣어 15분간 중불로 끓인 뒤 약불로 바꾸어 30분 더 끓입니다. 약불로 줄여 끓이기 시작할 때 물을 추가로 100mL 넣어주세요. ※이때 간장에 재료가 모두 잠길 정도로 작은 냄비에 꽉 차게 넣고 끓이세요. 큰 냄비에 넣어 끓이면 손실량이 많아져 아주 짜게 졸아들게 됩니다. 2 불을 끄고 다시마를 넣었다가 10분 뒤에 건져냅니다. 나머지 재료는 건져내지 않은 채, 2시간 동안 실온에 둡니다. 3 실온에서 식으면서 충분히 우려진 간장은 체에 걸러 건더기와 간장을 분리합니다. 4 간장만 냄비에 옮겨 담도록 합니다. 5 사과를 주스처럼 갈아 과육과 과즙을 분리하여 과즙만 간장에 넣어 함께 끓입니다. ※사과보다는 배를 추천합니다. 6 청주를 넣어 약불에서 10~15분간 다시 끓입니다. 7 충분히 식혀서 면보에 한 번 더 걸러 불순물을 없앱니다. 8 소독한 병에 담으면 완성.

🏺 보관Tip

너무 많은 양을 만들어놓으면 간을 많이 하지 않는 아이 음식의 특성상 보관기한을 지나칠 수 있지만, 너무 적은 양을 기준해 만들다 보면 만들다가 너무 졸아들거나 간장에 들어가는 재료가 아깝게 느껴지기도 하지요. 따라서 위 레시피의 2배 정도로 간장과 물, 청주 등 액체류의 양을 늘려 만들어서 아이 음식, 어른 음식 할 것 없이 사용하는 것을 추천합니다. 레시피대로 만들어도 대략 400~500mL 정도의 간장은 만들어집니다.

어른용 맛간장을 별도로 만들고 싶다면 마른 청양고추를 넣어보세요. 풍미가 더욱 좋아집니다. 완성된 간장은 원래 진간장의 농도보다 다소 걸쭉하게 느껴질 거예요. 조림이나 무침, 볶음류에 딱 좋은 간장이 되지요.

맵지 않은 고추장

유아식 레시피 책에
무슨 고추장까지 만드나 싶겠지만 레시피를 보고 나면
누구나 따라해보고 싶어질 만큼 초간단 고추장 레시피입니다.
바쁘고 요리에 자신 없는 엄마들도 쉽게 따라 할 수 있을 거예요.

🥄 INGREDIENT

파프리카가루 50g,
메주가루 30g, 소금 4g,
찹쌀풀(찹쌀가루 15g+
물 150mL), 조청 40g

*228쪽 찹쌀풀 만들기를
참고하세요.

1 메주가루와 조청을 그릇에 담습니다. 2 파프리카가루를 넣고, 미리 만들어서 식혀둔 찹쌀풀과 소금을 넣어줍니다. 3 잘 섞어주세요.

🏺 고추장 레시피 가루 재료들

· 메주가루는 한살림이나 자연드림에서 손쉽게 구할 수 있습니다.
· 파프리카가루는 아이허브나 비타트라 등에서 구입가능한 simply organic 제품을 사용했습니다.

이 고추장으로 요리했을 때의 풍미를 더 살리고 싶다면 멸치가루와 마늘가루를 20g씩 섞어 숙성시켜주세요. 이렇게 하면 맛이 훨씬 좋아집니다. 짜지 않으니 냉장숙성하세요.

메주가루　　　　파프리카가루

짜지 않고 맛있는 쯔유

여름, 겨울 할 것 없이 든든한 요리 부재료, 쯔유입니다.
한 병 만들어놓으면 시원한 소바 한 그릇, 또는 따뜻한 우동 한 그릇,
감칠맛 나는 덮밥 한 그릇 등 많은 한 그릇 레시피가 가능해집니다.
다음은 1L 분량의 쯔유를 만드는 레시피입니다.
만들어두면 3~4개월 정도 냉장보관 가능합니다.

🍶 INGREDIENT

1차 재료
북어대가리 1개(50g),
디포리 40g, 대파 30g

2차 재료
무 90g, 배 90g,
건표고 20g, 생강 10g,
레몬 1개, 통마늘 15g, 물 1L

3차 재료
간장 400mL, 맛술 200mL,
올리고당 100mL,
다시마 10g, 가쓰오부시 20g

1 육수를 내기 전, 1차 재료는 그대로 오븐에 넣어 230도에서 10~15분 겉면이 노릇하게 익을 정도로 구워냅니다. ※비린내를 날리고, 파의 단맛 등을 살려주기 위해서입니다. 팬에 볶거나 구워도 괜찮아요. 2 2차 재료에 오븐에 구운 1차 재료를 넣고 중불로 30분 정도 끓입니다. 중불로 끓이면 물이 많이 줄어들지 않습니다. 강불로 절대 끓이지 마세요. 3 3차 재료 중 다시마와 가쓰오부시를 제외하고 간장, 맛술, 올리고당을 넣어줍니다. 4 다시 끓이되, 이때는 중불이 아닌 강불로 끓이세요. 부르르 끓기 시작하면 5분을 더 끓여주세요. 5 5분 끓인 후 불을 끄고, 다시마와 가쓰오부시를 넣은 후 5분 기다립니다. 6 체에 걸러 맑은 물만 남기면 완성.

Chapter 6

아이 입맛에 딱 맞는
김치, 만들어볼까요?

동치미

동치미가 김치 중에 쉬운 편이고 해놓으면 아이가 참 잘 먹지요.
그래도 김치는 김치인지라, 손질 과정이 조금 많다고 느껴질 수 있습니다.
절이느라 시간도 다른 요리에 비해 더 들고, 잘못될까 마음을 졸이기도 하지요.
그래도 아이에게 내 손으로 만든 김치를 주면, 정말이지 '엄마'가 된 기분이 듭니다.

동치미 무 준비하기

🍵 INGREDIENT

무 1kg, 천일염 25g, 조청 15g

1 무는 두께 1cm로 막대모양으로 썰어냅니다. 2 바로 천일염으로 절여줍니다. 3 조청(또는 올리고당)을 넣어줍니다. 무에 단맛을 더하는 이유는 무의 씁쓸한 맛을 없애주기 위해서이기도 하고, 아기용 동치미이기 때문에 조금 달달한 맛의 동치미를 만들어주고 싶어서입니다. ※겨울무라면 조청이나 올리고당은 생략해도 됩니다.

동치미 국물 준비하기

🍵 INGREDIENT

양파 60g, 사과 200g,
배 200g, 까나리액젓 10g,
만능육수 120mL, 천일염 10g

1 사과와 배는 껍질을 벗기고 깍둑 썹니다. 2 믹서에 썰어둔 사과와 배를 넣고 천일염과 양파, 만능육수(물로 대체 가능), 까나리액젓을 넣어 함께 갈아줍니다. 3 갈아낸 재료는 체에 밭치거나 면보를 이용해 국물만 맑게 걸러줍니다. 좀 더 깔끔한 국물을 원한다면 체를 이중으로 하면 됩니다. ※걸러진 건더기는 고기 연육으로 써도 좋아요. 냉동해두고 불고기 양념 만들 때 넣어주세요.

동치미 만들기

🍯 INGREDIENT

사과 70g, 배 140g, 마늘 30g,
생강 30g, 쪽파 60g,
만능육수 600mL, 물 200mL,
파프리카 20g

1 마늘과 생강은 편으로 썰어줍니다. 2 썰어둔 마늘과 생강은 베보자기나 다시백에 넣어 준비합니다. 3 절여진 무는 국물은 버리고 무만 건져내어 사용하되, 헹구지 않습니다. ※원래 동치미 만들 때 절임물까지 한꺼번에 넣고 만들지만 저염으로 하기 위해 절임물은 버렸습니다. 4 맑게 걸러낸 동치미 국물을 붓고, 2의 마늘, 생강 다시백과 만능육수, 물을 추가해줍니다. 또 사과, 배를 칼집 내어 넣어주세요. 5 모든 재료는 국물에 찰방하게 잠기도록 넣어주고, 그 위로 쪽파를 얹어 2~3일 숙성시키세요. 6 숙성시키고 나면 쪽파가 시들해지는데 그때 이렇게 한두 가닥씩 묶음을 만들어주세요. 7 빨간 파프리카를 넣어주면 동치미가 심심해보이지 않아요. 일주일 정도 후 먹으면 가장 맛이 좋습니다.

오이김치

어른들의 오이김치와 상당히 비슷한 비주얼이지만, 전혀 맵지 않아요.
여름에는 청량한 오이김치가 제격이지요.

🍚 INGREDIENT

오이 2개(215g), 배 130g,
파프리카 170g, 물 100mL,
소금 3g, 구기자 1/2T,
양파 20g, 다시마 1g,
대파 15g, 당근 30g, 부추 30g,
액젓(멸치액젓, 까나리액젓,
새우젓 무관) 1t,
오미자청(또는 매실청) 1T

1 파프리카, 배, 물을 믹서에 넣고 갈아냅니다. 2 체에 걸러 즙만 남겨요.

3 즙은 냄비에 넣어 소금과 함께 끓입니다. 4 즙을 걸러내고 남은 건더기는 따로 담아두세요. 5 끓이던 3번 냄비에 구기자, 양파, 다시마, 대파를 넣고 함께 끓이세요. 우러나올 때까지 약불에서 충분히 끓이면 됩니다. 6 오이는 아이 한입 크기로 썰어요. 7 양파는 채썹니다. 8 소독한 병에 양파와 오이를 담아요. 9 체에 밭쳐 아까 끓여두었던 국물을 병에 넣습니다. 국물은 뜨거운 상태에서 넣습니다. 그래야 더 아삭한 오이김치가 됩니다. 10 이렇게 상온에서 반나절 정도 둡니다.

11 다시 체에 걸러 건더기만을 남기고 국물은 버립니다. 12 액젓을 넣습니다. 13 당근은 채썰고, 영양부추는 적당한 길이로 썰어서 4번의 건더기를 넣고 무칩니다. 14 오미자청을 넣고 함께 버무립니다. 15 병에 다시 잘 담아둡니다.

나박김치

맑고 시원한 국물의 나박김치입니다.
생각보다 복잡하지 않아요. 그 어떤 요리보다 빨리 만들 수 있습니다.
최소한의 염분으로도 가능한 나박김치, 한번 도전해보세요.

나박김치 재료 준비하기

🧾 INGREDIENT

알배기 배추 100g, 무 200g,
당근 40g, 비트 35g,
쪽파 30g

1 배추를 적당한 크기로 네모 썰기 해주세요. 2 무도 얇고 네모나게 썰어주세요. 3 비트는 채 썰어줍니다. 4 쪽파는 듬성듬성 썰어줍니다. 5 당근까지 얇게 썰어 준비된 재료는 한데 섞어 놓습니다.

나박김치 국물 만들기

🧾 INGREDIENT

사과 250g(1개),
대파(흰 부분) 70g, 마늘 30g,
무 60g, 다시마 3g, 양파 80g,
구기자 1T, 물 1L, 소금 3g

1 대파의 하얀 부분, 마늘, 다시마, 양파, 무, 사과 등을 준비합니다. 2 냄비에 물을 넣고 1의 재료와 함께 끓입니다.

3 끓어오르면 구기자를 넣고 더 달여줍니다. 구기자는 새콤달콤한 맛이 있어 김치에 감칠맛을 더해줍니다. 4 한 번 더 끓어오르고 나서는 불을 줄여 중약불에서 1시간 정도 달입니다. ※뚜껑을 덮고 달이면 수분 손실이 거의 없습니다. 1L의 물을 넣었을 때, 1시간 후 700~800mL 정도가 될 겁니다. 5 달여진 물은 체에 거릅니다. 이 뜨거운 상태의 물에 소금을 넣고 간을 맞춥니다. ※뜨거운 상태에서 부어야 하니, 식기 전에 나박김치 재료에 부어주세요.

5

나박김치 만들기

🫙 INGREDIENT

생강 7g, 배 1/4개

1 유리로 된 김치보관 용기에 앞에서 만든 나박김치 재료를 담고 생강을 통으로 한 알 넣어줍니다. ※저염김치를 만들 것이므로, 따로 절이지 않습니다. 2 뜨거운 상태의 나박김치 국물을 부어줍니다. 그러면 피클처럼 아삭한 맛이 들게 됩니다. 3 이대로 한나절 실온에 둡니다.

숙성 전

숙성 후

4 실온에서 숙성이 되고 나면 냉
장고로 옮기기 전, 배를 썰어넣습
니다. 5 배까지 넣어주면 나박김
치 완성.

4

5

🫙 어른용 나박김치

어른용을 만들 때는 뜨거운 육수를 그대로 붓지 말고 배추 및 무를 소금에
30분 정도 절이세요. 거기에 식힌 육수를 붓습니다. 그리고 하루 정도 실온
에 두어 익히는데, 이때 건 홍고추를 3개 정도 넣어주세요. 국물이 훨씬 시
원해집니다.

백김치

처음부터 순서를 지키지 않고 뒤죽박죽하게 되면 일이 굉장히 어려워지지요? 김치 만드는 것도 그러합니다.
순서를 지켜 착착 진행하다 보면 '어랏? 김치 만드는 일 별거 아니네?' 할 수 있습니다.
김치를 만들 때는 가장 오랜 시간이 걸리는 일부터 해요.
배추를 소금물에 절이고, 절이는 사이 찹쌀풀을 쑤어 식히고
그게 식는 사이 다른 재료들을 믹서에 넣어 갈고, 고명을 썰어 준비하고,
식은 찹쌀풀을 믹서에 함께 넣어 섞고, 절여진 배추를 꼭 짜서 양념을 하는 순서로 말이지요.

찹쌀풀 만들기

🍚 INGREDIENT

찹쌀가루 20g, 물 200mL

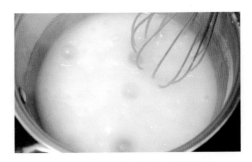

물에 찹쌀가루를 잘 섞어서 풀을 만들어준 뒤, 식혀둡니다.

배추 절이기

⚖ INGREDIENT

배추 1~1.2kg
(손질 후 한 포기 혹은
큰 알배기 배추 두 포기 정도)
소금 150g

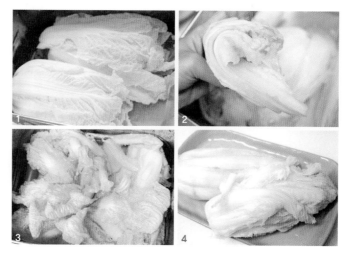

1 배추는 줄기 부분에 중점적으로 소금을 뿌려 5분 정도 두었다가 물을 500~700mL 정도 부어 자작하게 잠기게 둡니다. 2 손으로 눌러 부드럽게 휘어질 정도가 되면 꺼냅니다. 3 물에 깨끗하게 헹구어내세요. 4 물기를 꼭 짜서 둡니다.

김치양념 만들기

⚖ INGREDIENT

찹쌀풀, 배 200g,
만능육수 200g, 소금 5g,
마늘 5g, 새우젓 10g

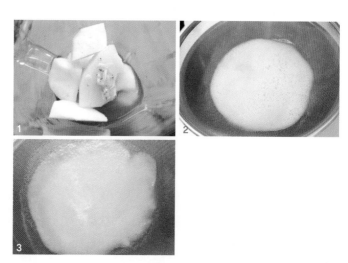

1 모든 재료를 믹서에 넣어 갈아줍니다. 식혀둔 찹쌀풀도 함께 넣으세요. 2 체에 밭쳐 국물만 걸러냅니다. 3 남은 건더기는 사용하지 말고, 눌러서 빼지도 말고 버려주세요. 너무 탁하면 맛이 없어집니다.

고명 만들기

🍚 INGREDIENT

파프리카 150g, 생밤 50g,
부추 30g, 쪽파 25g, 대추 30g,
배 40g, 사과 40g

1 파프리카는 얇게 채 썰어줍니다. 2 영양부추와 쪽파도 적당한 크기로 썰어주세요. 3 생밤도
채 썰어줍니다. 4 대추도 얇게 채 썰어줍니다. 5 배도 무채처럼 썰어주세요. 6 사과도 마찬
가지로 채 썰어주세요.

백김치 만들기

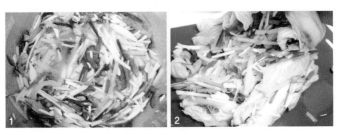

1 준비해둔 김치양념에 고명을 넣어 섞어주세요. 2 김치 켜켜이 고명을 채워 넣습니다.

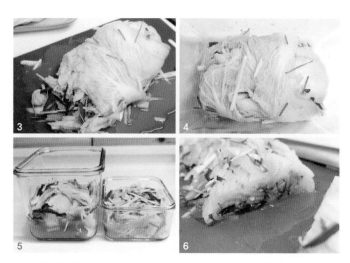

3 맨 뒤의 배춧잎을 가져다가 앞을 여며줍니다. 4 이렇게 한 포기가 완성되었습니다. 5 백김치는 국물이 적절하게 있어야 하는데, 통에 넣었을 때 2/3 잠길 정도면 됩니다. 6 3일 정도 냉장고에서 잘 숙성시키면 맛있게 먹을 수 있어요.

🏺 백김치를 만드는 다른 방법

배추의 심을 잘라서 배춧잎을 펼쳐놓습니다.

고명을 골고루 올려줍니다.

줄기와 잎 부분을 서로 교차해서 쌓으면 썰어 먹을 때 줄기와 잎이 한 접시에 골고루 들어가게 됩니다. 또 양념도 골고루 들어가게 되지요.

깍두기

안 맵게 만들어보는 파프리카 깍두기입니다. 물론 저염이에요. 굉장히 아삭한 깍두기이지요.
제가 만들고 있으니까 승아가 다가와서 말하더군요. "엄마 이거 매울 것 같아."
아이들은 '빨간색=매운 것' '초록색=맛 없는 것'이라고 공식처럼 생각하잖아요.
"하나도 맵지 않아. 고춧가루가 아니라 파프리카를 넣었거든." 했더니 하나 먹어보고,
"우와~ 엄마, 나는 매운 건 줄 알았어요." 하더군요.
이런 음식은 아이들이 색깔로 판단하게 되는 매운 것과 맛 없는(?) 것에 대한
거부감을 줄여가는 또다른 방법입니다. 일종의 푸드 브릿지가 되겠지요.
무는 제주무가 참 달고 맛있습니다. 제주무로 했더니 특별히 익지 않아도 아삭아삭 맛있었답니다.

무와 콜라비 절이기

🧂 INGREDIENT

무 400g,
콜라비 100g, 굵은소금 3g

*콜라비 없이 무만 할 경우
무 500g

1 무는 얇고 작게 썰어주세요. 염장을 아주 약하게 하기 때문에 얇아야 합니다. 2 콜라비는 무보다
더 단단하지요. 콜라비도 얇게 썰어주세요. 3 썰어둔 무와 콜라비에 굵은소금을 골고루 뿌려둡니
다. 이렇게 1시간 30분~2시간 정도 두세요.

찹쌀풀 만들기

🧂 INGREDIENT

찹쌀가루 1T, 물 50mL

물에 찹쌀가루를 잘 섞어 끓여 풀을 만든 뒤, 식혀
둡니다.

양념용 육수 만들기

🛒 INGREDIENT

사과 40g, 대파 15g, 마늘 5g, 무 10g, 다시마 1g,
양파 15g, 구기자 1/2T, 물 150mL

재료를 모두 냄비에 넣고, 팔팔 끓여줍니다. 그런 뒤
식혀둡니다. 건더기는 건져서 국물만 준비합니다.

깍뚜기양념 만들기

🛒 INGREDIENT

마늘 2톨, 새우젓 1T,
사과 1/4개, 파프리카 170g,
오미자청(또는 매실청) 1.5T

1 끓여서 식혀두었던 양념용 육수와 깍두기양념 재료를 준비합니다. 육수는 처음부터 다 넣지 말
고 재료들이 잘 갈아질 정도만 넣습니다. 2 새우젓 사과와 파프리카를 믹서에 담아요. 새우젓은
육젓을 사용했어요. 3 오미자청을 넣어줍니다. 4 믹서로 아주 곱게 갈아주세요.

깍두기 만들기

🏺 INGREDIENT

영양부추 20g, 쪽파 15g

1 절여둔 무에 이렇게 물이 생기면 따라내어 버리고 무는 따로 분리해주세요. 물에 씻지 않습니다.
2 준비해둔 깍두기양념을 무에 부어주세요. 3 준비해둔 찹쌀풀도 넣어 버무려주세요. 4 쪽파와
영양부추를 잘게 썰어 넣습니다. 5 완성된 파프리카 깍두기. 파프리카의 껍질이 마치 고춧가루처
럼 보여 비주얼은 그냥 깍두기입니다. 이렇게 실온에 한나절 두었다 숙성시켜 먹으면 돼요.

배추김치

음식이라는 것은 어찌 보면 용기와 시도입니다.

어렵다 생각하고, 내 몫이 아니라 생각하면 영원히 못하는 숙제 같은 것이고,

"까짓 거 한번 해보자!" 하면 어느새 내 손에서 손쉬워집니다.

김치 담그는 것들을 너무 어렵게 생각하지 않기를 바라요.

비주얼은 김치 그대로이지만 하나도 맵지 않으면서 아주 그럴싸한 김치맛이 나는 배추김치입니다.

한 번 만들어두면 참 여러모로 쓸 데가 많습니다.

그냥 먹을 수 있을 뿐더러 볶아 먹어도 되고, 김치볶음밥이나 김치비빔국수, 김치전 등도 만들 수 있지요.

찹쌀풀 만들기

🍲 INGREDIENT

찹쌀가루 20g, 물 200mL

물에 찹쌀가루를 잘 섞어 끓여서 풀을 만들어준 뒤,
식혀둡니다.

김치양념 만들기

🍲 INGREDIENT

양파 90g, 붉은 피망 80g,
배 50g, 파프리카가루 30g,
다진 마늘 30g, 매실청 30g,
새우젓 30g, 부추 30g,
쪽파 30g, 무 300g

1 붉은 피망과 양파, 배, 파프리카가루, 새우젓, 매실청, 다진 마늘을 분량에 맞춰 준비합니다. 2 믹서에 넣고 갈아주세요. 3 믹서에 갈아낸 양념에 찹쌀풀을 넣어 섞어줍니다. 4 양념은 이대로 반나절 숙성시킵니다. 5 숙성시킨 양념에 얇게 채를 썬 무와 적당한 길이로 썬 영양부추, 쪽파를 넣고 버무립니다. 6 이렇게 김치양념을 준비해둡니다.

배추김치 만들기

🍯 INGREDIENT

배추 1.2kg, 소금 150g

1 배추는 밑동을 잘라내고 겉잎 2~3겹 정도 뜯어내어 정리해줍니다. ※정리한 배춧잎은 버리지 말고 데쳐서 된장국 등의 주재료로 사용하세요. 2 반을 갈라줍니다. 3 배추 겹겹이 소금을 칩니다. 잎보다는 밑동 쪽 줄기 위주로 소금을 치세요. 줄기를 절이는 데 시간이 더 소요되기 때문이지요. 4 물을 자작하게 붓습니다. 가득 잠기지 않아도 되고, 자작할 정도면 됩니다. ※1.2kg 배추에 물 500mL 사용하였습니다. 여름배추는 2~3시간 정도 절여지게 두는데, 그동안 양념을 해두고 기다리면 됩니다. 5 2시간~2시간 반 정도가 지나 배추가 휘어질 정도가 되었는지 확인합니다. 6 먹어봐서 괜찮은 식감(약간 아삭한)이면 흐르는 물에 헹구어 물기를 짭니다. 7 물기가 빠진 배추에 양념을 겹겹이 넣습니다. 양념 역시 잎보다는 줄기 쪽에 더 많이 넣어줍니다. 8 완성된 김치는 김치통에 넣어 숙성시킵니다. 양념에 김치가 잠기도록 딱 맞는 김치통을 사용하세요.

🫙 김치 예쁘게 써는 방법

배추(1/2포기)는 반으로 먼저 썰어요.

반을 또 3등분 합니다.

3등분 한 김치의 중간 것을 반대방향으로 놓아줍니다.

이렇게 되면 양옆의 줄기(잎)부분 중간에 잎(줄기)부분이 놓아지게 되어 고루 섞어집니다.

가로로 적당한 크기로 썰어주면 완성.

김치전

INGREDIENT

부침가루 50g, 찬물 70mL,
배추김치 40~50g,
오징어 반 마리 몸통(60~70g)

1 잘 익은 배추김치는 쫑쫑 썰어줍니다. 2 부침가루 40g은 찬물에 개어 풀어줍니다. 3 껍질을 벗긴 오징어는 작은 크기로 잘라주세요.
4 자른 오징어에 남은 부침가루를 붓고 코팅하듯 버무립니다. 반죽에 섞여 가라앉거나 탈출하는 것을 방지하기 위함입니다. 5 썰어놓
은 김치와 오징어를 반죽에 넣어주세요. 6 잘 섞어줍니다. 7 프라이팬에 구워줍니다. 8 노릇노릇 앞뒤로 잘 익혀주세요.

김치볶음밥(2인용)

🧂 INGREDIENT

배추김치 60g, 차돌박이 40g,
수제 고추장 1t, 밥 100g

1 차돌박이는 잘게 썰어요. 2 팬에 김치와 김치국물 약간, 차돌박이를 넣어줍니다. 3 차돌박이가 익을 때까지 볶아요. 4 차돌박이가 익으면 밥을 넣어 볶습니다. 5 고추장을 넣어 볶아 마무리합니다. ※달걀프라이 하나를 곁들이면 더욱 맛있어요.

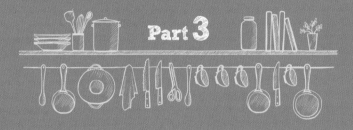

Part 3

영양소 골고루 장본 목록
알뜰하게 사용하는 식판식

늘 예쁘게
차려주고 싶은 것이
엄마 마음

맛있게 차려주는 것이 먼저겠지만, 늘 예쁘게도 차려주고 싶은 것이 엄마 마음이지요? 좋은 신발이 멋진 곳으로 데려다준다는 것처럼 예쁜 식탁이 우리 딸들을 고운 삶으로 이어줄 것만 같습니다. 군대에서도, 학교에서도 먹는 식판식이라지만 엄마가 채워주는 식판은 더욱 특별할 수밖에 없습니다. 그 식판 한두 칸 남겨두고 주기에 아쉬워서 밥을 짓고 국을 끓이고, 밑반찬 몇 가지를 하게 됩니다. 그러면서 아이들 입맛 돌게 하는 메인요리 하나 정도는 해야 하지 않을까 생각하고….

아이들이 크면서 사이좋게 놀다가도 돌연 싸우고 울기를 반복한답니다. "엄마, 연아가 나 괴롭혔어~ 엉엉." 하는 마음 약하고 착한 큰 아이 토닥여주고, 애교 있게 와서 안기는 작은 아이 무심히 지나칠 수 없어 안아주다 보면 어느새 저는 주방에서 전투를 벌이게 되지요.

그렇게 전쟁통에서 식판을 채우고 나면 싸운 일들 잊고서 쪼르르 달려와 무슨 반찬들이 담겨 있는지 궁금해하는 아이들을 보면 무엇을 해주어도 부족할 만큼 사랑스럽기만 합니다.

식판을 채우기 위해 의욕이 넘치는 날은 함박스테이크도 만들어두지만, 귀찮은 날은 전날 해놓은 나물반찬 몇 가지로 채우기도 해요. 하지만 언제나 정성 가득, 영양가 담뿍이랍니다.

비싸고 고급스러운 것보다 소담스럽고 가치 있는 것들에 익숙한 사람으로 예쁜 그릇과 다양한 음식이 주는 기쁨을 느끼며 아이들이 커가길 바라봅니다.

닥터오's Tip!

식판식을 할 때는 두 가지 방법이 있습니다. 식판을 채워주는 방법과, 요리를 해서 식탁에 두고, 먹을 만큼을 아이가 덜어가게 하는 것.

저는 스스로 원하는 양을 선택하고 선택한 만큼을 다 먹어 성취감을 느끼게 하는 방법을 추천합니다. 식판에 음식을 채워서 주면, 식사 자체가 일방적인 엄마의 선택과 강요로 인한 것이라고 느낄 수 있어요. 또한 그 식판의 음식을 다 먹지 못하면 열심히 음식을 한 엄마의 속상함과 더불어 아이의 좌절이 시작됩니다. 식판은 '아빠 엄마와 나는 다른 음식을 먹는다'는 '단절'의 느낌을 주기도 하지만, '내가 약속한 양을 다 먹는다'는 자주적인 느낌도 줍니다. 어쩌면 식판식은 장점과 단점을 다 가지고 있지요. 따라서 식탁에 놓여진 접시에서 원하는 양만큼을 아이가 식판에 덜어 먹게 하는 것이 좋은 절충형 방안이라 하겠습니다.

무엇보다 식사를 준비할 때, 식판을 다 채워야 한다는 부담감은 버려주세요.

승아 엄마's Tip!

요즘엔 1인가구용으로 조금씩 파는 채소, 고기도 많지만, 아무래도 장볼 때 조금씩 사기에는 더 비싸게 느껴지지요. 3~4인 가족이라면 한번 장보고 사용하지 못해 물러지는 채소가 꽤 될 거예요. 이럴 때 활용할 수 있도록 세트로 식단을 구성해보았습니다.

꼭 이대로 한다는 생각보다는 어떤 요리를 하고 나서 주재료나 부재료가 남았을 때 이런 요리를 해볼 수 있겠다고 활용 아이디어를 얻길 바랍니다.

식판식에
들어가기 전에

- 총 6가지의 장보기 아이디어를 소개합니다.

- 한 번 장볼 때마다 5개의 식판식이 나올 수 있도록 구성하였어요. 예시는 5개 이지만 각각의 식판식 속 레시피를 섞어도 되니 다양하게 활용해볼 수 있을 거예요.

- 식판의 한두 개 칸이 비어도 괜찮아요. 모두 따라해야 한다는 강박은 버려도 된답니다.

- 각각의 식판 속 레시피는 '4부'의 레시피 페이지를 참고하세요.

- 양념류나 장류, 기본적인 채소는 장보기 목록에서 제외했습니다. 요리의 메인 이 되는 재료만 장보기 목록에 넣었어요.

- 각 식판식은 5대 영양소나 하루치 염분을 고려하여 구성한 것입니다.

Shopping List

□ 돼지고기, 소고기
  (다져서 사용)

□ 가지

□ 애호박

□ 양파

□ 브로콜리

□ 파프리카

□ 오이

□ 두부

□ 달걀

□ 토마토

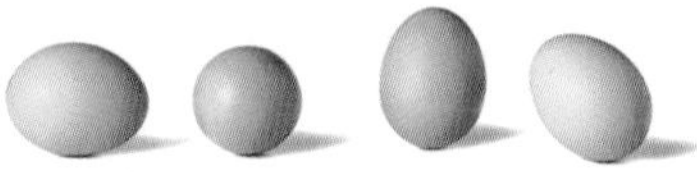

오이부추
된장무침
557쪽

가지조림
495쪽

멘치가스
404쪽

밥

채소된장국
363쪽

토마토

동그랑땡
441쪽 치킨랑땡 레시피에서
닭안심 대신
소고기+돼지고기를 활용

나박김치
224쪽

밥

가지크로켓
408쪽

소고기채소
볶음밥

307쪽 고기채소케첩볶음밥
레시피에서 케첩 생략

오이부추
된장무침

557쪽

요거트

함박스테이크

604쪽

채소된장국

363쪽

브로콜리

오이부추
된장무침
557쪽

크랜베리
고기완자구이
433쪽

토마토가지밥
324쪽

두부강정
436쪽

토마토
가지찜
486쪽

두부부침
두부에 달걀옷 입혀
노릇하게 굽기

오이김치
221쪽

밥

달걀찜
489쪽

· 식판 아이디어 2 ·

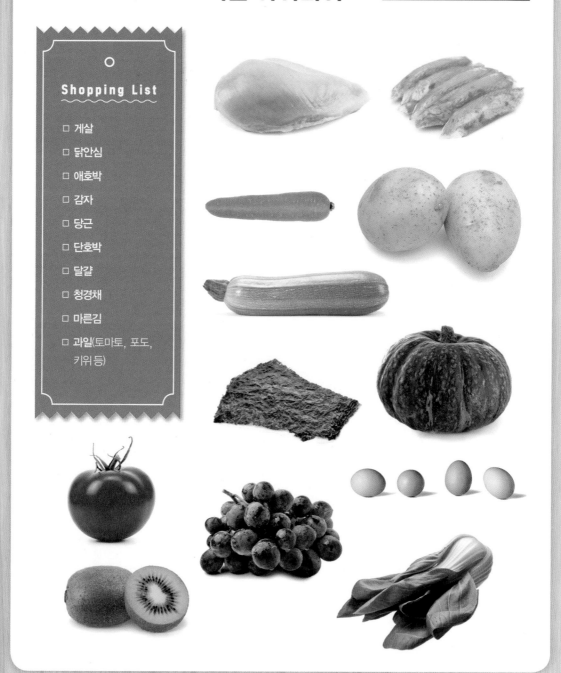

Shopping List

□ 게살

□ 닭안심

□ 애호박

□ 감자

□ 당근

□ 단호박

□ 달걀

□ 청경채

□ 마른김

□ 과일(토마토, 포도, 키위 등)

토마토

피클
482쪽

레모네이드
766쪽

게살청경채크림파스타
644쪽

포카치아&
치아바타
712 & 706쪽

단호박튀김
488쪽

피클
482쪽

스무디
과일 100g, 요거트 100g
믹서에 갈아내기

단호박요거트커리
290쪽

토마토&
모차렐라치즈

키위주스
키위를 믹서에 갈아내기

소고기
김볶음
519쪽

배추김치
236쪽

닭안심스테이크
637쪽

게살볶음밥
337쪽

깍두기
232쪽

감자호박
우유조림
517쪽

게살수프
366쪽

채소달걀스크램블
582쪽

밥

찐단호박
137쪽 참고하여 찌기

오이김치
221쪽

옥수수크림소스
게살볶음
484쪽

밥

치킨텐더
463쪽

· 식판 아이디어 3 ·

Shopping List

- ☐ 떡
- ☐ 소고기(다져서 사용)
- ☐ 닭고기(안심or 가슴살)
- ☐ 달걀
- ☐ 매생이
- ☐ 오징어
- ☐ 감자
- ☐ 양파
- ☐ 표고버섯
- ☐ 파프리카
- ☐ 애호박
- ☐ 비트
- ☐ 시금치
- ☐ 과일(자두, 복숭아 등)

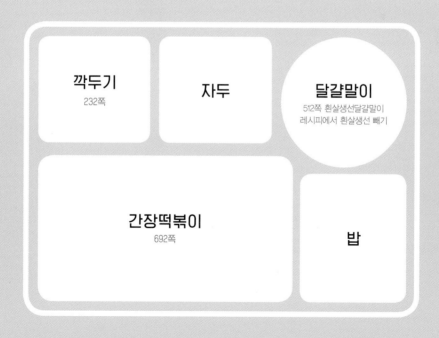

깍두기
232쪽

자두

달걀말이
512쪽 흰살생선달걀말이
레시피에서 흰살생선 빼기

간장떡볶이
692쪽

밥

복숭아

매시드
포테이토
691쪽

오징어볼튀김
466쪽

시금치오징어크림리소토
601쪽

오이김치
221쪽

배추김치
236쪽

매생이
달걀말이
524쪽

오징어두루치기
468쪽

밥

맑은감자국
367쪽

복숭아
(황도)

깍두기
232쪽

시금치
닭불고기
410쪽

오징어표고버섯덮밥
332쪽

비트스무디
비트 100g 요거트 100g
믹서에 갈아내기

시금치나물
543쪽

배추김치
236쪽

매생이국
358쪽 매생이굴떡국 레시피에서
굴 빼고 끓이기

밥

코티지파이
612쪽

· 식판 아이디어 4 ·

○
Shopping List

□ 새우
□ 소고기(불고기용)
□ 양송이버섯
□ 파프리카
□ 양파
□ 메추리알
□ 감자
□ 달걀
□ 무

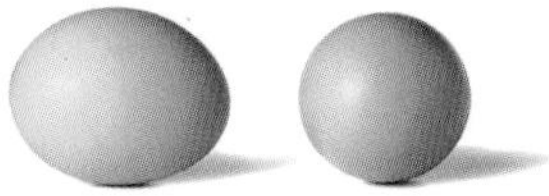

쯔유
214쪽

배추김치
236쪽

통새우튀김
438쪽이나 615쪽 참고

냉메밀국수
648쪽

소불고기
볶음밥
311쪽

깍두기
232쪽

양송이버섯
크로켓
406쪽

새우볼
파프리카탕수
390쪽

밥

간장양념
불고기
451쪽

메추리알
조림

458쪽, 459쪽 장조림
레시피 참고

흑임자
감자채무침

587쪽

나박김치

224쪽

양송이버섯새우죽

342쪽

매실차

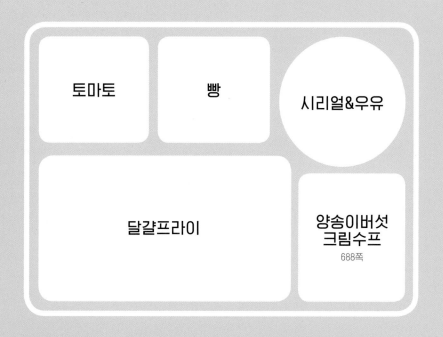

토마토

빵

시리얼&우유

달걀프라이

양송이버섯
크림수프

688쪽

배추김치
236쪽

된장찌개
359쪽 차돌박이된장찌개
레시피 참고

통새우전
474쪽

밥

양송이버섯
그릇
오븐구이
464쪽

·식판 아이디어 5·

깍두기
232쪽

파프리카
무나물
547쪽

두부
카레구이
558쪽

밥

깐풍기
598쪽

오이김치
221쪽

파프리카
무나물
547쪽

차돌박이
된장찌개
359쪽

삼치구이
469쪽

밥

피클
482쪽

파프리카
비름나물볶음
554쪽

달걀국
362쪽

김치볶음밥
241쪽

탄두리치킨
416쪽

깍두기
232쪽

닭고기완자
카레조림
401쪽

파프리카링
471쪽

밥

차돌박이
된장찌개
359쪽

배추김치
236쪽

비름나물
두부볶음
556쪽

삼치강정
455쪽

밥

달걀국
362쪽

· 식판 아이디어 6 ·

표고버섯나물
583쪽

애호박건새우
나물
549쪽

배추김치
236쪽

밥

전복
버터구이
467쪽

자두

피클
482쪽

양상추토마토
샐러드

전복오일파스타
660쪽

빵

깍두기
232쪽

애호박건새우
나물
549쪽

오이미역냉국
354쪽

미역리소토
629쪽

체리&
토마토

홍새우볶음
586쪽

배추김치
236쪽

나박김치
224쪽

전복내장죽
344쪽

오이미역냉국
354쪽

배추김치
236쪽

베이비
고추장
212쪽(수육을 찍어 먹어요)

소고기수육
640쪽

밥

전복미역국
355쪽

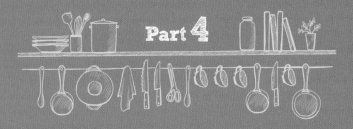

Part 4

아이가 잘 먹는
유아식 레시피

Chapter 1

든든한
한 그릇 밥

• 단호박요거트커리 •

🔋 INGREDIENT

- 양파·애호박·당근·백만 송이버섯 40g씩
- 소고기 50g
- 토마토 1/2개
- 찐단호박 3T
- 식용유 1/2T
- 카레가루 5g
- 물 100mL
- 요거트 3T
- 밥 100g

1. 각종 채소와 고기는 잘게 다진다.

2. 예열된 팬에 식용유를 두른 뒤 1의 재료를 넣고 약한 불에 볶는다.

3. 반쯤 익었다 싶으면 카레가루를 물에 개어 붓고 끓이기 시작한다.

4. 토마토를 잘게 썰어 넣는다. *카레가루는 그 자체로는 매콤한데 단호박과 요거트를 넣으면 달콤한 맛이 가미되어 순해진다.

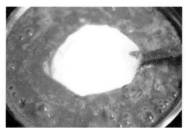

5. 찐 단호박과 요거트를 넣어 저어가며 끓인다.

• 전복내장볶음밥 •

🥄 INGREDIENT

- 양파·파프리카·애호박· 양송이버섯 20g씩
- 전복 1개
- 마른 김 1장
- 식용유 1/2t
- 진밥 100g

1. 전복은 손질한 뒤 살은 얇게 저미고 내장은 따로 분리하여 믹서에 곱게 갈아 준비한다. *전복 손질 142쪽 참고

2. 각종 채소는 잘게 다진다.

3. 예열된 팬에 식용유를 두른 후 2의 채소를 한꺼번에 넣고 볶는다.

4. 채소가 어느 정도 익으면 진밥, 1의 전복 살과 함께 전복내장을 넣고 볶는다.

5. 볶음밥이 거의 완성되었다 싶으면 마른 김을 살짝 구워 잘게 부셔 넣고 조금 더 볶는다.

• 삼선짜장 •

🍚 INGREDIENT

□ 현미유 약간　　□ 춘장 20g　　□ 애호박 20g　　□ 감자 30g　　□ 당근 20g　　□ 양파 20g　　□ 소고기(또는 돼지고기) 30g　　□ 새우 30g
□ 오징어 30g　　□ 전분물(전분 1T+물 2T)　　□ 삶은 완두콩 약간　　□ 물 150mL

1. 냄비에 현미유를 두르고 달구다가 춘장을 넣어 볶는다.

2. 채소와 소고기는 먹기 좋은 크기로 썬다.

3. 새우는 반으로 저미고, 오징어는 작게 썬다.

4. 팬에 현미유를 두르고 썰어둔 2의 채소 중 감자와 당근을 먼저 볶는다.

5. 고기를 넣어 볶는다.

6. 살짝 익으면 1의 볶은 춘장을 넣어 향이 배도록 볶는다.

7. 물을 넣어 끓인다.

8. 2의 양파와 애호박, 3의 손질한 해산물을 넣어 끓인다.

9. 전분물을 넣어 걸쭉해질 때까지 끓인다.

10. 마지막에 삶은 완두콩을 넣어 살짝만 더 끓여낸다.

*고명추가하기

짜장 고명으로 오이를 많이 쓰지만 파프리카도 매우 훌륭한 고명이 된다. 짜장에 파프리카 고명을 얹으면 색상도 예쁘고 파프리카의 달콤 상큼한 맛이 어우러져 조금 느끼할 수 있는 짜장을 개운하게 만들어준다.

• 양배추소고기덮밥 •

🍳 INGREDIENT

□ **양배추** 30g

□ **양파·애호박** 10g씩

□ **전분물**(전분 1T+물 2T)

□ **멸치육수** 100mL

□ **다진 소고기** 30g

□ **진밥** 100g

1. 양배추는 줄기를 제외한 잎만 사용하여 채 썬 다음 5~7mm 길이로 썬다.

2. 양파와 애호박도 양배추와 비슷한 크기로 썬다.

3. 소고기는 삶아서 잘게 다진다.

4. 멸치육수를 불에 올려 끓기 시작하면 1, 2의 채소를 넣어 익힌다.

5. 채소가 어느 정도 익었다 싶으면 3의 소고기와 전분물을 넣어 한소끔 끓인다.
*이때 너무 되직하지 않게 전분물로 농도를 맞춘다.

294

• 아몬드달걀밥 •

INGREDIENT

- □ **달걀** 1개
- □ **현미유** 약간
- □ **밥** 100g
- □ **꼬마 건새우** 20g
- □ **아몬드** 40g

1. 꼬마 건새우와 아몬드는 믹서에 곱게 간다.

2. 예열한 프라이팬에 현미유를 붓고 달걀을 프라이하는데, 노른자가 완전히 익기 전에 부시듯이 볶는다.

3. 2에 밥을 넣고 1의 가루를 뿌려서 볶는다.*

*새우가루를 만들 때는 사진 속 크기 정도의 꼬마 건새우를 쓰는 것이 좋다.

• 단호박아보카도볶음밥 •

🔖 INGREDIENT

□ **단호박** 100g   □ **아보카도** 1/2개   □ **닭안심** 100g   □ **양파·애호박·파프리카** 30g씩   □ **현미유** 약간   □ **밥** 100g

1. 양파, 파프리카, 애호박은 잘게 썬다.

2. 아보카도는 껍질을 벗기고 잘게 다진 다.

3. 닭고기는 1~2cm 정도 크기로 썬다.

4. 단호박은 2/3 정도만 익혀 깍둑썰기 한다.

5. 달군 팬에 현미유를 두르고 1의 채소를 넣어 볶는다.

6. 채소가 어느 정도 익으면 아보카도와 닭고기를 넣어 함께 볶는다.

7. 닭고기가 익으면 밥을 넣고 볶는다.

8. 어느 정도 볶아지면 4의 단호박을 넣고 살짝 뒤섞듯이 한두 번 더 볶아낸다.

• 페이크스크램블덮밥 •

INGREDIENT

- 강황가루 1t
- 연두부 50g
- 당근 15g
- 양파 15g
- 애호박 15g
- 현미유 약간
- 밥 100g

1. 양파, 당근, 애호박은 잘게 다져서 현미유를 살짝 뿌리고 팬에 볶아준다.

2. 잘 볶아진 1의 채소는 따로 접시에 빼두어 식힌다.

3. 연두부에 강황가루를 넣고 잘 섞는다.

4. 식혀둔 2의 채소를 넣고 섞는다.

5. 팬에 그대로 볶아낸 뒤, 밥 위에 올려준다.

*달걀 알레르기가 있는 아이에게 대안이 될 수 있다.

• 콩비지볶음밥 •

🍚 INGREDIENT

- 콩비지 150g
- 닭고기 100g
- 밥 150g
- 참기름 1t
- 당근·브로콜리·애호박·
  파프리카·양파 20g씩
- 대파 10g
- 멸치육수 50mL
- 소금 한 꼬집

1. 당근, 브로콜리, 애호박, 파프리카, 양
   파는 잘게 썰어 팬에 참기름을 두르고
   볶아준다.

2. 어느 정도 볶아지면 멸치육수와 콩비
   지, 잘게 다진 닭고기를 넣어 함께 볶는
   다. *이때 닭고기 대신 돼지고기를 넣어주어
   도 된다.

3. 닭고기가 살짝 익으면 밥을 넣어 함께
   볶으며 소금으로 간을 한다.

4. 닭고기가 완전히 익었다 싶을 때 대파
   를 잘게 송송 썰어 넣고 함께 볶는다.
   *파 특유의 향과 상큼한 맛이 비지의 텁텁함을
   없애준다.

· 밥버거 ·

🍳 INGREDIENT

□ **밥** 250g □ **현미유** 약간 □ **피망** 30g □ **파프리카** 50g □ **새우 패티** 1개(약 30~40g) □ **양념에 재운 불고기** 30g

1. 피망과 파프리카는 잘게 다져 물(또는 육수)을 조금 넣어 충분히 물러지도록 볶은 후 그대로 식힌다.

2. 밥에 1을 넣고 잘 섞는다.

3. 지름 8~9cm 정도 작은 용기에 꾹꾹 눌러 담아 모양을 잡아 4개를 만든다.*

4. 팬에 현미유를 넉넉하게 두른 후 앞뒤로 살짝 구워둔다.

5. 팬에 현미유를 넉넉하게 두른 후 새우 패티를 올려 앞뒤로 노릇하게 굽는다. (새우 패티 레시피: 384쪽 참고) *구운 패티는 종이 타월에 얹어 기름기를 뺀다.

6. 양념에 재운 불고기를 팬에 볶아 준비한다. (양념에 재운 불고기 레시피: 377쪽 참고)

7. 밥 사이에 5의 새우 패티를 넣으면 새우 밥버거, 6의 불고기 패티를 넣으면 불고기 밥버거 완성!

*플라스틱 용기를 사용해야 빼내기 편하다. 또한 랩을 용기 바닥에 깔면 용기에 밥이 붙어 잘 안 꺼내지는 것을 방지할 수 있다.

• 두부달걀덮밥 •

🍳 INGREDIENT

□ 두부 100g

□ 달걀 1개

□ 당근·브로콜리·애호박·
  파프리카·양파 20g씩

□ 밥 100g

□ 멸치육수 200mL

□ 전분물(전분 1T+물 2T)

1. 두부는 작게 깍둑썰기 하고, 달걀은 잘 풀어놓고, 각종 채소는 잘게 다진다.

2. 멸치육수 150mL에 다진 채소를 넣어 끓인다. *채소의 종류는 상관이 없으므로 냉장고에 있는 채소를 활용한다.

3. 채소가 익어 물러지면 1의 두부를 넣는다.

4. 3에 나머지 멸치육수 50mL를 넣어 한 소끔 끓인 다음 풀어놓은 달걀을 끼얹듯 뿌리고 1~2분 그대로 둔다. *휘저으면 달걀이 너무 풀어져 텁텁해진다.

5. 전분물을 넣어 농도를 맞추고 조금 더 끓인다.

• 오징어덮밥 •

🍴 INGREDIENT

- 오징어 150g
- 양파·애호박·양송이버 섯 40g씩
- 피망 20g
- 밥 100g
- 소스A
  - 파프리카 80g
  - 배·양파 50g씩
  - 멸치육수 50mL
  - 참깨 1T
- 소스B
  - 소스A 3~5t
  - 전분 1t

1. 양송이버섯은 편으로 썰고 양파, 애호박은 다진 다음 함께 볶는다.

2. 소스A의 재료는 모두 믹서에 넣어 갈고, 소스B의 재료도 섞어 준비한다.

3. 1에 소스A를 넣고 끓인다.

4. 믹서에 오징어를 갈아 3에 넣고 조린다.

5. 소스B를 넣고 눅진해질 때까지 졸인다.

·소고기김볶음밥·

🍳 **INGREDIENT**

☐ **김** 3장　　☐ **꼬마 건새우** 7g　　☐ **양파·애호박** 70g씩　　☐ **소고기** 100g　　☐ **들기름** 1t　　☐ **밥** 100g　　☐ **현미유** 약간

1. 김은 바삭하게 구워서 봉지에 넣고 손으로 부신다.

2. 1의 김과 꼬마 건새우를 믹서에 넣고 함께 갈아낸다.

3. 양파, 애호박, 소고기는 잘게 썰어 현미유를 살짝 둘러 팬에 볶는다.

4. 소고기가 살짝 익으면 2의 가루를 붓는 다.

5. 채소가 잘 익으면 들기름을 넣어 계속 볶는다.

6. 밥을 넣는다.

7. 골고루 섞어 볶는다. *1~5의 과정은 519쪽 '소고기김볶음' 만드는 과정과 동일하니 참고 하여 소고기김볶음 반찬도 만들어보자.

• 멜론볶음밥 •

🔩 INGREDIENT

☐ **애호박·양파·파프리카**
30g씩

☐ **현미유** 약간

☐ **멜론** 70g

☐ **밥** 100g

1. 애호박, 양파, 파프리카는 잘게 다진
다.

2. 멜론은 단단한 부분의 과육을 잘게 다
진다. *멜론의 단단한 과육은 그냥 먹기엔 맛
이 없지만 요리할 때는 훌륭한 식재료로 쓰인
다.

3. 달군 팬에 현미유를 두른 후 1의 채소
를 볶는다.

4. 양파가 살짝 익으면 2의 다진 멜론도 넣
어 함께 볶는다.

5. 뚜껑을 덮고 약불로 채소 자체의 수분
으로 익힌다. *무수분 요리를 할 경우 열전
도율이 높은 스테인리스 팬을 사용하면 좋다.

6. 어느 정도 채소가 익으면 밥을 넣고 비
벼가며 한 번 더 볶아낸다.

• 고기채소케첩볶음밥 •

🔎 INGREDIENT

- 돼지고기 50g
- 소고기 75g
- 양파·애호박·피망·파프리카·양송이버섯 30g씩
- 밥 100g
- 수제 토마토케첩 30g(시판 토마토케첩 6g)
- 현미유 약간

1. 양파, 애호박, 피망, 파프리카, 양송이버섯은 잘게 썰어 예열된 팬에 현미유로 볶는다.

2. 돼지고기와 소고기도 잘게 다진 뒤 넣어 중불로 볶는다.

3. 고기가 어느 정도 다 익으면 따로 덜어둔다.

4. 예열된 팬에 밥을 넣고 3번의 고기채소볶음 100g을 넣고 함께 볶는다.*

5. 어느 정도 잘 볶아지면 토마토케첩을 넣고 한 번 더 볶아낸다.

*1~3의 과정은 612쪽 '코티지파이' 만드는 과정과 동일하니 참고하여 코티지파이 간식도 만들어보자.

•토마토닭고기볶음밥•

🍚 INGREDIENT

□ **양파·토마토** 40g씩　　□ **닭안심** 100g　　□ **현미유** 약간　　□ **밥** 80g　　□ **수제 토마토케첩** 15g(시판 토마토케첩 3g)　　□ **달걀** 1개

1. 양파와 토마토는 잘게 다진다.

2. 닭안심은 1cm 정도 크기로 썬다.

3. 달걀은 잘 풀어서 예열한 팬에 현미유를 살짝 뿌린 뒤 넣는다.

4. 달걀의 가장자리가 살짝 익기 시작하면 휘휘 저어 스크램블해서 준비해둔다.

5. 달군 팬에 현미유를 두른 후 1의 양파와 토마토를 넣어 볶는다.

6. 재료가 반쯤 익으면 닭안심을 넣어 볶는다.

7. 채소에서 물이 생길 정도로 물러지면 밥을 넣어 볶는다.

8. 닭이 익으면 토마토케첩을 넣어 볶는다.

9. 4의 스크램블을 넣어 살짝 더 볶아낸다.

• 흰살생선소보로밥 •

🔺 INGREDIENT

- **흰살생선**(잘게 썬 것) 100g
- **달걀** 1개
- **대파** 10g
- **파프리카** 30g
- **피망** 20g
- **밥** 120g
- **현미유** 약간

1. 대파는 송송 썰어 준비한다.

2. 파프리카와 피망은 잘게 다진다.

3. 달걀에 1의 대파를 섞어 현미유를 두른 팬에 붓고 가장자리부터 시작해서 중심 부분으로 원을 그리듯 휘휘 저어서 스크램블한다.

4. 반쯤 익으면 흰살생선을 넣어 함께 보슬보슬 볶아 따로 둔다.

5. 팬에 밥과 2를 함께 볶다가 4를 반 정도 넣고 고루 섞으며 계속 볶는다.

6. 잘 볶아진 5를 적당히 뭉친 다음 남은 4를 얹어 낸다.

• 소불고기볶음밥 •

INGREDIENT

□ **양념에 재운 불고기**
  200g(불고기 양념하기
  377쪽 참고)
□ **파프리카·양파·애호박**
  30g씩
□ **밥** 150g
□ **현미유** 약간

1. 채소는 각각 다진 뒤, 예열된 팬에 현미유를 두르고 볶는다.

2. 어느 정도 볶아지면 양념에 재운 불고기를 넣어 함께 볶는다.

3. 밥을 넣어 한 번 더 볶아준다.

• 매생이파인애플새우볶음밥 •

□ 매생이 50g　□ 양파·당근·파프리카 30g씩　□ 파인애플 20g　□ 현미유 약간　□ 새우 30g　□ 밥 80g　□ 참기름 1t

1. 양파, 당근, 파프리카는 각각 잘게 다진다.

2. 새우도 적당한 크기로 자른다.

3. 1의 채소를 팬에 넣고 현미유를 둘러 잘 섞는다.

4. 뚜껑을 닫아 그대로 약불에 4~5분 익힌다. *무수분 요리에 자신이 없다면 멸치육수 50mL 정도를 넣어 익혀도 좋다.

5. 4의 채소가 어느 정도 물러지면 잘게 다진 매생이를 넣고 잘 섞는다.

6. 새우를 넣고 볶다가 새우가 어느 정도 익으면 밥을 넣어 함께 볶는다.

7. 상큼한 맛을 더하기 위해 파인애플을 잘게 썰어 넣고 살짝 숨이 죽을 정도로만 볶는다.

8. 참기름을 넣어 섞어준다는 느낌으로 살짝 볶아낸다. *이 중 몇 가지 재료는 생략하고 매생이와 참기름만 넣어 볶아내도 충분히 맛있다.

• 감자새우볶음밥 •

🍲 INGREDIENT

☐ **감자** 70g ☐ **양파·파프리카** 20g씩 ☐ **현미유** 약간 ☐ **밥** 80g ☐ **새우** 50g ☐ **꼬마 건새우** 5g

1. 새우는 잘게 다진다.

2. 파프리카, 양파는 잘게 다진다.

3. 감자는 2의 채소보다 더 잘게 썰어 찬물에 10분 정도 담가 전분기를 제거한다.

4. 체에 밭쳐 감자 물기를 없앤다.

5. 건새우는 믹서로 곱게 갈아 준비한다.
*건새우의 분량은 염도에 따라 양을 늘리거나 줄인다.

6. 달군 팬에 현미유를 두르고 2, 4의 채소를 넣어 볶는다.

7. 어느 정도 익으면 5의 가루를 넣어 함께 볶는다.

8. 채소가 익으면 생새우를 넣어 볶다가 감자가 물러지면 밥을 넣어 한 번 더 볶아낸다.

• 스테이크덮밥 •

🍳 INGREDIENT

- □ **소고기**(안심이나 등심 추천) 40g □ **양파** 50g □ **소금** 약간 □ **후추** 약간 □ **다진마늘** 1/2T □ **버터** 1T □ **고명**(방울토마토, 쪽파 등) 약간
- □ **스테이크소스: 수제 맛간장** 1T(시판일 때도 동일), **매실청** 1T, **올리고당** 1/2T, **청주** 1T, **물** 2T □ **밥** 120g

1. 고기는 소금과 후추로 밑간한다. °소금은 생략해도 좋다.

2. 양파는 얇게 슬라이스한다.

3. 스테이크소스 재료를 모두 섞은 뒤 2의 양파에 부어 섞어놓는다.

4. 3을 팬에 넣어 양파가 익어서 단맛이
   나고 소스가 자작해질 때까지 졸이듯
   끓인다. *소스 2T 정도 따로 빼둔다.

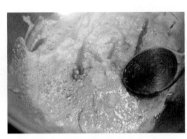

5. 팬에 버터와 다진 마늘을 먼저 볶다가
   밥을 넣어 볶는다.

6. 밥에 4에서 따로 빼둔 소스를 2T 정도
   넣어 섞는다.

7. 그릇에 밥을 먼저 담는다.

8. 그 위로 4의 양파를 얹는다.

9. 고기를 구워 올린 뒤 기호에 따라 고명
   을 올린다.

• 누룽지 •

🍳 INGREDIENT

□ **밥** 적당량

1. 넓적한 프라이팬에 밥을 고루 펴준다.

2. 중불로 익히는데, 타닥타닥 소리가 날 때까지 기다린다. *5분 정도면 소리가 날 것이다.

3. 들어올려도 될 정도로 팬에서 분리가 되면 뒤집어준다. *10~15분 정도면 노릇하게 한 면이 익는다.

4. 바삭하고 노릇노릇한 누룽지가 나온다.

*전기레인지 사용 시 화구에 딱 맞는 팬에 올려야 누룽지가 잘 떨어진다. 따라서 웍 형태보다는 넓적한 프라이팬을 사용하길 권한다. 가스레인지에 할 때도 넓적한 프라이팬을 사용해 열이 면에 골고루 전달되게 하는 편이 좋다.

*누룽지 보관
누룽지는 가위나 손으로 잘라서 보관용기에 넣어 냉동보관한다.

*누룽지 끓이기
바쁜 아침 혹은 아이가 속이 안 좋을 때 누룽지를 넣고 물은 누룽지의 네 배가량 넣어 보글보글 끓여준다.

• 양송이새우볶음밥 •

🍳 INGREDIENT

- 애호박·양파·양송이버섯 50g씩
- 참기름 1t
- 새우 70g
- 멸치육수 30mL
- 밥 100g

1. 양파와 애호박은 잘게 다진다.

2. 양송이버섯은 편으로 썰어 반을 자른다.

3. 팬에 1, 2의 채소와 함께 참기름을 넣어 볶는다.

4. 채소가 살짝 익으면 손질한 새우를 넣어 함께 볶는다.

5. 밥과 멸치육수를 넣어준다. *이때 찬밥보다는 따뜻한 밥을 넣어야 더 잘 퍼지고 잘 비벼진다.

6. 잘 섞어서 볶는다.

밥

·마늘버터볶음밥·

🍳 INGREDIENT

□ 양파·애호박·당근 30g씩   □ 버터 10g   □ 마늘 20g   □ 달걀 1개   □ 밥 100g   □ 수제맛간장 1/2T(시판일때도 동일)

1. 마늘은 편으로 썬다.

2. 달궈진 팬에 버터를 녹인 후 마늘을 넣어 튀기듯이 볶아 진한 향을 낸다.

3. 마늘이 익고, 향이 풍부하게 우러나면 마늘만 건져내어 기름기를 뺀다.

320

4. 양파, 호박, 당근은 마늘 향이 밴 2의 버터에 넣어 볶는다.

5. 채소가 살짝 익으면 팬 한쪽에 달걀을 잘 풀어서 넣은 뒤 스크램블한다.

6. 밥을 넣어 잘 섞는다.

7. 맛간장을 넣어 함께 볶는다.

8. 3의 마늘을 넣고 섞어낸다.

• 오징어볶음밥 •

INGREDIENT

□ **오징어** 100g

□ **양파·애호박·파프리카·
브로콜리** 50g씩

□ **밥** 200g

□ **현미유** 약간

1. 양파, 애호박, 파프리카는 날것으로,
브로콜리는 데친 뒤 잘게 다진다.

2. 오징어는 믹서에 갈아둔다.

3. 1의 채소에 현미유를 넣고 볶는다.

4. 3의 채소에서 수분이 촉촉하게 배어나
오면 2의 오징어를 넣고 함께 볶는다.

5. 채소가 어느 정도 익으면 밥을 넣고 모
든 재료가 잘 익을 때까지 볶아낸다.

· 새우채소덮밥 ·

INGREDIENT

- 당근 · 애호박 · 양송이버섯 · 새우 · 배 50g씩
- 멸치육수 100mL
- 옥수수가루 10g
- 밥 100g

1. 당근, 애호박, 양송이버섯은 잘게 다진다

2. 팬에 1의 채소를 넣고 멸치육수 중 50mL를 부어 볶는다.

3. 새우는 손질 후 잘게 다진다.

4. 2의 채소가 살짝 익으면 새우를 넣어준다.

5. 믹서에 옥수수가루와 배, 멸치육수 50mL를 함께 넣고 갈아서 새우살이 익었을 때 부어준다.

6. 걸쭉해질 때까지 끓여낸 뒤 밥 위에 올려준다.

323

· 토마토가지밥 ·

INGREDIENT

▫ 게살 50g   ▫ **방울토마토** 5알   ▫ **가지** 50g   ▫ **양송이버섯·양파·당근** 30g씩   ▫ **멸치육수** 100mL   ▫ **밥** 100g   ▫ **달걀** 1개
▫ **소금** 한 꼬집

1. 양송이버섯, 양파, 당근은 잘게 다진다.

2. 가지는 반달썰기 한다.

3. 방울토마토는 얇게 편으로 썬다.

324

4. 팬에 멸치육수 중 20mL를 넣고 달걀을 잘 풀어 휘저어서 스크램블을 준비해둔다.

5. 가지와 당근을 팬에 넣고 남은 멸치육수 80mL를 부어 볶는다.

6. 어느 정도 익으면 양파와 양송이버섯을 넣어 함께 볶는다.

7. 채소가 거의 익었다 싶으면 게살과 밥을 넣어 볶으며 소금으로 간을 맞춘다.

8. 잘 볶아지면 방울토마토를 넣어 섞어준다.

9. 4의 달걀을 넣고 한 번 더 볶아낸다.

• 펌킨라이스 •

🔧 INGREDIENT

- 파프리카·애호박·양송이버섯·양파 50g씩
- 단호박 100g
- 닭고기(안심) 100g
- 단호박가루 40g
- 멸치육수 100mL
- 밥 100g

1. 각종 채소는 잘게 다진다.

2. 닭고기도 1cm 정도 크기로 썬다.

3. 멸치육수 중 50mL에 단호박가루를 넣어 잘 개어둔다.

4. 팬에 1의 채소와 나머지 멸치육수 50mL를 넣어 볶는다.

5. 채소가 어느 정도 익으면 2의 닭고기를 넣어 볶는다.

6. 닭고기가 어느 정도 익으면 3을 넣고 카레처럼 뭉근히 끓인 뒤 밥 위에 올려낸다.

• 카레새우볶음밥 •

🍳 INGREDIENT

- 새우 100g
- 가지·파프리카 60~80g 씩
- 밥 150g
- 멸치육수 100mL
- 카레가루 2t

1. 가지와 파프리카는 잘게 다진다.

2. 새우도 잘게 다진다

3. 팬에 멸치육수를 붓고 1의 채소와 함께 카레가루 중 1t를 넣어 볶는다.

4. 채소가 어느 정도 숨이 죽으면 다진 새우살과 밥을 넣어 함께 볶는다.

5. 새우가 어느 정도 익으면 나머지 카레가루 1t를 추가해 졸이듯이 볶아낸다.

• 시금치달걀현미볶음밥 •

🍳 INGREDIENT

☐ **시금치** 50g ☐ **애호박·양파·당근** 20g씩 ☐ **멸치육수** 40mL ☐ **닭고기**(안심) 50g ☐ **달걀** 1개 ☐ **현미밥** 100g(백미밥 가능)

1. 시금치는 끓는 물에 데친다.

2. 데친 시금치는 흐르는 찬물에 헹군 후 아이가 먹기 좋은 크기로 다진다.

3. 닭고기도 먹기 좋은 크기로 썬다.

4. 당근, 애호박, 양파는 잘게 다진다.

5. 팬에 멸치육수 중 20mL를 넣고 달걀을 잘 풀어 휘저어서 스크램블을 준비해둔다.

6. 팬에 4의 채소를 넣고 남은 멸치육수 20mL를 부어 볶는다.

7. 채소가 어느 정도 익으면 시금치와 닭고기를 넣어 함께 볶는다.

8. 모든 재료가 익어갈 즈음에 밥을 넣어 함께 섞어준다.

9. 5의 달걀을 넣어 한 번 더 볶아낸다.

• 닭고기카레볶음밥 •

🍲 INGREDIENT

- 닭고기(안심) 100g
- 애호박·파프리카 50g씩
- 멸치육수 80mL
- 진밥 100g
- 카레가루 3g

1. 애호박과 파프리카는 잘게 다진다.

2. 닭고기는 1cm 크기로 썬다.

3. 팬에 1, 2를 넣고 멸치육수 중 30mL 를 부어 볶는다.

4. 닭고기가 살짝 익으면 카레가루를 넣고 나머지 멸치육수 50mL를 추가하여 볶 는다.

5. 재료가 잘 익으면 밥을 넣고 한 번 더 볶 아낸다.

• 크림소스닭고기볶음밥 •

🍲 INGREDIENT

- 닭고기(안심) 100g
- 애호박·파프리카 50g씩
- 진밥 100g
- 우유 100mL
- 어니언파우더 2g
- 아기치즈 1장

1. 애호박과 파프리카는 잘게 다진다.

2. 닭고기는 1cm 크기로 썬다.

3. 냄비에 1, 2의 재료와 우유, 어니언 파우더를 한꺼번에 넣고 볶는다. *어니언 파우더는 아이의 식성에 따라 생략해도 된다.

4. 우유가 졸아들면 아기치즈를 넣는다.

5. 밥을 넣어 잘 볶아준다.

• 오징어표고버섯덮밥 •

INGREDIENT

- 오징어(삶은 오징어 기준) **몸통** 30g · **다리** 10g   - **표고버섯 · 파프리카** 10g씩   - **양파** 20g   - **쪽파** 3g   - **수제 맛간장** 1t(시판일 때도 동일)
- **전분물**(전분 1t+물 8T)   - **현미유** 약간   - **밥** 100g

1. 오징어의 몸통은 가늘게 채 썰고 다리는 잘게 썬다. *오징어를 살짝 데쳐 사용하면 썰기 쉽다. 최대한 가늘게 썰어야 아이가 씹기 편하고 소화도 잘된다.

2. 표고버섯은 반으로 잘라 편으로 썬다.

3. 양파와 파프리카는 잘게 다진다.

4. 쪽파는 송송 썬다.

5. 팬에 1, 2, 3을 담고 현미유를 살짝 둘러 약한 불에 볶는다.

6. 채소가 투명하게 익기 직전에 맛간장을 넣어 함께 볶는다.

7. 적당히 익으면 전분물을 넣어 걸쭉하게 끓인다.

8. 한소끔 끓인 후 4의 쪽파를 뿌리고 불에서 내리고 밥 위에 올린다.

• 삼치볶음밥 •

INGREDIENT

☐ **삼치살** 80~100g

☐ **새송이버섯 · 애호박 · 양
파 · 브로콜리** 40~50g씩

☐ **밥** 80g

☐ **멸치육수** 100mL

1. 브로콜리를 제외한 채소는 날것 그대로
잘게 썬다.

2. 브로콜리는 데친 후 잎 부분을 잘게 썬
다.

3. 삼치는 구워서 살만 발라낸다.

4. 1의 채소에 멸치육수를 넣어 볶는다.

5. 채소가 어느 정도 숨이 죽으면 밥을 넣
고 함께 볶는다.

6. 어느 정도 잘 볶아지면 브로콜리와 삼
치살을 넣어 한 번 더 볶아낸다.

· 시금치홍합덮밥 ·

🍴 INGREDIENT

- **시금치·양파·당근·새송이버섯** 30g씩
- **홍합살** 50g
- **멸치육수** 200mL
- **전분물**(전분 1T+물 2T)
- **밥** 100g

1. 당근과 양파는 잘게 다지고, 새송이는 편으로 잘라 가늘게 채 썬다.

2. 시금치는 살짝 데쳐 잘게 다진다.

3. 홍합살도 시금치와 비슷한 크기로 다진다.

4. 멸치육수에 손질한 재료를 모두 넣어 끓인다.

5. 채소가 어느 정도 익고 물이 자박해지면 전분물을 넣어 농도를 맞춘다.

6. 걸쭉해질 때까지 끓인 뒤 밥 위에 올려 낸다.

• 달래두부덮밥 •

INGREDIENT

□ **달래** 50g
□ **양파** 30g
□ **두부** 100g
□ **멸치육수** 200mL
□ **전분물**(전분 1T+물 2T)
□ **밥** 100g

1. 달래와 양파는 잘게 다진다.

2. 두부는 아이의 한 입 크기로 깍둑썰기
   한다.

3. 팬에 달래와 양파를 넣고 멸치육수를
   부어 끓인다.

4. 채소가 어느 정도 익으면 두부를 넣어
   끓인다.

5. 두부가 어느 정도 익으면 전분물을 넣
   어 농도를 맞춘다.

6. 걸쭉해질 때까지 끓인 뒤 밥 위에 올려
   낸다.

·게살볶음밥·

- 게살 40g
- **양파·애호박·파프리카** 30g씩
- **진밥** 100g
- **현미유** 약간

1. 양파, 애호박, 파프리카는 잘게 다진다.

2. 팬에 현미유를 두르고 1의 채소를 약한 불로 볶는다.

3. 채소가 살짝 익으면 진밥을 넣어 함께 볶는다.

4. 게살을 넣어 한 번 더 볶아낸다.

•아욱새우된장죽•

🔱 INGREDIENT

▫ **아욱** 20g   ▫ **새우** 15개   ▫ **수제 저염된장** 1.5t(시판 된장 1/2t)   ▫ **불린 쌀** 30g   ▫ **참기름** 약간   ▫ **들깻가루** 1t   ▫ **무** 20g
▫ **물** 200mL

1. 아욱은 굵은 대 부분은 질기므로 자르고 잎 부분만 쓴다.

2. 아욱 잎은 채를 썰어 다진다.

3. 무는 잘게 다진다.

4. 팬에 참기름을 두르고 3의 무를 볶다가 불린 쌀을 넣어 투명해질 때까지 함께 볶는다.

5. 2의 아욱과 함께 저염된장을 넣어 볶는다.

6. 물 100mL와 새우를 넣어 끓인다.

7. 물 100mL를 추가하여 충분히 끓인다.

8. 마지막으로 들깻가루를 넣고 한 번 더 끓여낸다.

• 닭다리살녹두찹쌀죽 •

INGREDIENT

- 닭다리 2개(120g)
- 생쌀 70g(불린 쌀 약 110g)
- 깐녹두 30g(불려서 삶은 녹두 약 85g)
- 다진당근 60g
- 국간장 4g
- 참기름 1/2T
- 삼계탕 재료(황기, 오가피, 엄나무, 대추, 유근피 등)

1. 녹두와 찹쌀은 물을 넉넉히 부어 3시간 정도 불린다.

2. 닭다리는 물을 넉넉히 넣고 삼계탕 재료를 함께 넣어 닭다리가 연해질 정도로 푹 끓인다.

3. 녹두는 물을 부어 15분 정도 삶은 듯이 푹 끓여준다.

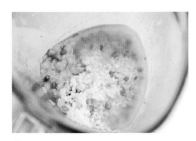

4. 3의 삶은 녹두 중 1/2과 1의 불린 찹쌀 중 2/3를 믹서에 담고 2의 닭육수 100mL를 부어 갈아준다. *쌀알을 절반 정도 간다는 느낌으로 살짝 간다.

5. 남은 불린 찹쌀 1/3과 다진 당근을 참기름을 둘러 볶는다.

6. 2의 닭육수 200mL를 넣어 끓이기 시작한다.

7. 믹서에 갈아낸 4의 녹두와 찹쌀도 넣어서 끓인다.

8. 국간장으로 간을 맞추고 끓이다가 남은 녹두도 넣어 섞어준다.

9. 닭다리살을 발라 넣어주면 완성.

• 양송이버섯새우죽 •

INGREDIENT

- 애호박·양파·양송이버섯
  50g씩
- 참기름 1t
- 새우 70g
- 멸치육수 200mL
- 밥 80g

1. 양파와 애호박은 잘게 다진다.

2. 양송이버섯은 편으로 썰어 반을 자른다.

3. 팬에 1, 2의 채소와 함께 참기름을 넣어 볶는다.

4. 채소가 살짝 익으면 손질한 새우도 넣어 함께 볶는다.

5. 새우가 어느 정도 익으면 밥을 넣고 멸치육수를 부어 푹 끓여낸다.

• 바나나흑임자죽 •

INGREDIENT

- 찹쌀가루 25g
- 쌀가루 25g
- 물 350mL
- 검은깨 15g
- 바나나 35g

1. 깨는 곱게 믹서에 갈아준다.

2. 찹쌀가루와 쌀가루는 물을 넣어 섞은 뒤 불에 올린다.

3. 1의 깨를 부어준다.

4. 바나나는 칼등으로 으깨어 끓이던 죽에 넣는다. *설탕이나 올리고당이 아닌, 바나나로 맛을 냈다.

5. 쌀가루가 익을 때까지 중불에서 저어가며 끓인다.

*취향에 따라 잣가루 등 고명을 올린다.

· 전복내장죽 ·

🍲 INGREDIENT

□ **찹쌀** 20g   □ **밥** 40g   □ **전복** 2마리   □ **국간장** 1t   □ **다진마늘** 1g   □ **참기름** 1/2T   □ **다진당근·양파·애호박** 10g씩   □ **표고버섯** 10g

1. 불려둔 찹쌀은 믹서나 푸드프로세서에 갈아낸다. *후기 이유식 시기 정도의 쌀알 크기면 된다.

2. 전복은 깨끗하게 손질하여 얇게 저미듯 썰어준다.

3. 전복의 내장은 믹서에 곱게 갈아낸다.

4. 참기름을 두르고 다진 마늘을 먼저 볶다가 마늘의 향이 올라오면 1의 찹쌀을 넣는다.

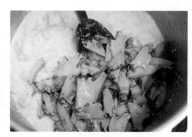

5. 바닥이 타지 않도록 물 200mL를 부어 끓이다가 전복살을 넣는다.

6. 전복살이 익으면 모든 재료가 잠길 정도로 물을 붓고 끓이다가 3의 전복 내장과 양파, 파프리카, 애호박을 잘게 다져서 넣는다.

7. 채소가 어느 정도 익으면 밥을 넣고 끓이기 시작한다.

8. 표고버섯을 잘게 다져서 넣고 끓인다.
   *표고버섯은 마치 전복처럼 쫄깃한 식감이 있어 전복죽과 잘 어울리는 식재료다.

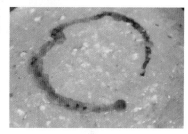

9. 저어가며 열심히 끓이고 나서 국간장으로 간을 맞추고 불을 끄고 참기름을 넣고 섞는다.

• 소고기야채죽 •

INGREDIENT

- 다진 소고기 80g
- 밥 200g
- 멸치육수 300mL
- 소금 1g
- 애호박·양파·파프리카
  40g씩
- 참기름 1/2T

1. 애호박과 양파, 파프리카는 잘게 다진다.

2. 다진 1의 채소와 다진 소고기는 참기름과 함께 팬에 볶는다.

3. 고기가 익고 채소가 투명해지면 밥과 멸치육수를 넣어 끓이고, 소금으로 간을 맞춘다.

·매생이새우뚝배기죽·

INGREDIENT

- 매생이 60g
- 새우 40g
- 달걀 1개
- 밥 150g
- 당근·애호박 10g씩
- 멸치육수 150~200mL
- 참기름 1t

1. 매생이, 새우, 당근, 애호박은 잘게 다진다.

2. 뚝배기에 참기름을 두르고 1을 넣어 볶는다.

3. 어느 정도 볶아져서 채소 물이 생기면 멸치육수를 넣어 끓인다.

4. 채소가 어느 정도 익으면 밥을 넣어 계속 끓인다.*

5. 고소함을 더하기 위해 달걀을 넣어 뭉근히 끓인다.

*건새우와 아몬드를 1:2 비율로 갈아 만든 가루를 3t 정도 추가하면 더 맛있다.

• 치즈게살죽 •

INGREDIENT

□ 불린 쌀 50g　□ 물 200~300mL　□ 참기름 1/2T　□ 게살 45g　□ 브로콜리 30g(꽃 15g, 대 30g)　□ 소금 1/2t　□ 양파 30g
□ 체다치즈 10g (혹은 아기치즈 1장)

1. 브로콜리는 소금을 넣은 끓는 물에 데쳐낸다.

2. 1의 데친 브로콜리는 꽃 부분과 대 부분을 나눠서 잘게 다진다.

3. 양파는 잘게 다져서 준비한다.

4. 치즈는 그레이터에 갈아 준비한다.

5. 게살은 결 따라 찢어서 준비해둔다. °냉
동으로 된 대게다리살을 이용해도 좋다.

6. 팬에 참기름을 두르고 중약불에서 양
파, 브로콜리(대 부분), 불린 쌀을 볶는
다.

7. 양파가 익어가면 5의 게살을 넣어 계속
볶는다.

8. 쌀이 어느 정도 익으면 물을 넣어 끓인
다. °한 번에 물을 다 넣지 말고 졸이듯 보충
해가면서 넣어끓인다.

9. 푹 익어 끓으면 브로콜리 꽃 부분을 넣
고, 4의 치즈를 얹으면 완성이다.

Chapter 2

아이 입맛에 맞춘
한 그릇 국·찌개

·오징어볼떡국·

🍳 INGREDIENT

□ **오징어** 150g　□ **브로콜리** 20g　□ **무** 20g　□ **멸치육수** 200mL　□ **떡국 떡** 15~20개　□ **대파** 2g

1. 오징어는 몸통을 제외한 나머지 부위를 푸드프로세서를 이용해 간다. *오징어를 갈 때는 씹는 맛을 위해 너무 곱게 갈지 말고 적당히 덩어리를 남긴다.

2. 브로콜리의 꽃 부분을 살짝 다져 넣고 섞어준다.

3. 2의 반죽 적정량을 손에 쥐고 주먹을 쥐어 엄지와 검지 사이로 빠져나오게 하여 뚝뚝 떼어낸다.

4. 동그랗게 말아서 오징어볼을 여러 개
   준비해둔다.

5. 무는 나박나박 썬다.

6. 멸치육수에 무를 넣고 끓인다. *멸치육
   수 외에도 바지락육수 등 해산물 베이스로 우
   린 육수를 사용하면 좋다.

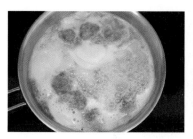

7. 무가 투명해지고 국물이 끓어오르면 찬
   물에 불린 떡국 떡과 4의 오징어볼을
   넣어 끓인다.

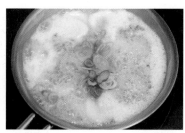

8. 떡이 말캉해지고 오징어볼이 익으면 대
   파를 송송 썰어 넣는다.

• 오이미역냉국 •

INGREDIENT

- 미역 12g
- 오이 60g
- 당근 30g
- 파프리카 20g
- 참깨 1T
- 국간장 2t
- 올리고당 40g
- 식초 15g
- 레몬즙 30g
- 물 500mL
- 얼음 적당량

1. 미역은 생수 500mL에 넣어 시간을 두고 충분히 불린다. *미역을 불린 물은 미역을 건져낸 후, 냉국의 베이스로 쓴다

2. 오이, 당근, 파프리카는 가늘게 채 썬다.

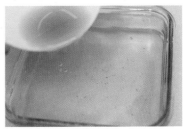

3. 1에서 미역을 건져낸 뒤 식초, 레몬즙, 올리고당, 국간장을 넣어 섞은 뒤 냉동실에 넣어 살얼음이 얼 때까지 얼린다.

4. 살얼음이 낀 냉국에 1의 미역과 2의 채소를 넣어준 후 깨를 뿌리고 얼음을 띄우면 완성.

*어른들 입맛에 맞추고 싶다면 냉국 간을 맞출 때 설탕 20g과 식초 20g을 추가하면 된다.

• 전복미역국 •

🔖 INGREDIENT

- 전복살 50g
- 마른미역 15g
- 다진마늘 2g
- 참기름 1/2T
- 국간장 3g
- 멸치육수 250mL

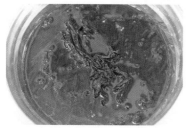

1. 미역은 1~2시간 정도 찬물에 불려둔다.

2. 전복살은 얇게 슬라이스한다.

3. 1의 불린 미역은 물기를 꼭 짠 뒤 먹기 좋은 크기로 썬다.

4. 참기름에 다진 마늘을 넣어 볶아 마늘 향이 올라오면 전복살을 넣어 함께 볶는다.

5. 전복이 어느 정도 익으면 미역과 국간장을 넣어 중불에 볶다가 멸치육수를 부어 30~40분 정도 더 중약불에 끓인다.

• 달걀옷만둣국 •

INGREDIENT

- 만두소: 다진 돼지고기 50g, 다진 소고기 30g, 두부 60g, 부추 20g, 양파 20g, 양송이버섯 20g, 달걀 1개
- 달걀 1개   양파 20g   대파 5g   멸치육수 150mL

1. 만두소 재료 중 양파, 양송이버섯, 부추는 잘게 다진다.

2. 면보에 싸서 물기를 꼭 짜준다.

3. 두부는 으깨고, 다진 돼지고기와 소고기는 2와 잘 섞어준다.

4. 달걀 1개를 섞어 반죽하여 만두소를 만든다.

5. 둥글게 빚어서 준비해둔다.

6. 달걀 1개를 풀어서 그릇에 담아 5의 만두를 넣고 충분히 적신다.

7. 멸치육수에 양파를 썰어 넣고 끓인다.

8. 양파가 투명해지면 달걀물을 입힌 6의 만두를 넣어 살살 굴려가며 익힌다.

9. 만두가 어느 정도 익으면 대파를 송송 썰어 넣는다.

· 매생이굴떡국 ·

🍳 INGREDIENT

- 다진 마늘 1/2t(또는 갈릭 파우더 1t)
- **매생이** 60g
- 굴 30g
- **떡볶이 떡** 100g
- **무·양파·애호박** 30g씩
- 멸치육수 150mL

1. 무는 네모반듯하게 썰고, 애호박과 양파는 채 썬다.

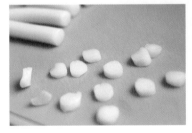

2. 떡볶이 떡은 둥근 모양을 살려 얇게 썬 다음 찬물에 담가 30분간 불린다. *말린 떡국 떡을 이용해도 된다.

3. 멸치육수에 1의 재료와 다진 마늘을 넣고 끓인다.

4. 채소가 무르게 익으면 2의 떡을 넣는다.

5. 떡이 말랑해지면 굴과 매생이를 넣어 한소끔 끓여낸다.

• 차돌박이된장찌개 •

🖾 INGREDIENT

- □ **차돌박이** 4~5조각
- □ **수제 저염된장** 100g(시판 된장 35g)
- □ **쌀뜨물** 450mL
- □ **무·호박·양파** 60g씩
- □ **백만송이버섯** 40g(다른 버섯으로 대체 가능)

1. 불에 달군 냄비에 나박나박 썬 무와 차돌박이를 넣고 달달 볶는다.

2. 쌀뜨물에 된장을 풀어 1에 붓는다.

3. 끓어오를 즈음에 부채꼴로 썬 애호박과 양파를 넣고 끓인다.

4. 백만송이버섯을 넣고 재료가 익을 때까지 끓인다.

*쑥갓을 넣으면 특유의 향이 추가되어 더욱 맛있다.

·매생이새우볼탕·

🍲 INGREDIENT

□ **매생이** 130g   □ **새우** 100g   □ **게살** 80g   □ **멸치육수** 300mL   □ **양파** 40g   □ **전분물**(전분 1T+물 2T)

1. 매생이는 체에 받쳐 씻고, 뜨거운 물을 부어 연하게 한다.

2. 물기를 짠 매생이는 칼로 듬성듬성 다진다.

3. 믹서에 새우와 게살을 넣고 곱게 갈아낸다.

4. 갈아낸 새우와 게살에 2의 매생이 중 30g을 넣고 반죽한다.

5. 작고 둥글게 완자를 빚는다.

6. 냄비에 멸치육수를 붓고 양파는 채 썰어 넣는다.

7. 끓어오르기 시작하면 5의 완자를 넣는다.

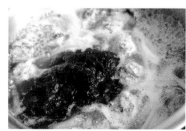

8. 양파가 투명하게 익으면 2의 남은 매생이 전부를 넣고 함께 끓인다.

9. 완자가 익으면 전분물을 넣은 후 한소끔 끓여낸다.

• 달걀국 •

INGREDIENT

- □ **달걀** 1개
- □ **당근** 20g
- □ **양파** 15g
- □ **쪽파** 5g
- □ **새우젓국물** 1.5t
- □ **멸치육수** 300mL

1. 당근과 양파는 채썰어 멸치육수에 넣고 끓인다.

2. 달걀은 풀어서 물이 팔팔 끓어오를 때 넣어 바로 젓지 않고 살짝 익을 때까지 기다렸다 젓는다.

3. 새우젓국물을 넣어 간을 맞춘다. •이런 맑은 국의 간은 국간장으로 맞추지 않는다.

4. 거품을 걷어내고 끓인 뒤 송송 썬 쪽파를 올려낸다.

•채소된장국•

INGREDIENT

- **수제 저염된장** 50g(시판 된장 20g)
- **쌀뜨물** 300mL
- **두부** 20g
- **각종 채소**(애호박, 파프리카, 양파 등) 조금씩

1. 각종 채소는 잘게 다진다.

2. 된장은 쌀뜨물에 잘 풀어준다.

3. 1의 채소를 넣고 끓인다.

4. 채소가 어느 정도 익으면 두부를 깍둑 썰어 넣어 한소끔 끓인다.

*채소는 당근, 호박, 양파, 버섯, 무, 감자 등 무엇이든 좋다.

363

· 바지락된장찌개 ·

🏷 INGREDIENT

□ 바지락 10개   □ **시판 저염된장** 50g(시판 된장 17g)   □ **쌀뜨물** 220mL   □ 감자·양파·호박·두부 30g씩   □ 대파 5g

1. 감자, 양파, 호박은 나박나박 썬다.

2. 대파는 송송 썬다.

3. 바지락은 충분히 해감한다.

4. 두부는 깍둑썰기 한다.

5. 뚝배기를 준비하여 쌀뜨물을 담고 된장을 풀어준다.

6. 뚝배기가 데워지면 바지락과 감자를 넣는다.

7. 끓기 시작하면 두부를 넣은 뒤, 한소끔 끓어오르면 양파와 애호박을 넣는다.

8. 채소가 어느 정도 익으면 2의 대파를 넣고 마무리한다.

• 게살수프 •

INGREDIENT

- 게살 50g
- 달걀(흰자만) 1개
- 당근·양파 10g씩
- 참기름 1t
- 치킨스톡 200mL
- 전분물(전분 1T+물 2T)

1. 양파는 잘게 다지고 당근은 가늘게 채 썬다.

2. 치킨스톡에 1의 채소를 넣고 끓인다.

3. 게살을 넣고 끓여준다.

4. 달걀을 풀어 체에 걸러 알끈을 제거한 뒤 넣어준다.

5. 전분물을 부으며 농도를 조절하여 끓여 준 뒤 참기름을 넣고 마무리한다.

• 맑은감자국 •

INGREDIENT

- **감자** 30g
- **양파** 10g
- **멸치육수** 100mL
- **소금** 한꼬집

1. 감자를 얇고 네모나게 썬다.

2. 양파는 채 썬다.

3. 1의 감자, 2의 양파를 멸치육수에 넣고 소금을 뿌려 감자가 익을 때까지 끓인다.

Chapter 3

쉽게 만드는
한 그릇 특별 반찬

• 관자크로켓 •

INGREDIENT

□ **관자** 300g(4개)　□ **달걀** 1개　□ **빵가루** 70g　□ **파슬리가루** 3T　□ **코코넛오일** 2T

1. 키조개 관자는 슬라이스하여 쌀뜨물에 하룻밤 담근다. *쌀뜨물에 담가두면 짠맛과 비린내를 제거할 수 있다.

2. 관자를 키친타월에 얹어 물기를 제거한다.

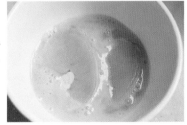

3. 달걀을 풀어 관자를 담근다.

4. 빵가루에 파슬리가루를 넣어 섞는다.

5. 3을 빵가루에 꾹꾹 눌러 묻힌다.

6. 테플론시트에 코코넛오일을 고루 펴 바르고 5를 올린 다음 남은 코코넛오일을 손가락으로 튕겨가며 흩뿌린다.

7. 200도 오븐에 넣어 15분간 굽는다.

*크로켓은 한꺼번에 구워두었다 끼니때마다 꺼내 주는 것보다 반죽만 보관하였다가 아이에게 주기 바로 전에 구워내는 것이 훨씬 식감이 좋다. 대부분의 음식은 데우면 질겨지는데, 관자는 더욱 그렇다.

· 미트볼카레구이 ·

🍳 INGREDIENT

- □ 빵가루 100g
- □ 카레가루 5g
- □ 다진 소고기 100g
- □ 다진 돼지고기 50g
- □ 다진 양파 40g
- □ 현미유 약간

1. 다진 소고기, 돼지고기, 양파를 치대어 반죽한다.

2. 1의 반죽을 동그랗게 완자로 빚는다.

3. 빵가루와 카레가루를 섞는다.

4. 3에 2의 완자를 굴려 튀김옷을 입힌다.

5. 오븐 팬에 4를 올리고 현미유를 살짝 뿌린다.

6. 200~220도 오븐에서 15분간 굽는다.

• 파래새우전 •

INGREDIENT

- **파래** 50g
- **새우** 40g
- **파프리카** 30g
- **밀가루** 3T
- **멸치육수** 5T
- **현미유** 약간

1. 분량의 멸치육수에 밀가루를 잘 개어놓는다.

2. 파래는 깨끗하게 씻어 잘게 다진다.

3. 새우는 내장을 빼고 잘게 다진다.

4. 파프리카는 잘게 썬다.

5. 1에 2~4를 넣어 잘 섞어 반죽을 만든다.

6. 현미유를 살짝 두른 팬에 앞뒤로 노릇하게 구워낸다.

· 닭다리살데리야키구이 ·

🏋 INGREDIENT

☐ 닭다리살 170g　　☐ 통후춧가루 1/2t　　☐ 어니언 파우더 1t　　☐ 전분 7~10T　　☐ 현미유 적당량　　☐ 마늘 3톨　　☐ 대파 10g
☐ 데리야키소스: 물 5T, 간장 2t, 쌀조청 1T

1. 닭다리살은 지방을 제거한다.

2. 1을 아이의 한입 크기로 썬 다음 어니언 파우더와 통후춧가루로 버무려 밑간한다. *맛술을 약간 넣어도 좋다.

3. 조물조물 버무려서 냉장고에서 1시간 이상 숙성시킨다.

4. 비닐봉지에 전분과 3의 닭다리살을 넣고 빵빵하게 공기가 들어가게 한 뒤 입구를 봉한 다음 흔든다.

5. 예열된 팬에 현미유를 넉넉히 두르고 4를 넣어 약한 불에서 천천히 앞뒤로 노릇노릇하게 구운 후 키친타월에 올려 기름기를 제거한다.

6. 데리야키소스 재료를 섞어 준비해둔다.

7. 팬에 마늘은 편으로 썰고 대파는 듬성듬성 썰어 넣은 뒤 6의 소스를 부어 바글바글 끓인다. *이때 파를 살짝 구워서 넣으면 더 맛이 좋다.

8. 7에 5의 닭다리살을 넣고 설렁설렁 볶는다. *어른들이 먹을 때는 파채를 올려 먹는다.

· 콩비지가지찜 ·

INGREDIENT

- **콩비지** 150g
- **가지** 150g
- **멸치육수** 80mL
- **들기름** 1t

1. 가지는 껍질을 벗겨 내고 속살만 채 썬다.

2. 멸치육수와 1에서 벗겨낸 가지 껍질을 믹서에 간다.

3. 팬에 1, 2를 넣고 졸이듯 익힌다.

4. 졸여진 듯 익으면 비지를 넣고 끓인다.

5. 바글바글 끓으면 들기름을 넣고 좀 더 졸여주듯 끓인다.

· 불고기 ·
(간장無)

🍳 INGREDIENT

- 불고기용 소고기(또는 닭고기 안심) 200g
- 양파·버섯 적당량
- 불고기양념
  - 사과 50g
  - 배 100g
  - 양파 50g
  - 마늘 5g
  - 참깨 10g

1. 불고기 양념 재료 중 과채는 적당한 크기로 잘라 믹서에 간다.

2. 참깨를 넣어 한 번 더 간다.

3. 양파와 버섯 등을 적당량 먹기 좋은 크기로 썬다.

4. 고기에 3의 채소, 2의 양념을 섞어 3~4시간 정도 재운 뒤 중불에 잘 볶아낸다.

*닭고기로 했을 때 완성 사진

• 떡갈비 •

🍲 INGREDIENT

□ 참기름 5g　　□ 현미유 약간　　□ 가래떡 80~100g　　□ 바름용 소스: 간장 1t, 참기름 2t, 물 2t, 올리고당 4t
□ 고기반죽: 다진소고기 300g, 다진 돼지고기 300g, 간장 15g, 올리고당 40g, 다진 배 65g, 간 양파 50g, 다진 마늘 20g, 다진파 65g

1. 큰 볼에 고기반죽 재료를 넣는다.

2. 치대어 반죽한다.

3. 떡은 끓는 물에 한 번 데친다. *이 과정은 생략해도 된다.

4. 3의 떡을 길쭉하게 썰어 참기름을 넣고 잘 섞어준다.

5. 떡을 잘게 썰어 2의 고기반죽에 넣고 충분히 치댄다.

6. 너무 두껍지 않게 둥글고 납작하게 만든다.

7. 예열된 팬에 현미유를 두르고 중불에 굽는다.

8. 아랫면이 살짝 노릇하게 익을 때쯤 뚜껑을 덮어 익혀준다. *잘 익으라고 뒤집개로 누르면 안 된다. 육즙이 빠져나와버린다.

9. 바름용 소스 재료를 모두 섞어 떡갈비에 발라주되, 다른 팬으로 옮겨서 바르고 다시 약불에서 살짝만 구워준다.

• 애호박건새우전 •

🔧 INGREDIENT

▫ **애호박** 100g

▫ **건새우** 3~5g

▫ **밀가루** 35g

▫ **멸치육수**(또는 물) 70mL

▫ **현미유** 약간

1. 건새우는 물에 10분 정도 불린 뒤 건진
다.

2. 애호박은 얇게 채 썬다.

3. 밀가루와 멸치육수를 섞어 기본 반죽을
만든다.

4. 1과 2를 반죽에 넣어 섞는다.

5. 팬에 현미유를 두르고 반죽을 작게 떠
서 노릇하게 굽는다.

• 아보카도고기완자구이 •

🍯 INGREDIENT

- **아보카도** 100g
- **다진 소고기·돼지고기** 100g씩
- **현미유** 약간

1. 아보카도는 반을 갈라 껍질과 씨를 제거한다.

2. 아보카도를 잘게 다진다.

3. 다진 소고기와 돼지고기에 2의 아보카도를 넣고 잘 섞어준다.

4. 동그랗게 완자 모양으로 빚는다.

5. 현미유를 살짝 뿌려 200도로 예열된 오븐에서 10~15분 굽는다.

• 팽이치즈밥완자구이 •

🍲 INGREDIENT

□ **다진소고기, 돼지고기** 150g씩　　□ **양파** 50g　　□ **팽이버섯** 50g　　□ **아기치즈** 1장　　□ **밥** 150g

1. 양파와 팽이버섯은 잘게 다진 뒤 다진 소고기, 돼지고기와 함께 섞어준다.

2. 잘 치대어 반죽하다가 치즈를 찢어 넣는다.

3. 반죽에 밥을 넣고 치대어 반죽한다.

4. 반죽은 둥근 완자로 만든다.

5. 180도 오븐에서 10분간 굽다가 뒤집은 후 190도로 올려 10분 더 굽는다.

더 고소한 팽이치즈밥완자 만들기

🍲 INGREDIENT   □ 건새우 10g   □ 잣 10g

1. 재료를 믹서에 넣고 간다.

2. 밥을 넣어 반죽한 완자를 1에 굴려 굽는다.

• 새우패티 •

INGREDIENT

□ **새우살** 150g

□ **대구살**(동태살) 50g

□ **양파** 50g

□ **파프리카** 100g

□ **빵가루** 40g

□ **밀가루** 10g

□ **현미유** 약간

1. 양파와 파프리카는 잘게 다진다.

2. 새우와 대구살을 믹서에 갈아 1의 채소와 함께 볼에 담는다. *새우의 식감을 살리고 싶다면 믹서에 갈지 말고 잘게 썬다.

3. 빵가루와 밀가루를 넣는다.

4. 치대가며 반죽한다.

5. 반죽에서 50g 정도를 떼어 내어 납작하게 빚는다.

6. 예열된 팬에 현미유를 넉넉히 둘러 약불에서 천천히 굽는다. *빵가루를 묻혀 200도로 예열된 오븐에서 15~20분 구워줘도 된다.

·오징어부추전·

🔖 INGREDIENT

- **오징어살** 100g
- **양파** 50g
- **부추** 50g
- **현미유** 약간
- **부침가루** 60g*
- **멸치육수** 60g
- **달걀** 1개

1. 양파는 채 썰고 부추는 적당한 길이로 쫑쫑 썬다.

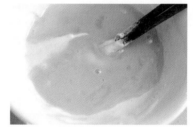

2. 부침가루에 멸치육수를 붓고 달걀을 풀어 잘 섞는다.

3. 2의 반죽에 1의 채소와 믹서에 간 오징어를 넣고 잘 섞는다.

4. 팬에 현미유를 두르고 아이가 먹기 좋은 적당한 크기로 반죽을 덜어 부친다.

5. 앞뒤로 노릇노릇하게 구워낸다.

* 홈메이드 부침가루 만들기 레시피는 161쪽 참고

385

·오징어볼자두탕수·

⚖ INGREDIENT

□ **오징어반죽: 오징어** 300g, **양파** 20g, **애호박** 20g, **브로콜리** 20g, **파프리카** 20g   □ **양파·파프리카·파인애플** 80g씩   □ **배·자두** 200g씩
□ **전분물**(전분 1T+물 2T)

1. 파인애플은 편으로 썬다.

2. 양파와 파프리카는 1~2cm 너비로 썬다.

3. 자두와 배의 씨를 빼낸 뒤 믹서에 넣고 곱게 간다.

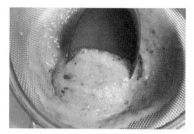

4. 체에 밭쳐 찌꺼기를 걸러 탕수소스로 준비한다.

5. 오징어는 손질해서 믹서에 갈아준다.

6. 오징어반죽 재료 중 양파, 애호박, 파프리카는 잘게 썰고, 브로콜리는 살짝 데친 뒤 꽃 부분만 다져 반죽한다.

7. 팬에 2의 양파와 파프리카를 넣고 4의 탕수소스를 부어 끓인다.

8. 부글부글 끓기 시작하면 6의 오징어 반죽을 완자 형태로 넣어준다.

9. 채소가 어느 정도 익으면 전분물을 넣어 볶는다.

10. 걸죽해지면 1의 파인애플을 넣어 섞어주듯 끓인 뒤 불에서 내린다.

*4번 과정에서 체에 걸러진 찌꺼기는 얼려두었다가 다른 요리에 사용한다. 바나나와 우유를 함께 믹서에 갈아 아이스크림을 만들어도 좋다.

• 닭가슴살굴소스볶음 •

☎ INGREDIENT

□ **닭가슴살** 200g

□ **양파** 80g

□ **애호박** 50g

□ **당근** 30g

□ **다진마늘** 1t

□ **현미유**

□ **수제 굴소스** 1T(시판 1/2T)

1. 양파는 채 썰고, 당근과 애호박은 반달 썰기 한다.

2. 팬에 기름을 두르고 다진 마늘을 볶는다.

3. 마늘 향이 올라오면 1의 손질한 채소와 잘게 썬 닭고기를 차례로 넣어 볶는다.

4. 굴소스를 넣어 조리듯이 볶는다.

· 감자채전 ·

INGREDIENT

- 감자 200g
- 양파 70g
- 밀가루 40g
- 멸치육수 150mL
- 현미유 약간

1. 감자는 얇게 채 썰고 양파도 결 따라 얇게 썬다.

2. 밀가루에 멸치육수를 부어 섞는다.

3. 1을 넣어 반죽을 준비한다.

4. 팬에 현미유를 둘러 노릇하게 부친다.

• 새우볼파프리카탕수 •

🍳 INGREDIENT

□ **탕수소스: 파프리카** 100g, **배** 50g □ **새우살** 100g □ **파프리카** 50g □ **양파·애호박** 30g씩 □ **멸치육수** 100mL □ **전분** 1t

1. 파프리카와 배는 적당한 크기로 썰어 믹서에 곱게 간다.

2. 1을 고운체에 밭쳐 건더기를 걸러 소스를 만든다. *소스 3t은 따로 빼둔다.

3. 파프리카와 양파, 애호박은 1cm 크기로 썬다.

4. 새우살은 믹서에 간 다음 완자를 빚는
   다.

5. 팬에 3의 채소를 넣고 멸치육수를 부어
   끓인다.

6. 국물이 끓어오르면 4의 새우 완자를 넣
   어 함께 끓인다. *완자가 어느 정도 익어 탱
   글탱글해지면 뒤적거려 고루 익힌다. 처음부터
   뒤적거리면 완자가 부서진다

7. 2의 소스에서 3t을 덜어내 전분을 섞어
   전분물을 만든다.

8. 6에 2의 나머지 소스를 부어 끓이다가
   어느 정도 익으면 7의 전분물을 넣어
   걸쭉해질 때까지 끓인다.

• 오징어볼짜장볶음 •

INGREDIENT

- **오징어** 70g
- **애호박·양파** 50g 씩
- **짜장가루** 5g
- **물** 70mL

1. 양파는 채 썰고 애호박은 얇게 반달썰기 한다.

2. 오징어는 믹서에 갈아 동그랗게 완자 형태로 뭉친다.

3. 짜장가루와 물을 섞는다.

4. 팬에 1의 채소를 넣고 볶는다. *기름을 두르지 않아도 된다.

5. 채소가 어느 정도 익으면 3을 부어 끓이다가 오징어 완자를 넣어 익힌다.

6. 조려내듯 볶는다.

• 황태전 •

INGREDIENT

- **황태**(혹은 북어) 30g
- **애호박·양파·파프리카**
  각 40g
- **달걀** 2개
- **현미유** 약간

1. 황태는 하루 전 물에 담가 불린다.

2. 양파, 애호박, 파프리카는 잘게 다진다.

3. 믹서에 1의 황태를 물기를 짜서 넣고 곱게 간다.

4. 2와 3을 볼에 담는다.

5. 달걀을 풀어 4에 부어 섞는다.

6. 팬에 현미유를 두르고 부친다.

• 닭고기완자마늘종새송이볶음 •

⚖ INGREDIENT

- □ **마늘종** 100g   □ **새송이버섯** 50g   □ **양파** 40g   □ **닭고기완자**: 다진 닭안심 200g, 새송이버섯·애호박·양파 40g씩   □ **멸치육수** 200mL
- □ **참기름** 1t   □ **소금** 한 꼬집

1. 닭고기완자 재료 중 새송이버섯과 애호박, 양파는 잘게 다진다.

2. 1과 다진 닭안심을 섞어 치대듯 반죽한다.

3. 반죽을 동그랗게 완자 모양으로 빚는다.

4. 마늘종은 적당한 간격으로 송송 잘라 끓는 물에 삶는다.

5. 새송이버섯과 양파는 얇게 저민다.

6. 팬에 4, 5와 멸치육수를 함께 넣고 볶는다.

7. 끓기 시작하면 닭고기 완자를 넣고 소금 한 꼬집을 넣어 졸이듯 끓인다.

8. 마지막에 참기름을 넣어 볶아낸다.

• 바지락오징어전 •

INGREDIENT

- 오징어 100g
- 바지락 50g
- 애호박 50g
- 달걀 1개
- 현미유 약간

1. 바지락살과 오징어살은 각각 믹서에 간다.

2. 애호박은 잘게 다진 후 1과 섞는다.

3. 달걀 1개를 풀어 함께 반죽한다.

4. 예열한 팬에 현미유를 두르고 적당한 크기로 반죽을 올려 앞뒤로 노릇노릇 굽는다.

396

• 새우볼황도볶음 •

INGREDIENT

- □ 새우살 150g
- □ 양파·애호박·파프리카 30g씩
- □ 껍질을 깐 황도복숭아 200g
- □ 전분 3g

1. 새우살은 믹서에 간다.

2. 양파, 애호박, 파프리카는 잘게 다진 후 1과 섞어 완자처럼 빚는다.

3. 황도는 껍질을 벗긴 후 150g만 믹서에 간다.

4. 3을 팬에 부어 끓기 시작하면 2의 새우 볼을 넣고 익힌다. *이때 새우볼의 모양이 잡히기 전까지 뒤적거리면 안 된다.

5. 믹서에 남은 황도 50g과 전분을 넣고 간다.

6. 4에 5를 넣어 걸쭉하게 볶는다.

• 과일깐쇼새우 •

INGREDIENT

- □ **새우살** 100g □ **토마토·복숭아** 100g씩 □ **자두** 50g □ **마늘** 5g □ **전분** 35g □ **달걀** 1개 □ **전분물**(전분 1T+물 2T)
- □ **파프리카·피망·양파·애호박** 40g씩 □ **현미유** 적당량

1. 토마토, 복숭아, 자두는 적당한 크기로 썰어 마늘을 넣고 믹서로 간다.

2. 1을 체에 거른다.

3. 전분과 달걀을 그릇에 담아 멍울이 없도록 거품기로 잘 섞어 튀김옷을 만든다.

4. 새우살을 3에 넣어 적신다.

5. 냄비에 현미유를 부어 끓어오르면 4를 넣어 튀긴다. *이때 현미유는 새우가 잠길 정도면 된다.

6. 5를 키친타월에 올려 기름을 적당히 제거한다.

7. 6을 다시 한 번 기름에 넣어 튀긴 후 키친타월에 얹어 기름을 빼준다. *두 번 튀겨내면 튀김이 더 바삭해진다.

8. 파프리카, 피망, 양파, 애호박은 잘게 다진 후 2의 소스와 함께 팬에 넣어 끓인다.

9. 전분물을 넣어 채소가 익을 때까지 걸쭉하게 조린다.

10. 7의 새우 튀김을 넣어 소스가 골고루 묻도록 한두 번 뒤적이고 불에서 내린다.

*토마토, 복숭아, 자두가 제철이 아니라면 토마토 100g과 사과 100g으로 대체할 수 있다.

• 멜론불고기 •

🍲 INGREDIENT

□ **소고기** (불고기용) 200g

□ **양파** 80g

□ **멜론** 200g

1. 양파와 멜론은 각각 50g 채 썬다. *멜론은 단단하고 맛이 덜한 부분을 (주로 버리게 되는) 사용한다.

2. 남은 양파와 멜론은 적당한 크기로 잘라 믹서에 함께 간다.

3. 소고기에 1, 2를 넣고 버무린다.

4. 3시간 이상 냉장고에서 재운다.

5. 잘 재워진 4를 팬에 넣어 볶는다.

• 닭고기완자카레조림 •

INGREDIENT

- □ 다진 닭고기 100g
- □ 양파·파프리카·애호박 60g씩
- □ 멸치육수 150mL
- □ 카레가루 8g

1. 양파, 파프리카, 애호박은 잘게 다진 뒤 절반만 닭고기와 섞어 반죽한다.

2. 반죽을 동그랗게 완자로 빚는다.

3. 1의 다진 채소의 나머지 절반은 멸치육수에 넣어 끓인다.

4. 채소가 살짝 익으면 카레가루를 넣어 함께 끓인다.

5. 끓어 기포가 생기기 시작하면 2의 닭고기 완자를 넣는다. *이때 완자는 처음부터 뒤적거리지 말고 국물을 끼얹어가며 익혀야 모양이 부서지지 않는다.

6. 완자가 익어 단단해지면 뒤적거리며 졸이듯 익힌다.

• 감자카레크로켓 •

🍶 INGREDIENT

☐ **감자** 500g ☐ **양파·파프리카·당근·청경채** 100g씩 ☐ **카레가루** 15g ☐ **달걀** 2개 ☐ **물** 50mL ☐ **밀가루** 100g ☐ **빵가루** 100g
☐ **현미유** 약간 ☐ **우유** 100mL

1. 감자는 작은 크기로 썰어 푹 익을 때까지 삶아내어 건진다.

2. 달걀은 삶아서 찬물에 담근 뒤 껍질을 까둔다.

3. 양파, 파프리카, 당근은 잘게 썬다.

4. 청경채는 잎 부분만 끓는 물에 데친 다음 찬물에 헹구어 물기를 짜내고 잘게 다진다.

5. 냄비에 3의 채소, 물을 넣고 볶아서 준비해둔다.

6. 1의 뜨거운 감자에 카레가루를 넣고 으깨며 골고루 섞는다.

7. 2의 삶은 달걀노른자를 넣어 함께 으깬다.

8. 2의 삶은 달걀흰자는 잘게 썬 다음 4, 5의 채소와 함께 7에 넣어 반죽한다.

9. 반죽을 적당한 크기로 떼어내어 밀가루-우유-빵가루 순으로 튀김옷을 입힌다.

10. 현미유를 뿌리고 180도로 예열된 오븐에 넣어 15분 구워내고 뒤집어 온도를 200도로 올려 10분 더 굽고 더 바삭해지도록 온도를 230도로 올려 5분 정도 더 굽는다. *이렇게 두 번 튀겨내면 튀김이 더 바삭해진다.

고기 완자 굽기

*감자카레크로켓의 반죽을 일부 남겨 완자를 만들면 두 가지 맛을 함께 즐길 수 있다.

1. 8번 과정의 반죽 중 일부(200g)는 덜어서 빵가루 30g, 소고기 30g을 섞어 반죽한다.

2. 1의 반죽을 떼어내 동그랗게 완자를 빚는다.

3. 현미유를 뿌리고 180도로 예열된 오븐에 넣어 15분 구워내고 뒤집어 오븐의 온도를 200도로 올려 10분 더 굽는다. *만약 감자카레크로켓과 같은 오븐 팬에 올려 굽는다면 고기 반죽에서 육즙이 흐를 수 있으므로 따로 종이호일을 깐다.

• 멘치가스 •

INGREDIENT

□ **다진 돼지고기** 250g

□ **다진 소고기** 150g

□ **양파** 100g

□ **밀가루** 100g

□ **달걀** 1개

□ **빵가루** 100g

□ **현미유** 약간

1. 양파는 잘게 다진다.

2. 다진 소고기와 돼지고기, 1의 양파를 함께 볼에 넣고 치대며 반죽한다.

3. 반죽을 둥글게 빚는다.

4. 밀가루-달걀물-빵가루 순으로 튀김옷을 묻힌다.

5. 현미유를 뿌리고 180도로 예열된 오븐에서 15분간 구운 후 200도로 온도를 올린 후 뒤집어서 10분간 더 굽는다.

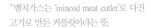
*멘치가스는 'minced meat cutlet'로 다진 고기로 만든 커틀릿이라는 뜻.

• 가지전 •

🍳 INGREDIENT

□ **가지** 100g
□ **달걀** 1개

1. 가지는 베이킹소다를 뿌려 깨끗이 물에 씻는다.

2. 껍질째 얇게 슬라이스한다.

3. 달걀을 풀어 2를 적신다.

4. 예열된 팬에 3을 올려 앞뒤로 노릇하게 부친다.

405

• 양송이버섯크로켓 •

🥄 INGREDIENT

□ **양송이버섯** 2송이(60~70g)　　□ **달걀** 1개　　□ **빵가루** 70g　　□ **파슬리가루** 3T　　□ **현미유** 약간

1. 양송이버섯은 깨끗하게 씻어 밑동을 떼어낸 뒤 껍질을 벗긴다.

2. 5~7mm 정도 두께로 슬라이스한다.

3. 달걀을 풀어 2를 넣어 적신다.

4. 빵가루에 파슬리가루를 섞어 튀김옷을 만든다. *밀가루를 사용하면 튀김옷이 더 잘 묻겠지만 튀김옷이 두터워져 식감이 썩 좋지 않다.

5. 3의 양송이버섯을 굴려 튀김옷을 입힌다.

6. 오븐 팬에 테플론시트(또는 종이호일)를 얹고 현미유를 바닥에 잘 묻힌 뒤, 올린다. *빵가루는 사진 정도로 붙는 편이 아이가 먹기에 좋다.

7. 200도로 예열된 오븐에서 15분간 굽는다.

· 가지크로켓 ·

INGREDIENT

□ **가지** 150g

□ **달걀** 1개

□ **빵가루** 100g

□ **파슬리가루** 5T

□ **현미유** 약간

1. 가지는 1cm 두께로 썰어 달걀물에 적신다.

2. 빵가루에 파슬리가루를 섞은 뒤 1에 손으로 눌러가며 앞뒤로 묻힌다.

3. 팬에 테플론시트(또는 종이호일)를 깔고 현미유를 살짝 바른 후, 2를 얹는다.

4. 위에도 현미유를 적당량 뿌리고 200도 오븐에서 25~30분 굽되, 중간에 한 번 뒤집어준다.

• 매생이새우게살전 •

🏋 INGREDIENT

- □ 매생이 30g
- □ 새우 100g
- □ 게살 80g
- □ 양파 40g
- □ 달걀 1개
- □ 현미유 약간

1. 매생이는 체에 밭쳐 씻고, 뜨거운 물을 부어 연하게 한다.

2. 씻은 매생이는 칼로 듬성듬성 다진다.

3. 믹서에 새우와 게살을 넣고 곱게 갈아 낸다.

4. 갈아낸 새우와 게살에 2의 매생이를 넣고 반죽한 뒤 둥글게 완자로 빚는다.

5. 완자를 납작하게 누른 후 달걀물에 적신다.

6. 팬에 현미유를 두르고 앞뒤로 노릇하게 굽는다.

• 시금치닭불고기 •

⚖ INGREDIENT

▢ **닭안심** 200g   ▢ **양파·키위** 50g씩   ▢ **시금치** 20g   ▢ **양파** 30g   ▢ **마늘** 3g   ▢ **시금치소스**: 시금치 80g, 양파·키위 50g씩

1. 시금치는 베이킹소다를 넣은 물에 담갔다가 깨끗이 씻는다.

2. 시금치는 잎 부분만 잘게 채 썬다.

3. 양파는 채 썰어 3등분 한다.

4. 닭고기는 깍둑썰기 한다.

5. 시금치소스 재료들은 적당히 잘라 믹서에 넣고 간다.

6. 볼에 1~4 재료를 담고 5의 소스를 부어 무친다.

7. 냉장고에서 3시간쯤 재운다.

8. 팬에 볶아낸다.

• 오징어전 •

INGREDIENT

- 오징어반죽
  - 오징어 300g
  - 양파 20g
  - 애호박 20g
  - 브로콜리 20g
  - 파프리카 20g
- 달걀 1개
- 현미유 약간

1. 오징어는 손질해서 믹서에 갈아준다.

2. 양파, 애호박, 파프리카는 잘게 썰고, 브로콜리는 살짝 데친 뒤 꽃 부분만 다져 반죽한다.

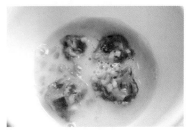

3. 반죽은 완자 형태로 빚은 후 달걀물에 적신다.

4. 팬에 현미유를 두르고 완자를 올린 뒤 포크로 지그시 눌러 동글납작하게 만든다.

5. 앞뒤로 노릇하게 굽는다.

• 오징어크로켓 •

🔥 INGREDIENT

- □ 오징어반죽
  - 오징어 300g
  - 양파 20g
  - 애호박 20g
  - 브로콜리 20g
  - 파프리카 20g
- □ 빵가루 40g
- □ 파슬리가루 1T
- □ 현미유 약간

1. 오징어는 손질해서 믹서에 갈아준다.

2. 양파, 애호박, 파프리카는 잘게 썰고, 브로콜리는 살짝 데친 뒤 꽃 부분만 다져 반죽한다.

3. 반죽은 완자 형태로 빚은 후 파슬리가루를 섞은 빵가루를 묻힌다.

4. 살짝 눌러 납작한 형태로 만든다.

5. 오븐 팬에 올리고 현미유를 뿌린 뒤 185도로 예열된 오븐에서 15분간 굽는다.

• 오징어볼가지소스볶음 •

🧂 INGREDIENT

- 오징어반죽: 오징어 300g, 양파 20g, 애호박 20g, 브로콜리 20g, 파프리카 20g □ 양파·파프리카·애호박 50g씩 □ 가지 70g
- 멸치육수 100mL

1. 오징어는 손질해서 믹서에 갈아준다.

2. 오징어반죽 재료의 양파, 애호박, 파프리카는 잘게 썰고, 브로콜리는 살짝 데친 뒤 꽃 부분만 다져 반죽한다.

3. 반죽은 완자로 빚은 다음 185도로 예열된 오븐에서 10분간 굽는다.

4. 양파와 파프리카는 채 썰고 애호박은 십자썰기 한다.

5. 가지는 베이킹소다를 뿌려 깨끗이 씻은 뒤 믹서에 갈기 좋은 크기로 썬다.

6. 5의 가지를 멸치육수와 함께 믹서에 넣고 간다.

7. 팬에 4의 채소를 넣고 6의 가지소스를 부어 볶는다. *가지소스를 한꺼번에 다 넣지 말고 채소가 익어가는 것을 보면서 조금씩 넣어가며 볶는다.

8. 채소가 흐물흐물 익으면 오징어 완자를 넣어 함께 볶는다.

9. 채소가 완전히 익을 때까지 잘 볶아낸다.

415

• 탄두리치킨 •

INGREDIENT

- 닭고기(안심) 100g
- 우유 50mL
- 카레가루 15g
- 요거트 35g
- 현미유 약간

1. 닭고기는 얇게 슬라이스하여 우유에 담가 하룻밤 숙성시킨다. *닭 요리를 할 때 우유에 재워두면 육질이 부드러워진다.

2. 요거트에 카레가루를 섞어 소스를 만든다.

3. 숙성시킨 닭고기는 물에 헹궈 2에 넣고 잘 버무려 3시간 정도 재운다.

4. 팬에 현미유를 두르고 앞뒤로 노릇하게 부친다. *스테인리스 팬에 종이호일을 깐 뒤 볶으면 팬 바닥을 태우지 않고, 고기도 눌어붙지 않게 조리할 수 있다.

*기름 없이 조리하려면 190도나 200도로 예열된 오븐에서 5~7분 정도 구워도 좋다.

• 관자달걀부침 •

INGREDIENT

- 관자 140g(2개)
- 달걀 1개
- 현미유 약간

1. 키조개 관자는 슬라이스하여 쌀뜨물에 하룻밤 담근다. *쌀뜨물에 담가두면 짠맛과 비린내를 제거할 수 있다.

2. 관자를 건져 물기를 제거하고 반으로 자른다.

3. 달걀을 풀어 관자를 적신다.

4. 팬에 현미유를 두르고 앞뒤로 노릇하게 부친다.

·크림새우가지찜·

🍳 INGREDIENT

- □ **양파·애호박** 50g씩　□ **파프리카·피망** 30g씩　□ **새우살** 200g　□ **가지** 1개　□ **우유** 200mL　□ **아기치즈** 1장
- □ **크림소스: 옥수수가루** 30g, **우유** 150mL

1. 양파, 피망, 파프리카, 애호박은 잘게 다진다.

2. 새우살은 믹서에 곱게 간다.

3. 1과 2를 섞어 소를 만든다.

4. 가지는 적당히 잘라 8등분으로 칼집을 낸다. *소를 채울 것이므로 끝까지 자르지 않도록 주의한다.

5. 칼집 낸 가지에 소를 채워 넣는다.

6. 크림소스 재료는 모두 믹서에 넣고 갈아둔다.

7. 기름을 발라 예열했다가 식힌 주물냄비에 우유 100mL를 자박하게 붓는다.

8. 5의 가지를 냄비에 넣은 후, 나머지 우유 100mL를 붓는다.

9. 뚜껑을 닫고 끓인다.

10. 가지찜이 어느 정도 끓으면 6의 크림소스를 넣고 조린다.

11. 중간 중간 뒤적거리며 섞어주다가 가지가 흐물흐물해지고 국물이 눅진해지면 아기치즈 한 장을 넣고 푹 익을 때까지 타지 않게 중약불로 졸인다. *그릇에 담을 때는 칼집을 낸 결이 자른 후 골고루 소스를 끼얹어준다.

· 블루베리불고기 ·

INGREDIENT

□ **소고기**(불고기용) 200g

□ **양파** 60g

□ **블루베리** 70g

□ **배** 100g

□ **건새우** 10g

1. 소고기는 약 1~2cm 너비로 썬다.

2. 양파는 채 썰고 건새우는 믹서에 간다.

3. 블루베리와 배는 믹서에 갈아내어 소스로 준비한다. *만들어둔 블루베리배소스(180쪽)가 있다면 활용해도 좋다.

4. 1, 2의 재료에 3의 소스를 부어 잘 섞은 뒤 냉장고에서 5~6시간 재운다.

5. 팬에 4를 넣고 잘 볶아낸다.

420

• 단호박채전 •

INGREDIENT

- 단호박 300g
- 물 80mL
- 밀가루 60g
- 현미유 약간

1. 단호박은 껍질을 깎아 얇게 슬라이스한 다음 가늘게 채 썬다.

2. 1을 전자레인지에 2분 정도 돌려 설익힌다. *단단한 편인 단호박을 그냥 부치면 익히는 데 시간이 걸리기 때문에 전자레인지로 한 번 익혀 사용하면 좋다.

3. 밀가루에 물을 붓고 섞어 반죽을 만든다.

4. 반죽에 2의 단호박을 넣고 잘 섞는다.

5. 팬에 현미유를 두르고 앞뒤로 노릇노릇하게 부쳐낸다.

421

• 닭다리살토마토소스구이 •

⚖ INGREDIENT

□ 닭다리살 170g   □ 후춧가루 1/2t   □ 어니언 파우더 1t(밑간용)   □ 전분 7~10T   □ 현미유 약간   □ 다진 대파 10g
□ 토마토소스: 토마토 페이스트 150g, 물 100mL, 다진 양파 40g

1. 닭다리살은 지방을 제거한다.

2. 1을 아이의 한입 크기로 썬 다음 어니언 파우더와 통후춧가루로 버무려 밑간한다. *맛술을 약간 넣어도 좋다.

3. 2를 조물조물 버무려서 냉장고에서 1시간 이상 숙성시킨다.

422

4. 비닐봉지에 전분과 3의 닭다리살을 넣고 빵빵하게 공기가 들어가게 한 뒤 입구를 봉한 다음 흔든다.

5. 팬에 기름을 넉넉히 두르고 4를 넣어 약한 불에서 천천히 앞뒤로 노릇노릇하게 구운 후 키친타월에 올려 기름기를 제거한다.

6. 팬에 토마토소스 재료를 넣어 함께 끓여서 준비해둔다. *토마토소스가 너무 새콤하다 싶으면 조청 1t 정도를 넣어 함께 볶는다.

7. 걸쭉하게 끓기 시작하면 5의 닭다리살을 넣고 함께 볶는다.

8. 다진 파를 넣고 살짝 더 볶는다.

*1~5번의 과정은 '닭다리살데리야키구이'와 동일하다.

• 단호박아몬드소고기구이 •

🍯 INGREDIENT

☐ 찐단호박 50g
☐ 다진소고기 50g
☐ 아몬드가루 30g

1. 아몬드는 믹서에 곱게 간다.

2. 다진 소고기와 찐 단호박, 1의 아몬드를 함께 섞어 반죽한다.

3. 2의 반죽을 작은 완자 모양으로 빚는 다.

4. 오븐 팬에 올려 180도로 예열된 오븐 에서 10분 정도 굽는다.

• 게살애호박양송이버섯채전 •

🍲 INGREDIENT

- 게살 80g
- 애호박 200g
- 양송이버섯 90g(큰 것 3개)
- 달걀 1개
- 현미유 약간

1. 애호박은 가늘게 채 썬다.

2. 양송이버섯은 겉껍질과 밑둥을 제거한 후 가늘게 채 썬다.

3. 손질한 채소에 달걀을 풀어 넣고 잘 섞는다.

4. 모둠 게살을 넣고 잘 섞어 반죽한다.

5. 팬에 현미유를 두르고 앞뒤로 노릇하게 굽는다.

• 감자볶음치즈구이 •

🔖 INGREDIENT

☐ **감자** 1개　☐ **현미유** 약간　☐ **토마토** 1개　☐ **아기치즈** 1장

1. 감자는 깍둑썰기 한다.

2. 흐르는 물에 두세 번 헹구어 전분기를 제거한다

3. 토마토는 껍질째 썰어 믹서에 넣고 갈아 체에 밭쳐 거른다. 껍질을 벗겨 갈면 체에 거를 필요가 없다.

4. 팬에 현미유를 두르고 2의 감자를 넣어 코팅하듯 볶는다.

5. 3의 소스를 부어 졸인다. *고기보충을 해 주고 싶다면 삶은 고기를 다져서 뿌려준다.

6. 오븐 용기에 담고 아기치즈를 얹는다.

7. 200도로 예열한 오븐에 넣어 7~8분 정도 굽는다.

• 오트밀완자구이 •

🍳 INGREDIENT

□ **오트밀** 40g

□ **현미유** 약간

□ **다진 돼지고기 · 소고기**
　40g씩

□ **다진 양파** 20g

1. 양파는 잘게 다진 뒤 다진 돼지고기,
소고기와 함께 섞어 반죽한다.

2. 오트밀은 믹서에 넣어 곱게 간다.

3. 반죽으로 완자를 빚은 다음 1의 오트밀
가루를 묻힌다.

4. 오븐 팬에 올리고 현미유를 살짝 뿌려
175도에서 15분간 굽는다.

• 브로콜리돼지고기완자구이 •

INGREDIENT

- □ **브로콜리가루** 30g
- □ (갈아낸) **습식 빵가루** 70g
- □ **다진 돼지고기** 300g
- □ **양파** 80g
- □ **가지** 40g

1. 양파와 가지는 잘게 다진다.

2. 다진 돼지고기에 1을 넣고 잘 치대어 반죽한다.

3. 2를 완자 모양으로 빚는다.

4. 빵가루와 브로콜리가루를 섞는다. *브로콜리가루는 생협이나 한살림에 가면 쉽게 구할 수 있다.

5. 3을 4에 굴려서 묻힌다.

6. 180도로 예열한 오븐에서 10분간 굽다가 살짝 뒤적거린 후 200도로 올려 5분 더 굽는다. *담백한 맛을 내기 위해 오일 없이 굽는다.

• 어묵탕수 •

🔩 INGREDIENT

- □ **어묵 반죽: 대구살**(동태살) 150g, **새우살** 100g, **양파** 40g, **파프리카** 30g, **당근** 40g, **전분** 1T, **밀가루** 1T　□ **다진 양파** 40g
- □ **전분물**(전분 1T+물 2T)　□ **탕수소스: 토마토** 1개, **사과** 1/2개

1. 어묵 반죽 재료 중 양파, 파프리카, 당근은 잘게 다진다.

2. 1의 채소를 약불에 볶는다.

3. 새우살과 대구살은 믹서에 곱게 갈아낸다.

4. 3에 1의 채소를 섞고 어묵반죽 재료 중 전분과 밀가루를 넣어 반죽한다.

5. 찰기가 생기게 잘 반죽한다.

6. 어묵 반죽은 동그랗게 빚어 180도 오 븐에서 15~20분 굽는다.

7. 탕수소스의 재료는 모두 믹서에 간 다 음 체에 밭쳐 건더기를 걸러낸다.

8. 팬에 7의 국물과 듬성듬성 썬 양파를 넣고 끓인다.

9. 끓어오르면 6의 어묵을 넣고 함께 끓인 다.

10. 어묵이 어느 정도 익으면 전분물을 넣 어 눅진해질 때까지 볶는다.

·새우냉이전·

🍴 INGREDIENT

▫ **냉이** 35g

▫ **파프리카·양파** 20g씩

▫ **새우살** 20g

▫ **밀가루** 2T

▫ **물** 1T

▫ **달걀** 1개

▫ **현미유** 약간

1. 냉이는 깨끗하게 손질하여 삶아서 잘게 다진다.

2. 파프리카와 양파도 잘게 다진다.

3. 새우살도 잘게 다진다.

4. 달걀을 풀어 밀가루와 물을 넣어 함께 섞는다.

5. 1~3을 넣어 반죽한다.

6. 팬에 현미유를 두르고 앞뒤로 노릇하게 구워낸다.

• 크랜베리고기완자구이 •

INGREDIENT

- 다진 소고기 100g
- 다진 돼지고기 200g
- 다진 양파 50g
- 크랜베리 40g

1. 크랜베리는 유통 과정에서 바른 기름을 제거하기 위해 끓는 물에 넣어 살짝 데친 후 다진다.

2. 볼에 1의 크린베리와 다진 양파, 소고기, 돼지고기를 넣고 고루 섞어 반죽한다.

3. 2의 반죽을 동그랗게 빚는다.

4. 175도 오븐에서 15분간 굽는다.

• 단호박크로켓 •

🍳 **INGREDIENT**

▫ **단호박** 500g(찐 단호박 400g) ▫ **양파·파프리카·브로콜리** 80g씩 ▫ **밀가루** 100g ▫ **달걀** 1개 ▫ **빵가루** 100g ▫ **파슬리가루** 5T
▫ **현미유** 약간

1. 양파, 파프리카, 브로콜리는 잘게 다진다.

2. 단호박은 쪄서 껍질을 벗겨내고 뜨거울 때 으깬다.

3. 1을 넣어 섞어 반죽한다.

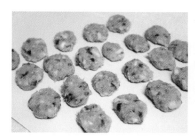

4. 반죽을 납작한 타원 모양으로 빚는다.

5. 밀가루-달걀물-빵가루 순으로 튀김옷을 묻힌다. *빵가루만 묻혀도 좋다. 빵가루만 묻히면 부드럽고, 밀가루-달걀물까지 묻히면 튀김옷이 두터워져 잘 부서지지 않는다.

6. 현미유를 살살 뿌린다. *이렇게 기름통을 들어 지그재그식으로 살살 뿌려도 소량의 오일로 구워낼 수 있다.

7. 200도로 예열된 오븐에서 25분간 굽는다.

• 두부강정 •

🍴 INGREDIENT

- 두부 1/2모
- **다진양파** 50g
- **전분** 50g
- **현미유** 약간
- **다진마늘** 5g
- **참기름** 1/2t
- **청주** 10mL
- **토마토케첩** 30mL
- **물** 30mL
- **꿀** 15mL

1. 두부는 납작한 네모 형태로 썰어준다.

2. 전분에 굴려준다.

3. 팬에 현미유를 두르고 노릇하게 굽는 다.

4. 다진 양파와 다진 마늘은 참기름과 함 께 향이 나게 볶는다.

5. 양파가 어느 정도 익으면 청주, 토마토 케첩, 물, 꿀을 넣고 끓인다. *매운 것을 조금 먹는 아이라면 고추장 1/2t 정도 넣어주어 도 좋다.

6. 바글바글 끓어 점성이 생기면 불을 끄 고 바삭하게 구운 두부를 넣어 버무린 다. *방울토마토를 곁들여주어도 좋다.

436

• 콘시럽완자볶음 •

🍳 INGREDIENT

- □ 고기완자
  - 다진 소고기 100g
  - 다진 돼지고기 100g
  - 다진 양파 50g
- □ 양파 50g
- □ 애호박 50g
- □ 콘시럽
  - 배 50g
  - 옥수수가루 20g
  - 멸치육수 30mL

1. 고기완자 재료를 모두 섞어 반죽하여 완자로 만든다.

2. 양파와 애호박은 적당한 크기로 썬다.

3. 콘시럽 재료는 모두 믹서에 넣고 갈아 준비한다.

4. 2의 채소는 약한 불에 수분이 나올 정도로 살짝 볶는다.

5. 3의 콘시럽을 붓는다.

6. 완자를 넣어 걸쭉해질 때까지 끓인다.

• 새우튀김 •

🍳 INGREDIENT

□ **새우살** 100~120g　　□ **쌀가루** 적당량　　□ **달걀** 1개　　□ **밀가루** 15g　　□ **빵가루** 적당량　　□ **튀김유** 여유 있게 준비

1. 손질한 새우살은 물기를 짜서 믹서에 간다.

2. 적당한 크기로 떼어내어 쌀가루를 가볍게 묻힌다. *쌀가루가 없다면 시판 빵가루를 믹서에 한 번 더 곱게 갈아내어 사용한다.

3. 반죽의 중간 부분을 지그시 눌러 새우 모양으로 만든다. *새우살을 잘 씹을 정도가 되면 새우를 통째로 써도 된다.

4. 밀가루와 달걀을 잘 섞는다.

5. 3의 새우살 반죽에 4의 튀김옷을 입힌다.

6. 빵가루를 골고루 묻힌다.

7. 적당한 온도의 기름에 넣어 튀겨낸다.

*새우튀김을 귤 디핑 소스에 찍어 먹으면 더욱 맛있다.

귤 디핑 소스

🍯 INGREDIENT □ 귤 1개 □ 파프리카·양파·호박 10g씩 □ 전분 1t

1. 귤을 곱게 갈아 체에 밭쳐 즙만 쓴다.

2. 팬에 1과 적당한 크기로 썬 파프리카, 양파, 호박을 넣고 끓인다.

3. 2를 조금 덜어(3t) 전분(1t)과 섞는다.

4. 2에 3을 넣고 눅진해질 때까지 끓인다.

• 치킨볼 •

🔩 INGREDIENT

☐ **다진 닭안심** 200g

☐ **버섯·애호박·양파** 40g씩

☐ **갈아낸 빵가루** 40~50g

☐ **현미유** 약간

1. 버섯과 애호박, 양파는 잘게 다진다.

2. 1과 다진 닭안심을 섞어 치대듯 반죽한다.

3. 반죽을 동그랗게 완자 모양으로 빚는다.

4. 갈아낸 빵가루에 3의 완자를 굴려 묻혀 치킨볼을 만든다.

5. 오븐 팬에 얹어 현미유를 뿌려준 뒤 190도로 예열된 오븐에서 20~30분 익힌다.

• 치킨랑땡 •

🍳 INGREDIENT

- 다진 닭안심 200g
- 버섯·애호박·양파 40g씩
- 현미유 약간
- 밀가루 적당량
- 달걀 1개

1. 버섯과 애호박, 양파는 잘게 다진다.

2. 1과 다진 닭안심을 섞어 치대듯 반죽한다.

3. 반죽을 동그랗게 완자 모양으로 빚는다.

4. 밀가루를 묻히고 달걀물에 담근다.

5. 예열한 팬에 현미유를 두르고 4를 올린 뒤 포크 등으로 눌러가며 앞뒤로 노릇노릇하게 굽는다.

• 무화과구이 •

INGREDIENT

☐ **무화과** 4~5개   ☐ **아기치즈** 1장   ☐ **현미유** 약간   ☐ **양파·애호박·파프리카** 30g씩   ☐ **다진 소고기·다진 돼지고기** 40g씩

1. 무화과는 껍질을 얇게 벗긴다.

2. 오목한 부분의 끝을 잘라낸다.

3. 무화과 속을 파내어 그릇 형태로 만든다.

4. 양파와 애호박, 파프리카는 잘게 다져 서 소고기, 돼지고기를 넣어 반죽한다.

5. 잘 섞어지면 아기치즈를 찢어 넣는다.

6. 3에서 파낸 무화과 과육도 함께 넣어 반죽한다.

7. 3의 무화과 그릇에 반죽을 넣는다.

8. 오븐 팬에 올려 현미유를 살짝 두르고 200도로 예열된 오븐에서 20분간 굽 는다.

• 고기튀김마늘종볶음 •

🔺 INGREDIENT

▫ **돼지고기**(안심) 50g

▫ **전분** 1T

▫ **튀김유** 여유있게 준비

▫ **마늘종** 100g

▫ **멸치육수** 200mL

1. 마늘종은 송송 썰고 양파는 채 썬다.

2. 돼지고기는 아이가 한입에 먹기 좋은 크기로 자른다.

3. 2에 전분을 묻힌다.

4. 적당한 온도의 기름에 3을 넣고 튀긴 후 키친타월에 올려 기름을 제거한다.

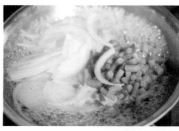

5. 팬에 멸치육수와 마늘종을 넣어 끓이다 가 채 썬 양파를 넣어 함께 볶는다.

6. 4의 닭고기 튀김을 넣어 한 번 더 볶아 낸다.

444

• 과일소스고기튀김 •

🍚 INGREDIENT

- □ **돼지고기**(안심) 100g
- □ **전분** 3T
- □ **튀김유** 여유있게 준비
- □ **과일소스**
  - **천혜향·사과** 1/2쪽씩
  - **전분** 3T

1. 천혜향과 사과를 먼저 믹서에 간 다음 전분을 넣고 한 번 더 간다.

2. 1을 팬에 붓고 뭉근히 졸이듯이 끓여 소스를 만든다.

3. 돼지고기는 아이가 한입에 먹기 좋은 크기로 잘라 전분에 버무린다.

4. 적당한 온도의 기름에 3을 넣고 튀긴다.

5. 4에 2를 뿌려 낸다.

445

• 애호박완자볶음 •

🍳 INGREDIENT

▫ **애호박** 100g   ▫ **멸치육수** 100mL

▫ **완자: 돼지고기** 30g, **소고기** 30g, **두부** 20g, **양송이버섯·애호박·파프리카·당근·양파·부추** 약간씩, **달걀** 1/2개, **전분** 1t

1. 돼지고기와 소고기는 손질하여 믹서에 갈아낸다.

2. 양송이버섯, 애호박, 파프리카, 당근, 양파, 부추는 아주 잘게 다진 뒤 면보에 짜서 물기를 한다.

3. 두부는 으깨어 면보에 싼 뒤 물기를 제거한다.

4. 볼에 2의 채소, 1의 고기, 3의 두부를 넣고 달걀을 넣고, 전분을 넣는다.

5. 치대어 반죽한다.

6. 작게 완자 형태로 만들어 찜기에서 찐다.

7. 애호박은 반달 모양으로 얇게 썰어 팬에 넣고 멸치육수를 부어 볶는다.

8. 국물이 자작해지면 6의 완자를 넣어 함께 볶는다.

• 전복찜 •

INGREDIENT

▢ **전복·무** 적당량씩   ▢ **레몬** 1개(생략 가능)   ▢ **청주** 500mL   ▢ **다시마**(큰 것) 1장

1. 무와 레몬은 최대한 얇게 썰어 전복의 수만큼 준비한다.

2. 전복은 껍질을 분리하여 손질한다.

3. 다시마는 젖은 행주로 닦는다. *먼지나 불순물을 제거하기 위해 닦는다.

4. 전복 껍질을 깨끗하게 씻어 손질한 전복을 올리고 그 위에 레몬을 얹는다.

5. 무를 레몬 위에 올린다.

6. 찜통에 김이 오르면 4를 올린 후 청주를 골고루 붓는다.

7. 3의 다시마를 얹고 청주를 다시 뿌린 후 2시간 쪄낸다. *2시간 동안 김이 계속 오르도록 약한 불과 중간 불 사이로 조절하며 오랜 시간 찐다.

🍶 INGREDIENT   □ 레몬 껍질 10g   □ 셀러리 10g   □ 소금 10g   □ 고추냉이 5g

1. 레몬 껍질과 셀러리를 잘게 다진다.

2. 1에 소금을 섞어 전자레인지에 20~30초 정도 가열한다.

3. 2의 레몬 셀러리 소금과 고추냉이를 함께 낸다.

• 두부새우전 •

INGREDIENT

- 새우 150g
- 두부 150g
- 양파·애호박·파프리카·
  양송이버섯·당근 20g씩
- 달걀 1개
- 현미유 약간

1. 양파, 애호박, 파프리카, 양송이버섯,
   당근은 잘게 다져 약불에서 서서히 볶
   은 뒤 식혀둔다.

2. 새우는 물기를 뺀 두부와 함께 푸드프
   로세서에 넣고 갈아낸다. *새우의 탱글탱
   글한 식감을 살리고 싶다면 칼로 다진다.

3. 1의 채소를 넣고 반죽한다.

4. 반죽을 적당한 크기로 떼어내 달걀물을
   입힌다.

5. 현미유를 두른 팬에 올리고 포크로 꾹
   눌러 모양을 잡은 뒤 노릇하게 구워낸
   다.

• 간장양념불고기 •

🔖 INGREDIENT

- □ **소고기**(불고기용) 300g
- □ **양파** 40g
- □ **애호박** 40g
- □ **양념**
  - – **멸치육수** 100mL
  - – **양파** 40g
  - – **마늘** 3톨
  - – **수제 맛간장** 1.5T(시판일 때도 동일)
  - – **쌀조청** 1T

1. 양념 재료 중 멸치육수와 양파, 마늘은 믹서에 갈아낸다.

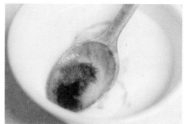

2. 1에 맛간장과 쌀조청을 섞어 양념을 만든다.

3. 양파와 애호박은 얇게 슬라이스한 뒤 적당한 크기로 썬다.

4. 볼에 소고기와 3의 채소를 담고 2의 양념을 부어 조물조물 무친 후 2~3시간 숙성한다.

5. 예열된 팬에 4를 올려 지글지글 굽는다.

• 깻잎전 •

🍳 INGREDIENT

□ 깻잎 10~15장　■ 다진 소고기 70g　■ 두부 50g　■ 소금 2t　□ 당근, 양파, 파프리카, 애호박 10g씩　■ 밀가루 20g　□ 달걀 1개
□ 유채유 약간

1. 당근, 양파, 파프리카, 애호박은 잘게 다져서 소금 1/2t과 유채유를 살짝 둘러 볶은 뒤 식혀서 준비한다.

2. 두부는 소금 1/2t을 뿌려 두었다가 물이 빠져나오면 으깨어 면보에 싸서 물기를 꼭 짜둔다.

3. 1의 채소와 2의 두부, 다진 소고기를 한데 모아 잘 섞어 소금 1t을 넣고 반죽한다.

4. 깻잎은 흐르는 물에 깨끗하게 씻어, 봉지에 밀가루를 조금 붓고 밀봉해 흔들어 겉면에 잘 묻도록 한다.

5. 깻잎의 뒷면 반쪽에만 반죽을 얇게 얹고, 나머지 반쪽으로 덮어준다.

6. 밀가루를 묻히고, 달걀물을 입힌다.

7. 팬에 유채유를 두르고 잘 구워준다. *이렇게 속에 익지 않은 재료를 넣는 부침류는 약불에 오래 구워 익혀야 한다.

453

· 매생이오징어전 ·

📏 INGREDIENT

☐ **매생이** 100g

☐ **당근** 30g

☐ **오징어** 100g

☐ **달걀** 1.5개

☐ **현미유** 약간

1. 달걀을 풀어 매생이와 믹서에 간 오징어를 넣어 섞는다.

2. 당근을 가늘게 채 썰어 넣는다.

3. 팬에 현미유를 두르고 노릇하게 구워낸다.

• 삼치강정 •

INGREDIENT

▢ **삼치**(필렛) 2쪽
▢ **전분** 적당량
▢ **현미유** 적당량
▢ **양념**
　- 간장 2/3T
　- 올리고당 1T
　- 다진마늘 1t

1. 삼치는 가시를 제거하고 살만 발라내 필렛 형태로 두 조각을 준비한다.

2. 1의 삼치 순살은 적당한 크기로 잘라 전분을 앞뒤로 묻힌다.

3. 팬에 현미유를 두르고 2의 삼치를 바삭하게 구워 키친타월에 올려두고 기름을 빼둔다.

4. 팬에 양념 재료를 넣어 바글바글 끓이다가 3의 삼치를 넣고 양념이 잘 배도록 살짝 더 조린다.

455

• 아란치니 •

🍳 INGREDIENT

□ 당근, 호박, 양파 60g씩 □ 파프리카, 양송이버섯 40g씩 □ 삶아서 다진 소고기 60g □ 밥 160g □ 토마토페이스트 35g □ 올리브유 2T
□ 튀김유 적당량 □ 생모차렐라치즈 35g □ 밀가루 30g □ 달걀 1개 □ 빵가루 80g

1. 당근, 양파, 양송이버섯, 애호박, 파프리카는 잘게 다진다.

2. 올리브유를 둘러 1의 채소를 볶다가 어느 정도 익으면 삶아서 잘게 다진 소고기도 함께 넣어 볶는다.

3. 밥을 먼저 넣은 뒤 토마토페이스트를 부어 함께 볶는다.

4. 잘 볶아진 밥은 펼쳐서 식혀준다.

5. 생모차렐라치즈는 깍둑썰기 한다.

6. 한 덩어리 밥을 펼쳐 위에 치즈를 얹고 밥으로 감싼다.

7. 동그랗게 모양을 만든다.

8. 밀가루-달걀-빵가루의 순서로 묻혀준다.

9. 적당한 온도의 기름에 노릇하게 튀겨준다. *너무 오래 튀길 필요는 없다. 재료들은 모두 익어 있는 상태이기 때문이다.

*아란치니는 이탈리아어로 '작은 오렌지' 라는 뜻이다. 작은 오렌지 모양이어서 그렇게 불린다는 아란치니는 시칠리아 대표 가정식이다.

**샤워크림 30g에 꿀 1T을 섞어 샤워소스로 만들어 찍어 먹어도 좋고, 무가당 요거트에 찍어 먹어도 맛있다.

• 오징어장조림 •

🥘 INGREDIENT

- □ **오징어**(몸통만) 145g
- □ **삶은 메추리알** 10개
- □ **양송이버섯** 30g
- □ **물** 100mL
- □ **마늘** 3톨
- □ **다시마** 1조각
- □ **수제 맛간장** 2T(시판일 때도 동일)
- □ **쌀조청** 1/2T

1. 오징어는 껍질을 벗겨 몸통 부분만 2cm 길이로 썬다.

2. 1에 간장과 쌀조청을 넣고 버무린다.

3. 양송이버섯은 적당한 크기로 썰어 2에 넣고 재운다. *이렇게 재운 재료는 바로 써도 되고, 한두 시간 정도 냉장고에서 숙성시켜 사용해도 좋다.

4. 팬에 3과 물을 붓고 삶은 메추리알과 통마늘을 넣고 뚜껑을 닫아 조린다.

5. 4가 한소끔 끓고 나면 중간 불로 줄이고 다시마를 넣고 끓인다.

6. 국물이 자작해질 때까지 조려낸다.

• 소고기장조림 •

🖹 INGREDIENT

- ☐ **소고기**(홍두깨살) 300g
- ☐ **삶은 메추리알** 10개
- ☐ **물** 100mL
- ☐ **마늘** 10톨
- ☐ **대파** 40g
- ☐ **간장** 2T
- ☐ **쌀조청** 1/2T

1. 소고기는 적어도 5시간 정도 물에 담가 핏물을 뺀다.

2. 압력솥에 소고기와 마늘, 대파를 넣고 재료가 잠길 정도로 물을 자작하게 부어 끓인다. 추가 돌기 시작하면 강한 불에 5분, 중간 불로 줄여 15분간 더 익힌다.

3. 푹 무르게 삶아진 고기는 건져내 최대한 잘게 찢는다. *2등분이나 3등분하여 먹기 좋게 썰어도 좋다.

4. 고기를 건져내고 남은 3의 육수는 체에 걸러(400g 정도) 냄비에 붓는다.

5. 육수에 간장과 쌀조청을 넣고 저어준다.

6. 3의 고기와 삶은 메추리알을 넣어 뚜껑을 덮고 국물이 자작해질 때까지 중불에 조린다.

• 두부가지전 •

🍲 INGREDIENT

☐ **가지** 1개 ☐ **밀가루** 약간 ☐ **달걀** 1개 ☐ **애호박·양파·당근·파프리카** 30g씩 ☐ **두부** 150g ☐ **현미유** 약간

1. 가지는 슬라이스하여 속을 파낸다. *파낸 가지속은 적당한 크기로 썰어 다른 요리(가지 토마토 스파게티 등)에 사용하면 좋다.

2. 양파, 애호박, 당근, 파프리카는 잘게 썬다.

3. 두부는 칼등으로 으깬 다음 수분을 뺀다.

4. 2의 채소를 팬에 넣고 한차례 볶아낸 후 식힌 다음 3을 섞는다.

5. 비닐봉지에 밀가루를 약간 넣은 후 가지를 넣고 입구를 봉한 다음 흔들어 가지에 밀가루를 묻힌다.

6. 가지에 묻은 밀가루를 살짝 털어낸 뒤 4를 넣는다.

7. 달걀을 풀어 6을 담근다.

8. 팬에 현미유를 둘러 구워낸다.

• 소고기짜장 •

INGREDIENT

- 다진소고기 200g
- 양파·당근·양송이버섯 100g씩
- 감자 150g
- 현미유 약간
- 물 400mL
- 전분물(전분 1T+물 2T)
- 짜장소스
  - 짜장가루 35g
  - 물 50mL

1. 감자, 양파, 당근, 양송이버섯은 채 썰어 다진다. *잘게 다지지 말고 1~1.5cm 정도로 식감을 느낄 수 있게 썰어도 좋다.

2. 팬에 1의 채소를 넣고 현미유를 둘러 볶는다.

3. 양파가 살짝 익으면 다진 소고기를 넣고 함께 볶는다.

4. 짜장소스 재료를 섞어 부어준다.

5. 물을 넣고 끓인다.

6. 전분물을 넣어 걸쭉해질 때까지 끓인다.

• 치킨텐더 •

📏 INGREDIENT

- 닭안심 300g
- 우유 100mL
- 밀가루 적당량
- 현미유 적당량
- 달걀 1개
- 빵가루 100g
- 바질가루 5g

1. 닭안심은 하룻밤 정도 우유에 담가 살을 부드럽게 한 뒤 깨끗하게 씻어 밀가루를 묻힌 후 달걀을 풀어 적신다.

2. 빵가루에 바질가루를 섞은 다음 2의 닭안심살에 골고루 묻힌다. *바질가루 대신 카레가루를 섞으면 케이준 양념이 된다.

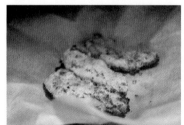

3. 오븐 용기에 담고 현미유를 살짝 뿌린 후 200도 오븐에서 20분, 230도에서 5~10분 익힌다.

• 양송이버섯그릇오븐구이 •

🍳 INGREDIENT

☐ **양송이버섯** 10개   ☐ **양파·파프리카·애호박** 60g   ☐ **현미유** 약간   ☐ **게살** 30g   ☐ **다진소고기** 50g

1. 양송이버섯은 껍질을 벗긴다. 밑둥부터 벗겨내면 쉽게 벗겨진다.

2. 밑둥은 뽑아 버리고 손질한 양송이버섯 은 물에 씻어 말린다.

3. 양파, 애호박, 파프리카는 잘게 썰어 팬 에 현미유를 둘러 볶는다.

4. 게살은 잘게 썬 다음 3의 채소볶음 절반과 함께 섞는다.

5. 4를 양송이에 잘 채운다. *게살맛 완성!

6. 남은 3의 채소볶음은 다진 소고기와 섞는다.

7. 6을 양송이에 꽉 눌러 채운다. *소고기 맛 완성!

8. 오븐팬에 담고 현미유를 뿌린다.

9. 220도로 예열된 오븐에서 15분 굽는다.

• 오징어볼튀김 •

🔲 INGREDIENT

□ **오징어** 150g
□ **브로콜리** 20g
□ **빵가루** 20g
□ **튀김유** 적당량

1. 오징어는 몸통을 제외한 나머지 부위를 푸드프로세서를 이용해 간다. °오징어를 갈 때는 씹는 맛을 위해 너무 곱게 갈지 말고 적당히 덩어리를 남긴다.

2. 브로콜리의 꽃 부분을 살짝 다져 넣고 섞어준다.

3. 2의 반죽 적정량을 손에 쥐고 주먹을 쥐어 엄지와 검지 사이로 빠져나오게 하여 뚝뚝 떼어낸다.

4. 반죽을 빵가루에 굴려준다.

5. 적당한 온도의 기름에 4를 넣어 튀긴다.

466

·전복버터구이·

INGREDIENT

- **전복** 7마리
- **버터** 30g
- **다진 마늘** 10g
- **셀러리** 30g
- **파프리카** 30g

1. 전복은 가는 솔로 깨끗이 닦아 껍질을 제거한다.

2. 1의 전복살에서 내장을 따로 분리하고 앞부분은 칼로 내리눌러 치아를 빼낸다.

3. 등 쪽에 칼집을 넣는다.

4. 달군 팬에 다진 마늘과 버터를 넣어 녹인다.

5. 4에 적당한 크기로 자른 셀러리와 파프리카를 넣고 볶는다.

6. 전복살을 넣고 앞뒤로 굽는다.

·오징어두루치기·

INGREDIENT

- **오징어** 250g
- **물** 150mL
- **파프리카** 80g
- **복숭아**(또는 사과나 배) 100g
- **물** 50mL

1. 오징어의 몸통은 가늘고 짧게 채 썬다.

2. 오징어 다리는 1~2mm 정도로 쫑쫑 썬다.

3. 파프리카와 복숭아는 작게 썰어 물 50mL를 넣고 믹서에 간다.

4. 팬에 손질한 오징어와 3을 넣고 조리듯 이 볶는다.

5. 지글지글 끓기 시작하면 150mL의 물 을 추가로 부어 푹 익을 때까지 끓인다.

· 삼치구이 ·

🍶 INGREDIENT

- □ **삼치** 1/2 마리
- □ **밀가루** 30g
- □ **카레가루** 1t
- □ **현미유** 약간

1. 삼치는 지느러미를 제거한다.

2. 세 조각으로 나눈다.

3. 밀가루에 카레가루를 섞어서 묻힌다.
*가루를 묻히지 않고 구워도 되고, 카레가루 없이 밀가루만 묻혀도 된다.

4. 현미유를 살짝 뿌려준다.

5. 230도로 예열한 오븐에서 15분 구워 낸다.

• 크림치즈새우볼튀김 •

INGREDIENT

□ 크림치즈 25g

□ 새우살 300g

□ 빵가루 20g

□ 현미유 약간

1. 새우살을 푸드프로세서나 믹서에 곱게
   간다.

2. 새우살 완자 안에 크림치즈를 넣는다.
   *새우살이 질척하기 때문에 새우살로 아래를
   깔고, 크림치즈를 얹은 뒤 그 위에 다시 새우살
   을 덮는 식으로 만든다.

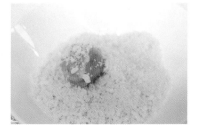

3. 2의 완자를 빵가루에 굴린다.

4. 현미유를 살짝 둘러 오븐 180도에서
   20분 굽는다.

• 양파링 · 파프리카링 •

🔩 INGREDIENT

- 양파 50g
- 파프리카 50g
- 달걀 1개
- 튀김용 쌀가루(또는 빵가루) 50g*
- 현미유 적당량

1. 양파와 파프리카는 링 형태로 썬다.

2. 달걀물에 1을 담근다.

3. 쌀가루를 묻힌다.

4. 3을 오븐 팬에 올리고 현미유를 뿌린다.

5. 185도로 예열한 오븐에서 10분간 굽고 뒤집어 다시 10분간 굽는다.

* 일반 쌀가루가 아닌 'Rice crumbs'라는 튀김용 쌀가루가 있다.

· 관자어묵 ·

⚖ INGREDIENT

- 흰살생선(대구살 또는 동태살) 150g   □ 새우살·키조개 관자 100g씩   □ 양파·파프리카·당근·애호박 40g씩   □ 전분 1.5T
- 밀가루 1.5T   □ 현미유 약간

1. 양파, 파프리카, 당근, 애호박은 모두 잘게 다진다.

2. 흰살생선과 내장을 제거한 새우살은 믹서에 곱게 간다.

3. 관자는 잘게 다진 후 믹서에 곱게 간다.

4. 1의 채소는 약불에서 은근하게 볶다가 다 볶아지면 불을 끄고 그대로 식힌다.

5. 2와 3의 해물과 4의 채소를 섞어 분량의 전분과 밀가루를 넣고 치대며 반죽한다.

6. 어묵 모양으로 만든다.

7. 오븐팬에 얹어 오일을 뿌린다.

8. 180도로 예열된 오븐에서 10분 굽고 뒤집어서 다시 10분 더 굽는다.

• 통새우전 •

🍳 INGREDIENT

☐ **새우** 10마리
☐ **밀가루** 약간
☐ **달걀** 1개
☐ **후추** 약간
☐ **현미유** 약간

1. 새우는 위아래로 칼집을 내어 내장을 제거하고 꼬리에 붙어있는 물총을 제거한다.

2. 손질한 새우는 배를 갈라 후추를 뿌려 준비해둔다.

3. 밀가루를 뿌려 골고루 묻힌 뒤 달걀옷을 입힌다.

4. 팬에 현미유를 두르고 앞뒤로 노릇하게 구워준다.

• 무화과 스크램블 •

🍯 INGREDIENT

- □ **무화과** 1/2개
- □ **달걀** 2개
- □ **현미유** 1T

1. 무화과는 껍질을 깎아 잘게 다진다.

2. 썰어둔 무화과와 달걀 1개를 잘 섞는다.

3. 팬에 현미유를 두르고 2를 부어 스크램블한다.

4. 3이 어느 정도 익으면 남은 달걀 1개를 풀어 넣어 함께 볶는다.

• 치즈완자토마토조림 •

🏋 INGREDIENT

▫ **치즈완자 : 다진 소고기** 350g, **다진 돼지고기** 350g, **양파** 100g, **다진 팽이버섯** 100g, **아기치즈** 3장 ▫ **애호박·양파·양송이버섯** 40g씩
▫ **옥수수가루** 10g ▫ **토마토소스 : 토마토** 100g, **양파** 30g

1. 치즈완자 재료 중 다진 양파와 팽이버섯은 다진 소고기, 돼지고기와 함께 섞어준다.

2. 잘 치대어 반죽하다가 치즈를 찢어 넣는다.

3. 둥글게 빚어서 완자로 준비해둔다.

476

4. 애호박은 반달썰기 하고 양파는 채 썬다.

5. 양송이버섯은 껍질을 벗겨낸 후 슬라이스한다.

6. 토마토소스 재료의 토마토와 양파는 적당한 크기로 잘라 믹서에 함께 넣고 간다.

7. 팬에 손질한 4, 5의 채소를 넣고 6의 소스 중 1/2만 부어 볶는다.

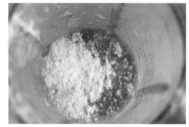

8. 남은 소스 1/2에는 옥수수가루를 넣고 믹서에 다시 간다. *걸쭉한 느낌을 내기 위해서 옥수수가루를 넣었는데 전분을 사용해도 된다.

9. 7의 채소가 어느 정도 익으면 3의 치즈 완자를 넣고 8을 부어 약한 불에서 조린다.

10. 완자가 살짝 익어 겉이 탱탱해진 듯하면 골고루 저어가며 익힌다.

· 크림치즈닭고기 ·

INGREDIENT

- 닭다리살 500g
- 크림치즈 20g
- 아기치즈 1장
- 데친 시금치 20g
- 우유 200g
- 후추 약간
- 파마산치즈가루 약간
- 현미유 1T

1. 크림치즈와 우유, 후추를 넣어 잘 섞어 준다.

2. 닭다리살은 현미유를 둘러 노릇하게 팬에 구워준다.

3. 닭다리살이 어느 정도 익으면 1의 소스를 부어 끓인다.

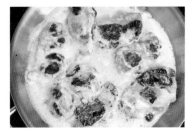

4. 소스가 자작해질 때까지 졸인다.

5. 아기치즈와 데친 시금치를 넣고 볶듯이 졸인 뒤 파마산치즈가루를 뿌리면 완성.

· 아보카도새우어묵 ·

🍽 INGREDIENT

- **아보카도** 70g
- **새우살** 150g,
- **양파, 애호박, 파프리카** 30g,
- 전분 1/2T
- 밀가루 1/2T
- **현미유** 약간

1. 아보카도는 껍질과 씨를 제거하고 믹서에 갈아낸다.

2. 새우살도 믹서에 갈아낸다.

3. 애호박, 양파, 파프리카는 잘게 다진다.

4. 1의 아보카도, 2의 새우, 3의 채소를 볼에 담고, 전분과 밀가루를 넣어 치대듯 반죽한다.

5. 완성된 반죽은 도마 위에 놓고 젓가락 등의 긴 꼬챙이를 이용해 모양을 잡는다.

6. 현미유를 살짝 뿌려 180도로 예열된 오븐에 10~15분 굽는다.

·토마토가지닭고기완자볶음·

🍳 INGREDIENT

☐ **가지** 100g   ☐ **방울토마토** 80g   ☐ **다진 닭안심** 200g   ☐ **다진 양파** 50g   ☐ **소스: 토마토** 100g, **배** 50g, **옥수수가루** 30g

1. 다진 닭안심과 다진 양파는 섞어 치대면서 반죽하여 완자 모양으로 빚는다.

2. 소스의 재료는 믹서에 넣고 갈아 준비한다.

3. 가지는 부채썰기 한다.

4. 방울토마토는 얇게 편으로 썬다.

5. 팬에 3의 가지와 2의 소스를 넣고 끓인 다.

6. 부글부글 끓기 시작하면 완자를 넣고 끓이다 완자가 어느 정도 단단해지면 4 의 방울토마토를 넣고 볶는다. °이때 완 자를 자주 뒤적이면 모양이 망가지므로 소스를 숟가락으로 적당히 끼얹어주면서 익힌다.

7. 국물이 자작해질 때까지 졸인다.

· 피클 ·

(700mL 한 병 분량)

INGREDIENT

- 오이 300g □ 무 150g □ 당근 100g □ 양배추 100g □ 파프리카 100g· □ 물 750mL □ 설탕 300g □ 식초 200mL
- 레몬 1/2개 □ 월계수잎 2개 □ 피클링스파이스 0.5T *

1. 오이는 베이킹소다로 문질러 박박 닦아
낸다.

2. 오이는 얇게(0.5cm 두께 정도) 썬다.

3. 양배추는 적당한 크기로 썰어 흐르는
물에 씻어낸다.

4. 무는 얇게(0.3c 두께 정도) 나박썰기 한다.

5. 파프리카도 1cm 정도의 크기로 썰어낸다.

6. 당근도 얇게 썰어 모양을 내본다.

7. 레몬은 얇게(0.5cm 두께 정도) 썰어 일부는 장식용으로 유리병 안쪽에 붙여주고, 일부는 4등분 하여 피클 재료로 넣는다.

8. 물에 설탕을 넣어 설탕이 모두 녹으면 피클링스파이스를 넣고 5분 끓여낸다.

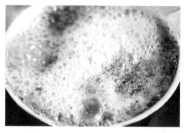

9. 5분이 지나면 식초를 넣어 3분 더 끓인다.

10. 유리병은 열탕소독한 후, 2~7의 피클 재료를 신속하게 넣어준다.

11. 월계수 잎을 맨 위에 올리고, 9의 단촛물을 부어준다. *뜨거운 단촛물을 바로 부으면 유리병이 깨질 수 있다.

*양이 많은 편이니 1/2 정도로 줄여 만들어도 좋다. 아이가 향에 민감하다면 피클링스파이스를 넣지 않도록 한다.

*원래 피클의 비율은 물:설탕:식초가 1:1:1이다. 아이가 먹을 피클이라서 1(물): 0.38(설탕): 0.25(식초)의 비율로 만들었다. 이렇게 만들고 나면 4~5개월 보관 가능하고, 3개월 이내에 먹는 것이 가장 맛이 좋다.

• 옥수수크림소스게살볶음 •

🍳 INGREDIENT

□ 버터 2g □ 다진마늘 1g □ 멸치육수 20mL □ 게살 100g □ 애호박 60g □ 양파·파프리카·새송이버섯 40g씩 □ 우유 100mL
□ 옥수수가루 3t

1. 애호박은 얇게 반달썰기 한다.

2. 양파와 파프리카는 얇게 채 썬다.

3. 새송이버섯은 얇게 저민다.

4. 예열된 팬에 버터를 녹인 후 다진 마늘을 넣고 향이 나게 볶는다.

5. 1, 2의 애호박과 양파를 넣고 향이 잘 배어들도록 살짝 볶다가 멸치육수를 부어 볶는다.

6. 파프리카와 새송이버섯을 넣고 볶다가 숨이 죽으면 우유를 부어 끓인다.

7. 우유가 바글바글 끓어오르면 옥수수가루를 넣은 뒤 뭉치지 않도록 잘 저어가며 볶는다.

8. 어느 정도 볶아지면 게살을 넣고 조리듯 볶아낸다.

• 토마토가지찜 •

🍲 INGREDIENT

□ **토마토** 100g □ **사과** 100g □ **옥수수가루** 30g(또는 전분 10g) □ **멸치육수** 100mL □ **양파** 50g □ **애호박** 50g □ **다진소고기** 100g
□ **가지** 1개

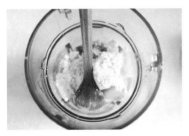

1. 토마토와 사과, 멸치육수와 옥수수가루는 믹서에 갈아낸다.

2. 양파는 잘게 다진다.

3. 애호박도 잘게 다진다.

4. 다진 소고기에 2의 양파와 3의 애호박
을 넣고 치대어 소를 만든다.

5. 가지는 표면을 깨끗하게 씻어 3등분 한
다.

6. 이렇게 벌려질 정도로 칼집을 내어준
다.

7. 가지에 4의 소를 꽉꽉 채워 넣는다.

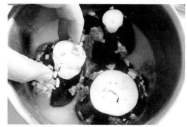

8. 1의 소스 1/3을 붓고 가지를 거꾸로 넣
어준다. *남은 소는 그냥 넣어주도 된다.

9. 남은 남은 소스를 찰박하게 부어 중불
에 20분 이상 끓여낸다.

10. 중간에 계속 소스도 끼얹고 뒤적거려
주어야 한다. 이렇게 끓여서 소스가
졸아들고 가지가 말캉하게 익으면 완
성!

• 단호박튀김 •

🔩 INGREDIENT

☐ **단호박** 1통(약 650g)

☐ **튀김유** 적당량

☐ **튀김반죽**

　– **박력분** 70g

　– **옥수수전분** 50g

　– **달걀**(노른자만) 1개

　– **물** 150mL

　– **얼음** 100g

1. 단호박은 전자레인지에 2~3분 정도 돌려 살짝 무르게 한 뒤 얇게 저미듯 썰어준다.

2. 썰어낸 단호박은 밀가루를 고루 묻혀 준비한다. *밀가루를 묻히지 않으면 튀기는 과정에서 튀김옷이 그대로 벗겨지기 때문이다.

3. 튀김반죽 재료를 섞어 준비한다. 평소 만들던 튀김반죽보다 더 묽게 흘러내릴 정도로 만든다.

4. 밀가루 묻힌 단호박을 반죽에 넣어 고루 묻힌다.

5. 기름에 넣어 튀긴다. *보통 튀김은 160~180도 정도의 온도에서 하는데, 180도 정도로 좀 더 높게 온도를 맞춰놓고 튀긴다.

6. 한 번 더 튀기면 더욱 바삭해진다.

• 달걀찜 •

⚖ **INGREDIENT**

- 당근·애호박·양파 10g씩
- 달걀 1개
- 멸치육수 30mL

1. 양파와 애호박, 당근은 잘게 다진다.

2. 달걀은 풀어서 알끈을 제거한다.

3. 1과 2에 멸치육수를 부어 섞어둔다.

4. 중탕한다.

Chapter 4

맛있는
한 그릇 매일 반찬

• 머위나물들깨볶음 •

🏺 INGREDIENT

□ **머위나물** 40g
□ **양파** 20g
□ **멸치육수** 50mL
□ **들깻가루** 1T

1. 머위나물은 깨끗이 씻어 대를 잘라낸다. *머위대는 질기므로 잎만 사용한다.

2. 끓는 물에 넣어 삶은 다음 적당한 크기로 썬다. *머위나물은 질기고 거친 편이므로 다른 나물보다 더 오래 삶아준다.

3. 팬에 2의 머위나물과 멸치육수와 들깻가루를 넣어 볶는다.

4. 가늘게 채 썬 양파를 넣는다.

5. 양파가 익을 때까지 볶는다.

• 돌나물천혜향무침 •

INGREDIENT

- 돌나물 50g
- 천혜향 1개

1. 돌나물은 흐르는 물에 깨끗이 씻어 준비한다.

2. 세척한 돌나물을 끓는 물에 넣어 삶는다.

3. 잘 삶아진 돌나물은 찬물에 헹군 다음 잘게 썬다.

4. 천혜향은 껍질을 벗겨 믹서에 간다.

5. 3에 4를 부어 버무려준다. *이때 껍질을 벗긴 천혜향을 고명으로 넣으면 좋다.

·오징어채볶음·

⚖ INGREDIENT

▫ **오징어채** 100g

▫ **마요네즈** 10g

▫ **양념**
 – 들기름 1/2T
 – 올리고당 1.5T
 – 간장 1/2T

▫ **깨** 1T

1. 오징어채는 가위로 잘게 썬다.

2. 1에 마요네즈를 넣고 버무린다.

3. 2를 실온에 한 시간 둔다.

4. 냄비에 양념 재료를 넣고 바글바글 끓여 반 정도로 졸여졌다 싶으면 불을 끈다.

5. 4에 3을 넣어 버무린다. *불을 켠 상태에서 오징어채를 넣어 볶으면 딱딱해지므로 반드시 불을 끄고 한다.

6. 깨를 뿌린다.

• 가지조림 •

⚖ INGREDIENT

- **가지** 1개
- **파프리카** 60g
- **배** 1/4쪽
- **멸치육수** 100mL

1. 가지는 반달 모양으로 얇게 썰어준다.

2. 배와 파프리카는 믹서에 갈아서 가지에 부어준다.

3. 국물이 자작해질 때까지 졸인다.

·감자카레볶음·

INGREDIENT

- 감자 100g
- 양파 30g
- 물 1T
- 현미유 1t
- 카레가루 1/2T

1. 감자는 가늘게 채 썬 다음 물에 담가 5분 정도 두었다가 체에 밭쳐 물에 헹군다. *감자를 물에 담궈 전분기를 빼주면 팬에 눌어붙거나 뭉치지 않는다.

2. 양파는 가늘게 채 썬다.

3. 팬에 1과 2를 넣고 물을 넣어 약불로 익힌다. *감자볶음은 저수분, 저오일, 혹은 무오일로도 가능한다.

4. 3의 감자가 익어 투명해지면 분량의 카레가루를 넣어 감자가 망가지지 않게 살살 저어가며 볶는다.

5. 현미유를 뿌려 코팅시키듯 볶아내면 완성!

• 연근조림 •

🏋 INGREDIENT

- □ **연근** 200g
- □ **비트** 50g
- □ **배** 100g
- □ **토마토** 1/2개
- □ **물** 200mL
- □ **참기름** 1T

1. 비트와 배, 토마토는 분량의 물을 넣어 믹서에 간다.

2. 연근은 반을 갈라 얇게 썬다.

3. 압력솥에 2의 연근을 넣고 1의 소스를 부은 뒤 참기름을 넣어 잘 섞이도록 젓는다.

4. 압력솥에 밥을 지을 때보다 5분 정도 더 추를 돌려 찐다.

• 토마토관자볶음 •

🍳 INGREDIENT

□ **관자** 140g(2개)   □ **가지·애호박** 50g   □ **토마토** 120g   □ **양파** 30g

1. 키조개 관자는 슬라이스하여 쌀뜨물에 하룻밤 담근다. *쌀뜨물에 담가두면 짠맛과 비린내를 제거할 수 있다.

2. 물기를 제거한 관자는 채 썬다.

3. 토마토와 양파는 믹서에 갈아 소스를 만든다.

4. 가지와 애호박은 부채썰기 한다.

5. 손질한 4의 채소를 팬에 넣고 3의 소스 1/2을 부어 볶는다.

6. 채소가 어느 정도 익으면 2의 관자와 3의 남은 소스를 넣는다.

7. 센 불에서 재료가 익을 정도로만 빠르게 볶는다.

·버섯소고기카레볶음·

INGREDIENT

- **백만송이버섯** 30g
- **소고기** 30g
- **카레가루** 1/2T
- **멸치육수** 50g
- **참기름** 1/2T

1. 백만송이버섯은 잘게 찢고 소고기는 채 썬다.

2. 팬에 백만송이버섯을 넣고 멸치육수를 자작하게 부어 볶다가 1의 소고기를 넣어 함께 볶는다.

3. 고기가 어느 정도 익으면 참기름과 카레가루를 뿌려 볶는다.

• 적채오이조림 •

INGREDIENT

- **적채** 100g
- **오이** 1개 반
- **물** 약간

1. 적채는 가늘게 채 썬다.

2. 오이는 적당히 썰어 물을 약간 넣고 믹서로 곱게 간다.

3. 1과 2를 냄비에 함께 넣어 조린다.

4. 적채가 잘 익을 때까지 물기 없이 졸여 주면 완성.

• 밤조림 •

🍯 INGREDIENT

□ **껍질 깐 밤** 10개
□ **배** 1개
□ **물** 100mL

1. 배는 적당한 크기로 잘라 믹서에 물과 함께 넣어 갈아서 체에 걸러 즙만 사용한다.

2. 냄비에 밤을 넣고 1의 배즙을 부어 조린다.

3. 물기가 없어질 때까지 밤을 졸여주면 완성!

502

• 전복토마토조림 •

⚖ INGREDIENT

□ **전복** 2마리
□ **토마토** 1개
□ **물** 20mL

1. 전복은 손질하여 편으로 얇게 썬다.

2. 토마토와 물을 넣어 믹서에 간다.

3. 1과 2를 팬에 넣어 조린다.

4. 물기 없이 졸여주면 완성!

•비름나물닭고기카레볶음•

🍳 INGREDIENT

□ **비름나물** 100g □ **닭안심** 100g □ **멸치육수** 200mL □ **카레가루** 1~2t □ **빵가루** 40g

1. 비름나물은 흐르는 물에 깨끗하게 씻는다.

2. 끓는 물에 살짝 데친다.

3. 체에 밭쳐 찬물에 헹구어낸다.

4. 1cm 정도 크기로 썬다.

5. 닭안심도 먹기 좋은 크기로 썰어둔다.

6. 멸치육수에 4의 비름나물과 5의 닭고기를 넣고 끓인다.

7. 국물이 자작하게 남아있을 때 빵가루와 카레가루를 넣어 볶는다. *빵가루를 넣으면 볶음류 자체가 조금 되직해져 식감이 부드러워지고 고소한 맛이 난다.

•팽이버섯채소볶음•

⚖ INGREDIENT

- 팽이버섯 40g
- 양파 10g
- 애호박 10g
- 당근 10g
- 멸치육수(또는 야채스톡) 30mL
- 현미유 1/2T
- 깨소금 1/2T

1. 애호박과 당근은 얇게 반달썰기 한다.

2. 팽이버섯은 3등분으로 썬다.

3. 팬에 1, 2의 재료를 넣고 멸치육수를 부어 볶는다.

4. 채소가 어느 정도 익으면 현미유와 깨소금을 넣어 볶아낸다.

·토마토소고기볶음·

INGREDIENT

- **토마토** 1개
- **다진소고기** 60g
- **양파** 20g
- **가지** 20g

1. 토마토는 속을 파내어 껍질 부분을 얇게 채 썬다.

2. 가지와 양파는 얇게 채 썰어준다.

3. 팬에 1, 2의 재료와 다진 소고기를 넣어 약불에 볶는다.

4. 재료들이 익을 때까지 볶아내면 완성!
*약불에 조금 더 긴 시간 조리를 하면 채소에서 나오는 수분만으로 무수분 요리가 가능하다.

·채소구이·

🍳 INGREDIENT

□ **채소**(토마토·브로콜리·
　가지·파프리카 등) 적당량
□ **올리브유** 1T

1. 채소는 아이가 먹기 좋은 크기로 썬다.

2. 1의 채소를 올리브유에 버무려 30분
정도 냉장고에서 숙성시킨다.

3. 190도로 예열된 오븐에서 20분간 굽
는다.

• 매생이무나물 •

⚖ INGREDIENT

▫ **매생이** 100g

▫ **무** 200g

▫ **당근** 40g

▫ **멸치육수** 100mL

1. 무와 당근은 가늘게 채 썬다.

2. 냄비에 1과 멸치육수를 넣고 약불에서 뚜껑을 덮고 익힌다.

3. 무와 당근이 모두 익으면 손질한 매생이를 넣는다.

4. 재료가 고루고루 섞이도록 볶아내면 완성.

• 냉이버섯볶음 •

🗄 INGREDIENT

□ **냉이** 40g

□ **새송이버섯** 40g

□ **멸치육수** 100mL

□ **전분물**(전분 1T+물 2T)

1. 냉이는 깨끗하게 손질하여 잘게 다진 다.

2. 버섯은 얇게 슬라이스하여 채 썬다.

3. 팬에 1, 2의 채소를 담고 멸치육수를 부어 끓인다.

4. 채소가 거의 익고 육수가 자작하게 졸 아 들면 전분물을 넣어 한 번 더 볶는 다.

• 고사리들깨볶음 •

INGREDIENT

- 삶은 고사리 100g
- 멸치육수 100mL
- 들깻가루 3T
- 대파 10g

1. 고사리는 찬물에 충분히 불려 삶은 후 1cm 간격으로 썬다. *불리고 삶는 것이 번거로우면 생협이나 일반마트에서 삶은 고사리를 사는 것도 방법이다.

2. 대파는 잘게 썬다.

3. 끓는 멸치육수에 손질한 고사리를 넣고 들깻가루를 넣어 자작하게 졸여주듯 볶는다.

4. 자작하게 볶아지면 2의 대파를 넣어서 좀 더 볶아준다.

• 흰살생선달걀말이 •

🍴 INGREDIENT

▫ **흰살생선**(갈아낸 것) 50g

▫ **달걀** 2개

▫ **대파** 10g

1. 대파는 잘게 다진다.

2. 달걀과 갈아낸 흰살생선, 1의 다진 파를 넣어 섞는다.

3. 예열된 팬에 기름을 두르고 2를 붓는다.

4. 가장자리부터 조심스레 말아준다.

5. 돌돌 말아 불을 끈 뒤 잔열로 속을 익힌 후 식으면 적당한 크기로 썬다. *달걀말이는 식힌 후 썰어야 깔끔하다.

· 바지락가지볶음 ·

INGREDIENT

- **가지** 200g
- **바지락** 100g
- **멸치육수** 100mL
- **들깻가루** 1T

1. 가지는 막대 모양으로 썰어 팬에 깔고
   그 위에 들깻가루를 뿌린다.

2. 바지락은 잘게 다진다.

3. 팬에 1, 2를 담는다.

4. 멸치육수를 부어 졸이듯이 끓인다.

• 콜라비토마토들깨볶음 •

INGREDIENT

□ **콜라비** 250g

□ **멸치육수** 200mL

□ **들깻가루** 2T

□ **소스**
 − **멸치육수** 100mL
 − **토마토** 150g
 − **양파** 40g

1. 콜라비는 최대한 얇게 채 썬다.

2. 소스 재료 중 토마토와 양파, 멸치육수는 믹서에 넣어 갈아서 소스를 만든다.

3. 팬에 1과 2를 넣고 끓인다.

4. 들깻가루를 넣고 콜라비가 무를 때까지 멸치육수를 넣어가며 푹 끓인다.

• 꼬마새송이버섯조림 •

INGREDIENT

- **꼬마새송이버섯** 200g
- **다진소고기** 100g
- **파프리카** 100g
- **배** 100g
- **양파** 40g
- **물** 100mL
- **맛술** 1T

1. 배, 파프리카, 양파는 적당한 크기로 썰어 믹서에 간다.

2. 꼬마새송이는 최대한 얇게 편으로 썬다.

3. 2에 1과 맛술을 넣고 섞는다.

4. 3에 분량의 소고기를 넣어 섞은 뒤 반나절 정도 냉장고에서 숙성시킨다.

5. 팬에 올려 물을 넣고 졸이듯이 끓여낸다.

• 애호박키위볶음 •

⚖ INGREDIENT

□ **애호박** 200g
□ **골드키위** 100g
□ **양파** 30g
□ **멸치육수** 50mL

1. 애호박은 얇게 부채썰기 한다.

2. 멸치육수와 키위, 양파는 적당히 썰어 믹서에 간다.

3. 팬에 1과 2를 넣고 졸이듯이 볶아낸다.

• 감자호박우유조림 •

🍳 INGREDIENT

- 감자 200g
- 단호박 100g
- 우유 200mL

1. 감자와 단호박은 깍둑썰기 한다.

2. 1을 전자레인지에서 1분간 돌려 겉면이 설익을 정도로만 익힌다.

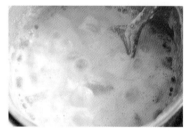

3. 냄비에 2와 우유를 넣고 그대로 눋지 않게 약불에 푹 익힌다. *먼저 익는 단호박 은 으스러져 자연스럽게 달콤한 소스가 된다.

·과일채소볶음·

🔩 INGREDIENT

- □ **단단한 복숭아** 100g
- □ **토마토** 100g
- □ **파프리카** 60g
- □ **양파** 60g
- □ **애호박** 60g
- □ **멸치육수** 100mL
- □ **전분물**(전분 1T+물 2T)

1. 양파와 파프리카는 채 썰고, 애호박은 반달썰기 한다.

2. 단단한 복숭아는 슬라이스하여 채 썬다.

3. 방울토마토는 슬라이스하여 준비한다.

4. 과일과 채소를 한꺼번에 팬에 넣고 멸치육수를 부어 볶는다.

5. 채소와 과일이 어느 정도 숨이 죽으면 전분물을 넣어 한 번 더 볶는다.

· 소고기김볶음 ·

🏺 INGREDIENT

- 김 3장
- 꼬마건새우 7g
- 양파·애호박 각 70g
- 소고기 100g
- 들기름 1t

1. 김은 바삭하게 구워서 봉지에 넣고 손으로 부셔놓는다.

2. 1의 김과 건새우를 믹서에 넣고 함께 간다.

3. 양파와 애호박은 적당한 크기로 썬다.

4. 3과 분량의 소고기를 넣어 함께 볶는다.

5. 소고기가 어느 정도 볶아지면 2를 넣고 마저 볶는다.

6. 5의 채소가 물컹하게 익으면 들기름을 넣고 마저 볶는다.

• 돼지고기가지김무침 •

🍲 INGREDIENT

- 가지 200g
- 양파 70g
- 다진 돼지고기 100g
- 들기름 1t
- 구운 김 3장
- 찹쌀가루·옥수수가루
  20g 씩

1. 양파는 채 썰고 가지는 5cm 길이의 막
대처럼 두껍게 썬다.

2. 1에 돼지고기를 넣어 버무린다.

3. 찹쌀가루와 옥수수가루를 넣어 가지나
양파를 코팅하는 정도로만 섞는다.

4. 김이 오른 찜기에 3을 올리고 중불에서
20분 정도 찐 뒤 불에서 내린다.

5. 김은 비닐봉지에 넣어 잘게 부순 뒤 들
기름과 함께 4와 무친다.

• 가지파인애플들깨볶음 •

INGREDIENT

- 가지 150g
- 양파 50g
- 파인애플 70g
- 들깻가루 1T
- 멸치육수 100mL

1. 가지와 양파는 깨끗하게 씻은 후 채 썬다.

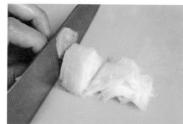

2. 파인애플도 얇게 편으로 썬다.

3. 팬에 1의 채소를 넣고 멸치육수를 부어 볶는다.

4. 양파와 가지가 흐물흐물해질 정도로 익으면 들깻가루를 넣어 볶는다.

5. 국물이 자작해지면 파인애플을 넣고 섞듯이 한 번 더 볶고 불을 끈다.

• 멜론닭고기볶음 •

INGREDIENT

□ **멜론**(껍질쪽에붙은단단
   한부분) 300g
□ **다진닭안심** 100g
□ **물** 150mL

1. 멜론의 단단한 과육을 가늘게 채 썬다.

2. 1을 팬에 넣고 물을 부어 볶는다.

3. 물이 끓어오르면 다진 닭안심을 넣고
   함께 끓인다.

4. 멜론이 무르게 익을 때까지 조리듯이
   볶아낸다.

· 두부카레조림 ·

🔖 INGREDIENT

□ **두부** 300g
□ **멸치육수** 200mL
□ **카레가루** 10g
□ **양파·파프리카·애호박**
  30g씩
□ **식용유** 약간

1. 두부는 납작하게 썬다.

2. 예열된 팬에 기름을 약간 두르고 두부를 굽는다.

3. 양파, 파프리카, 애호박은 잘게 다진다.

4. 멸치육수에 카레가루를 푼 다음 3의 채소를 넣어 끓인다.

5. 2의 두부를 넣고 조리듯이 끓인다.

· 매생이달걀말이 ·

⚖ INGREDIENT

□ **매생이** 50g
□ **달걀** 2개
□ **현미유** 약간

1. 매생이는 깨끗하게 씻은 후 끓인 물을 부어 부드럽게 만든다.

2. 1을 1.5cm 너비로 썬다.

3. 달걀 한 개를 풀어 2의 매생이와 잘 섞는다.

4. 예열된 프라이팬에 기름을 두르고 3을 부은 다음 가장자리부터 말기 시작한다.

5. 4를 모두 말면 나머지 달걀 한 개를 잘 푼 다음 그 옆으로 끼얹어 돌돌 말아준다.

• 시금치모차렐라달걀말이 •

🍳 INGREDIENT

- **시금치** 50g
- **모차렐라치즈** 5g
- **달걀** 1개
- **현미유** 약간

1. 시금치는 끓는 물에 데쳐서 잘게 다진다.

2. 예열한 팬에 현미유를 두르고 달걀을 풀어 붓는다.

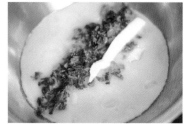

3. 2의 달걀 밑면이 살짝 익으면 시금치와 모차렐라 치즈를 올린다.

4. 끝부터 조금씩 돌돌 말아가며 익힌다.

5. 4가 식으면 적당한 크기로 썬다.

· 닭고기채소생크림볶음 ·

INGREDIENT

□ **닭고기**(안심) 100g

□ **양파·애호박** 50g씩

□ **파프리카** 30g

□ **멸치육수**(또는 물) 50mL

□ **생크림** 100g

□ **아기치즈** 1장

1. 양파와 파프리카는 채 썰고 애호박은 반달썰기 한다.

2. 닭고기는 1cm 정도의 크기로 썬다.

3. 팬에 1의 채소를 넣고 멸치육수를 부은 뒤 뚜껑을 닫아 약한 불에서 저수분으로 익힌다.

4. 채소가 어느 정도 익으면 2의 닭고기와 생크림을 넣어 볶는다.

5. 바글바글 끓고 소스가 배어들면 치즈를 넣어 녹여가며 볶아 마무리한다.

• 토마토가지생크림볶음 •

📛 INGREDIENT

- **토마토·가지** 100g씩
- **양파** 50g
- **생크림** 30g
- **새우가루** 1t
- **멸치육수** 50mL

1. 토마토는 믹서에 간다.

2. 양파는 채 썰고 가지는 길게 슬라이스 하여 1~1.5cm 너비로 썬다.

3. 팬에 2의 가지와 양파를 넣고 멸치육수 를 부어 뚜껑을 덮은 뒤 약한 불에서 저 수분으로 익힌다.

4. 가지가 충분히 익으면 1의 토마토를 부 어 조리듯 볶는다.

5. 자작하게 소스가 배면 생크림을 넣어 함께 볶는다.

6. 5에 새우가루를 넣고 센 불에서 살짝 볶아낸다.

527

• 닭고기애호박파프리카볶음 •

🍲 INGREDIENT

- **애호박** 200g
- **양파** 50g
- **닭고기** 100g
- **멸치육수** 100mL
- **파프리카** 100g
- **배** 50g

1. 애호박은 반달썰기 하고 양파는 채 썬다.

2. 닭고기는 깍둑썰기 한다.

3. 파프리카와 배는 믹서에 넣고 간다.

4. 체에 밭쳐 건더기만 따로 준비해둔다.

5. 팬에 1의 채소와 멸치육수를 넣고 끓이다가 2의 닭고기를 넣는다.

6. 채소와 고기가 어느 정도 익으면 4를 넣고 볶아낸다.

• 건새우숙주파프리카조림 •

🧂 INGREDIENT

- **숙주나물** 150g
- **꼬마 건새우** 10g
- **파프리카** 80g
- **멸치육수** 150mL

1. 숙주는 흐르는 물에 깨끗하게 씻어 1~2cm 길이로 썬다.

2. 파프리카는 베이킹소다로 문질러 깨끗하게 씻은 뒤 씨를 제거한다.

3. 믹서에 2의 파프리카와 멸치육수를 함께 넣고 곱게 간다.

4. 1의 숙주를 팬에 넣고 3을 부어 조린다.

5. 숙주가 살짝 익으면 건새우를 넣고 자작하게 조린다.

·숙주오이볶음·

INGREDIENT

□ **숙주** 150g

□ **오이** 200g

□ **멸치육수** 100mL

□ **참기름** 1t

1. 숙주는 흐르는 물에 깨끗하게 씻어 1~2cm 길이로 썬다.

2. 오이는 멸치육수와 함께 믹서에 넣고 간다.

3. 팬에 1의 숙주를 넣고 2를 부어 끓인다.

4. 국물이 졸아들 때까지 볶다가 참기름을 넣고 센 불에 한 번 더 볶아 마무리한다.

• 오이게살볶음 •

INGREDIENT

□ 게살 80g

□ 오이 150g

□ 양파 50g

□ 멸치육수 150mL

1. 오이는 동그랗게 슬라이스한다.

2. 양파는 채 썬다.

3. 팬에 오이, 양파와 함께 멸치육수를 넣고 볶는다.

4. 게살을 넣고 한 번 더 볶아낸다.

• 애호박사과새우볶음 •

INGREDIENT

□ **애호박** 200g

□ **사과** 100g

□ **새우살** 100g

□ **멸치육수** 150mL

1. 애호박과 사과는 채 썬다.

2. 새우살은 듬성듬성 썬다.

3. 팬에 1과 멸치육수를 넣고 애호박이 흐물흐물하게 익을 때까지 볶는다.

4. 흐물하게 익으면 새우살을 넣고 조리듯 볶는다.

• 우엉야콘사과조림 •

🏋 INGREDIENT

- □ **우엉** 100g
- □ **야콘** 50g
- □ **사과** 50g
- □ **멸치육수** 200mL

1. 우엉은 껍질을 벗긴 뒤 얇게 슬라이스 하여 가늘게 채 썬다.

2. 사과와 야콘은 적당한 크기로 잘라 믹 서에 넣고 간다.

3. 압력솥에 1, 2를 넣고 추가 돌기 시작 하면 중간 불로 줄여 10분간 둔다. *냄 비에다 할 경우에는 약불에서 뭉근하게 조린 다.

• 브로콜리무나물 •

🍶 INGREDIENT

□ 무 300g
□ 브로콜리가루 10g
□ 멸치육수 300mL

1. 무는 조금 두툼하게 채 썬다.

2. 냄비에 무를 넣고 멸치육수 중 200mL를 부은 후 뚜껑을 덮고 약한 불에서 10~15분간 익힌다.

3. 2에 브로콜리가루와 남은 멸치육수 100mL를 넣는다. *브로콜리가루는 생협이나 한 살림에 가면 쉽게 구할 수 있다.

4. 뒤적거려가며 3~4분 정도 말캉하게 익힌다.

534

• 양송이버섯블루베리조림 •

⚖ INGREDIENT

- ☐ **양송이버섯** 150g
- ☐ **블루베리** 150g
- ☐ **배** 200g
- ☐ **물** 100mL
- ☐ **잣** 10g

1. 양송이버섯은 껍질을 벗겨 듬성듬성 썬다.

2. 잣은 믹서에 간다.

3. 블루베리와 배는 믹서에 갈아내어 소스로 준비한다. *만들어둔 블루베리배소스 (180쪽)가 있다면 활용해도 좋다.

4. 1의 양송이버섯에 물과 3의 소스를 부어 끓인다.

5. 소스가 양송이에 잘 배이도록 조린다.

6. 어느 정도 졸아들면 2의 잣을 넣고 한소끔 더 조리듯이 볶는다.

• 애호박건새우볶음 •

INGREDIENT

- 애호박 200g
- 양파 100g
- 꼬마 건새우 10g
- 멸치육수 100mL
- 들기름 1t

1. 애호박은 반달썰기 하고 양파는 채 썬다.

2. 냄비에 1을 넣고 멸치육수를 부어 볶는다.

3. 채소가 살캉거리게 익으면 꼬마 건새우를 넣고 계속 볶는다.

4. 마지막으로 들기름을 넣고 달달 볶아낸다.

*549쪽 애호박건새우나물 레시피에 비해 좀 더 여리고 무르게 만들 수 있어 아이가 어릴 때 반찬으로 주기 좋다.

• 애호박크랜베리닭고기볶음 •

INGREDIENT

- 닭고기(안심) 100g
- 애호박 100g
- 팽이버섯 40g
- 말린 크랜베리 40g
- 멸치육수 100mL

1. 크랜베리는 뜨거운 물에 살짝 데쳐 유통 과정에서 바른 기름을 제거한다.

2. 팽이버섯은 송송 썰고 애호박은 반달썰기 한 뒤 멸치육수와 함께 넣어 볶는다.

3. 닭안심은 1~1.5cm 크기로 썰어 2에 넣고 함께 볶는다.

4. 3의 채소와 고기가 익으면 1의 크랜베리를 넣고 한 번 더 볶는다.

• 가지배콜라비나물 •

INGREDIENT

- □ **가지·콜라비** 100g씩
- □ **배** 50g
- □ **멸치육수** 300mL
- □ **들기름** 1t

1. 콜라비와 가지, 배는 가늘게 채 썬다.

2. 채 썬 콜라비에 멸치육수를 부어 볶는다.

3. 2의 콜라비가 반쯤 익으면 가지를 넣고 함께 더 볶는다.

4. 3의 콜라비와 가지가 거의 익었다 싶으면 채 썬 배를 넣어 함께 볶는다.

5. 4에 들기름을 두르고 센 불에서 한 번 더 볶아낸다.

• 가지파프리카사과볶음 •

🥄 INGREDIENT

- □ **가지** 100g
- □ **파프리카** 80g
- □ **사과** 100g
- □ **멸치육수** 150mL

1. 가지와 파프리카, 사과는 채 썬다.

2. 팬에 1을 넣고 멸치육수를 부어 볶는다.

3. 조리듯이 볶아낸다.

• 새송이버섯닭고기들깨볶음 •

INGREDIENT

□ **새송이버섯** 200g
□ **다진 닭안심** 100g
□ **멸치육수** 100mL
□ **들깻가루** 1t

1. 새송이버섯은 얇게 썬다.

2. 1을 팬에 넣고 멸치육수를 부어 볶는다.

3. 다진 닭고기를 넣어 함께 볶는다.

4. 닭고기 살이 익으면서 흩어지면 들깻가루를 넣고 육수가 졸아들 때까지 볶아낸다.

· 돼지고기부추볶음 ·

🍲 INGREDIENT

- **돼지고기**(가브리살) 100g
- **부추** 30g
- **멸치육수** 100mL
- **전분물**(전분 1T+물2T)

1. 돼지고기는 가늘게 채 썬다. *가브리살은 지방이 적지만 부드러워 아이 요리에 사용하기 좋은 식재료이다.

2. 부추는 깨끗하게 씻어 5cm 길이로 썬다. *여기서는 얇고 가는 영양 부추를 사용했다.

3. 양파는 가늘게 채 썬다.

4. 팬에 손질한 부추와 양파를 넣고 멸치육수를 부어 볶는다.

5. 4에 손질한 돼지고기를 넣고 함께 볶는다.

6. 5에 전분물을 넣고 걸쭉하게 볶아낸다.

•시금치사과양배추조림•

🍶 INGREDIENT

□ **양배추·시금치** 100g씩
□ **사과** 80g
□ **멸치육수** 100mL

1. 사과는 껍질을 벗겨 믹서에 갈기 좋은 크기로 자른다.

2. 시금치는 베이킹소다를 뿌려 물에 살짝 담가두었다가 흐르는 물에 씻는다.

3. 양배추는 얇게 슬라이스하여 시금치와 같은 방법으로 씻는다.

4. 믹서에 1과 2, 멸치육수를 함께 넣고 간다.

5. 냄비에 3과 4를 함께 넣고 양배추가 충분히 익고 수분 없이 자작해질 때까지 조린다.

• 시금치나물 •

🥄 INGREDIENT

- **시금치** 한 단(데쳐서 물기 짰을 때 100g 정도)
- **당근** 20g
- **간장** 1t
- **소금** 두 꼬집
- **참기름** 2g
- **들깻가루** 2g

1. 시금치는 밑단을 잘라내어 손질하고 깨끗하게 씻는다.

2. 물에 소금을 약간 넣어 끓이고 물이 끓으면 줄기 부분부터 입수시켜 살짝 데친다. *팔팔 끓는물에 넣고 바로 빼야 한다.

3. 데친 시금치는 찬물에서 바로 헹구어낸 뒤 물기를 꼭 짜서 소금 두 꼬집 정도 넣는다.

4. 들깻가루와 참기름을 넣는다.

5. 당근을 얇게 채 썰어 넣고 조물조물 무친다.

543

•비트두부소고기조림•

🔖 INGREDIENT

□ 비트소스
 - 비트 80g
 - 양파 30g
 - 사과 30g
 - 멸치육수 200mL

□ 두부 130g

□ 다진 소고기 50g

□ 현미유 약간

1. 비트소스의 재료를 모두 믹서에 넣고 갈아 준비한다.

2. 두부는 작게 네모로 썬 다음 팬에 현미유를 둘러 굽는다.

3. 노릇하게 구워지면 1의 비트소스를 붓는다.

4. 잘 섞어지면 바로 다진 소고기를 넣고 함께 볶는다.

544

• 게다리살채소볶음 •

INGREDIENT

- 게다리살 100g
- 애호박 100g
- 양파 50g
- 양송이버섯 40g
- 멸치육수 40mL

1. 애호박과 양송이버섯, 양파는 아이가 먹기 좋은 크기로 얇게 썬다.

2. 애호박-양파-양송이버섯 순으로 냄비에 담고 약한 불로 오래 익힌다.

3. 채소의 숨이 죽으면 멸치육수를 붓고 적당한 크기로 썬 게다리살을 넣어 함께 볶는다.

4. 중간 불로 올려 한 번 더 볶아낸다.

· 비트새송이조림 ·

INGREDIENT

- **비트** 80g
- **새송이버섯** 150g
- **양파** 30g
- **사과** 30g
- **멸치육수** 200mL

1. 새송이버섯은 얇게 편으로 썬다.

2. 비트와 사과, 양파는 적당한 크기로 자른다.

3. 2와 멸치육수를 믹서에 함께 넣고 갈아 소스를 만든다.

4. 냄비에 1을 넣고 3의 소스를 부어 조려 내듯 끓인다.

• 파프리카무나물 •

🍲 INGREDIENT

□ **무** 200g
□ **멸치육수** 200mL
□ **파프리카** 100g

1. 무는 가늘게 채 썬다.

2. 파프리카와 멸치육수는 함께 믹서에 간다.

3. 팬에 1의 무채를 넣고 2를 부어 볶는다.

• 메추리알단호박범벅 •

INGREDIENT

- □ 단호박 200g
- □ 삶은 메추리알 10~13알
- □ 들기름 1t
- □ 물 150mL
- □ 수제 맛간장 1t(시판일 때 도 동일)
- □ 쌀조청 1t

1. 단호박은 깍둑썰기 한 뒤 팬에 넣고 들기름을 둘러 볶는다.

2. 단호박 겉면이 익으면 물, 맛간장, 쌀조청을 모두 넣고 자박하게 조린다.

3. 어느 정도 단호박이 무르게 익으면 삶은 메추리알을 넣고 조금 더 조린다.

• 애호박건새우나물 •

INGREDIENT

- **들기름** 0.5T
- **다진마늘** 8g
- **애호박** 300g
- **양파** 80g
- **소금** 1.5g
- **깨소금**(또는 통깨) 0.5T
- **건새우** 10g

1. 애호박은 반을 쭉 갈라 반달썰기 한다.

2. 양파는 채 썰어서 1의 애호박과 한데 넣고 소금 1g 정도를 뿌려 버무린다.
*5~10분 정도 두면 삼투압에 의해 채소에서 물이 나온다.

3. 다진 마늘을 들기름에 볶다가 향이 올라오면 2를 넣는다.

4. 뚜껑을 덮어 중약불로 5분간 둔다.

5. 애호박과 양파가 살캉하게 익었다면 건새우와 깨소금을 넣고 살짝 뒤적인다.

*536쪽 애호박건새우볶음 레시피에 비해 좀 더 아이가 컸을 때 반찬으로 주기 좋다. 저수분 방법으로 만들어 애호박 식감이 살캉하다.

• 콜리플라워조림 •

INGREDIENT

- **콜리플라워** 100g
- **파프리카** 70g
- **사과** 100g
- **멸치육수** 200mL

1. 사과와 파프리카는 적당한 크기로 썬 뒤 믹서에 멸치육수와 함께 넣고 간다.

2. 콜리플라워는 잘게 잘라 물에 깨끗이 씻는다.

3. 팬에 2의 콜리플라워와 1의 소스를 넣고 조리듯이 익힌다.

• 브로콜리무단호박볶음 •

🍯 INGREDIENT

- 무 100g
- **브로콜리** 40g
- **삶은 단호박** 80g
- **멸치육수** 200mL

1. 무는 가늘게 채 썰고 브로콜리는 작게 잘라 끓는 물에 데친다.

2. 삶은 단호박은 칼등으로 눌러 으깬다.

3. 팬에 1의 무와 멸치육수를 넣고 볶다가 브로콜리를 넣는다.

4. 3에 2의 단호박을 넣고 육수에 풀어준다.

5. 채소가 익고 국물이 없어질 때까지 졸인다.

• 단호박오트밀볶음 •

INGREDIENT

☐ **단호박** 50g

☐ **오트밀** 20g

☐ **멸치육수** 200mL

1. 오트밀은 뜨거운 물에 10분 정도 불린다.

2. 단호박은 얇게 슬라이스하여 멸치육수에 넣어 볶는다.

3. 단호박이 살캉하게 익으면 1의 오트밀을 넣어 함께 볶는다.

4. 재료가 모두 익을 때까지 중불에 볶아낸다.

• 새우부추볶음 •

🍲 INGREDIENT

- □ **새우** 40g
- □ **부추** 40g
- □ **양파·파프리카** 20~30g
  씩
- □ **멸치육수** 100mL
- □ **전분물**(전분 1t+물 2t)

1. 새우는 아이가 먹기 좋은 크기로 썬다.

2. 양파와 파프리카는 채 썬다.

3. 부추는 1cm 길이로 썬다.

4. 팬에 2, 3의 채소를 넣고 멸치육수를 부어 볶는다.

5. 3의 채소가 어느 정도 숨이 죽으면 1의 새우살을 넣고 마저 볶는다.

6. 4의 국물이 자작하게 남아 있을 때 전분물을 넣어 걸쭉하게 볶는다.

·파프리카비름나물볶음·

🍲 INGREDIENT

- 비름나물 100g
- 파프리카 50g
- 멸치육수 200mL
- 들기름 1t

1. 비름나물은 깨끗하게 씻어 끓는 물에
데치고 1cm 길이로 썬다.

2. 파프리카는 채 썬다.

3. 팬에 손질한 채소를 넣고 육수를 부어
볶는다.

4. 3의 채소가 무르게 익으면 들기름을 넣
어 볶는다.

· 우엉소고기볶음 ·

⚖ INGREDIENT

- **우엉** 100g
- **다진소고기** 100g
- **멸치육수** 300mL
- **참기름** 1t

1. 우엉은 껍질을 벗겨 얇게 슬라이스한 후 네모로 썬다.

2. 압력솥에 1을 넣고 멸치육수를 부어 찐다. *밥을 할 때보다 추를 5분 더 돌린다.

3. 2를 그대로 팬에 붓고 다진 소고기를 넣어 함께 볶는다.

4. 물기가 없어질 때까지 볶다가 마지막에 참기름을 넣고 마저 볶는다.

•비름나물두부볶음•

⚖ INGREDIENT

□ **비름나물** 100g

□ **양파** 30g

□ **멸치육수** 200mL

□ **두부** 100g

□ **현미유** 약간

□ **참기름** 1t

1. 비름나물은 깨끗하게 씻어 끓는 물에 데치고 1cm 길이로 썬다.

2. 양파는 채 썬다.

3. 두부는 채 썰어 현미유를 살짝 둘러 굽는다.

4. 팬에 멸치육수를 붓고 1, 2의 채소를 넣어 볶는다.

5. 채소가 살짝 익으면 3의 구운 두부를 넣어 함께 볶는다.

556

• 오이부추된장무침 •

🔖 INGREDIENT

- □ **오이** 150g
- □ **영양부추** 20g
- □ **수제 저염된장** 25g(시판 된장 8g)
- □ **매실청** 5g
- □ **참기름** 3g

1. 오이는 껍질을 벗기고 얇게 썬다.

2. 부추도 적당한 길이로 썬다.

3. 된장에 매실청과 참기름을 섞어둔다.

4. 1의 오이, 2의 부추를 볼에 담고 3을 올려 무친다.

• 두부카레구이 •

INGREDIENT

▫ **두부** 100g
▫ **밀가루** 3T
▫ **카레가루** 1T
▫ **현미유** 약간

1. 밀가루와 카레가루를 잘 섞는다.

2. 두부를 적당한 크기로 썰어 1에 버무린다.

3. 예열된 팬에 식용유를 두르고 2의 두부를 올려 굽는다.

• 곰취사과무침 •

INGREDIENT

- 곰취 200g
- 사과 100g

1. 곰취는 깨끗하게 씻은 후 잎만 잘라 무르게 삶는다.

2. 1을 적당한 크기로 썬다.

3. 사과는 강판에 간다.

4. 2의 곰취에 3을 넣어 버무린다.

• 애호박콜리플라워카레볶음 •

INGREDIENT

□ **애호박** 50g

□ **콜리플라워** 5g

□ **멸치육수** 150mL

□ **카레가루** 1t

1. 애호박은 반달썰기 하고 콜리플라워는 적당한 크기로 썬다.

2. 팬에 1을 넣고 멸치육수를 부어 볶는다.

3. 채소가 무르게 익으면 카레가루를 넣어 잘 녹여가며 볶는다.

4. 양념이 배일 때까지 볶아낸다.

• 시금치새우볶음 •

🏷 INGREDIENT

- 시금치 100g
- 새우 40g
- 멸치육수 100mL
- 전분물(전분 1t+물 2t)

1. 새우살은 아이가 먹기 좋게 다진다.

2. 시금치는 끓는 물에 숨이 죽을 정도로 만 살짝 데친 후 잘게 다진다.

3. 팬에 1, 2를 넣고 멸치육수를 부어 볶 는다.

4. 채소와 새우가 어느 정도 익으면 전분 물을 넣어 걸쭉하게 볶는다.

·토마토채소볶음·

INGREDIENT

- □ **새송이·야콘·당근·양파** 30g씩
- □ **멸치육수** 100mL
- □ **토마토**(소) 1개
- □ **사과** 30g

1. 새송이·야콘·당근·양파는 모두 채 썬다.

2. 팬에 1의 채소를 넣고 멸치육수를 부어 볶는다.

3. 토마토와 사과는 믹서에 곱게 갈아서 넣고 볶는다.

•소고기무파볶음•

INGREDIENT

- **소고기** 50g
- **무** 50g
- **파** 30g
- **멸치육수** 200mL

1. 소고기는 얇게 슬라이스하여 가늘게 채
   썬다.

2. 파와 무는 가늘게 채 썬다.

3. 팬에 2의 채소를 넣고 멸치육수를 부어
   볶는다.

4. 3의 채소가 어느 정도 익으면 소고기를
   넣고 볶는다.

• 달래콩나물볶음 •

INGREDIENT

- 달래·콩나물 50g씩
- 멸치육수 200mL
- 참기름 1/2t
- 깨소금 1/2t

1. 깨끗하게 손질한 달래는 머리 부분은 칼등으로 눌러 으깬 후 잘게 다진다.
*머리 부분은 칼등으로 눌러 으깨주면 향이 더 풍부해진다.

2. 콩나물은 머리 부분을 떼어내고 4~5mm 길이로 썬다.

3. 팬에 손질한 달래와 콩나물을 넣고 멸치육수를 부어 볶는다.

4. 3의 육수가 자작해지고, 채소가 익으면 참기름과 깨소금을 넣어 볶아낸다.

• 달래새송이볶음 •

⚖ INGREDIENT

□ **달래** 50g

□ **새송이버섯** 100g

□ **멸치육수** 200mL

□ **참기름** 1/2t

□ **양파** 30g

1. 깨끗하게 손질한 달래는 머리 부분은 칼등으로 눌러 으깬 후 잘게 다진다.

2. 양파와 새송이버섯은 얇게 슬라이스한 다.

3. 팬에 손질한 1, 2의 채소를 넣고 멸치 육수를 부어 볶는다.

4. 3의 채소가 어느 정도 익으면 참기름을 넣어 볶아낸다.

*간이 필요할 때는 소금 한 꼬집을 넣어 준다.

• 가지돼지고기볶음 •

🍳 INGREDIENT

▫ **돼지고기**(가브리살) 100g
▫ **가지** 100g
▫ **양파** 30g
▫ **멸치육수** 200mL

1. 돼지고기는 얇게 채 썬다.

2. 가지는 얇게 슬라이스하고 양파는 채 썬다.

3. 팬에 2의 채소를 넣고 멸치육수를 부어 볶는다.

4. 3의 채소가 어느 정도 숨이 죽으면 1의 돼지고기를 넣고 볶아낸다.

• 애호박달걀볶음 •

🍳 INGREDIENT

- □ **애호박** 200g
- □ **달걀** 1개
- □ **멸치육수**(또는 야채스톡)
  200mL

1. 애호박은 반달썰기 한다.

2. 팬에 멸치육수를 붓고 끓이다가 끓기 시작하면 1의 애호박을 넣는다.

3. 국물이 자박해지면 달걀을 풀어 넣는 다. *달걀을 풀어 달걀물을 만들 때 알끈은 제 거하도록 한다.

4. 물기가 없어지고 호박과 달걀이 잘 익을 때까지 볶아낸다.

• 유채나물무침 •

🔲 INGREDIENT

□ **유채** 200g
□ **참기름** 1t
□ **깨소금** 1/2t

1. 유채는 잎 부분만 뜯어내어 깨끗하게 씻고 끓는 물에 넣어 충분히 삶는다.

2. 1의 삶은 유채는 찬물에 헹구어 잘게 썬다.

3. 2에 참기름과 깨소금을 넣어 무친다.

· 토마토무조림 ·

⚖ INGREDIENT

- 무 300g
- 배 50g
- 토마토 150g
- 양파 30g
- 멸치육수 200mL

1. 토마토는 깨끗하게 씻어 꼭지를 딴 후 믹서에 갈아 체에 거른다. *거르는 단계를 생략해도 무방하다.

2. 무는 얇게 깍둑썰기 한다.

3. 팬에 2의 무를 넣고 멸치육수와 함께 갈아낸 1의 토마토를 부어 볶는다.

4. 양파를 채 썰어 넣는다.

5. 배는 강판에 갈아준다.

6. 5의 배를 넣고 걸쭉하게 졸인다.

• 부추야콘닭고기조림 •

🔏 INGREDIENT

□ **닭안심** 100g

□ **멸치육수** 100mL

□ **부추** 40g

□ **야콘** 50g

1. 부추와 야콘, 멸치육수는 함께 믹서에 간다.

2. 닭안심은 삶아서 잘게 찢는다.

3. 2의 닭고기에 1을 넣고 조린다.

4. 국물이 자작해질 때까지 졸인다.

• 노루궁뎅이버섯파프리카조림 •

🍲 INGREDIENT

- 노루궁뎅이버섯 100g
- 멸치육수 100mL
- 파프리카 1개

1. 노루궁뎅이버섯은 깨끗하게 씻어 잘게 찢는다.

2. 파프리카와 멸치육수는 함께 믹서에 간다.

3. 팬에 1과 2를 넣고 조린다.

4. 국물이 자작해질 때까지 졸인다.

• 양송이버섯야콘조림 •

🎚 INGREDIENT

☐ **양송이버섯** 100g

☐ **멸치육수** 100mL

☐ **야콘** 60g

1. 양송이버섯은 얇게 슬라이스한다.

2. 야콘과 멸치육수는 함께 믹서에 간다.

3. 팬에 1과 2를 넣고 조린다.

4. 국물이 자작해질 때까지 졸인다.

• 미역콜라비볶음 •

INGREDIENT

- □ **콜라비** 40g
- □ **미역** 50g
- □ **당근** 20g
- □ **양파** 20g
- □ **들기름** 1t

1. 미역은 반나절 정도 불린 후 잘게 썬다.

2. 콜라비, 당근, 양파는 가늘게 채 썬다.

3. 냄비에 2의 콜라비와 당근을 넣고 멸치 육수를 부어 끓인다.

4. 채소의 숨이 죽으면 바로 미역을 넣는다.

5. 콜라비나 미역이 어느 정도 익으면 양파를 넣고 볶는다.

6. 마지막에 들기름을 넣어 볶아낸다.

• 가지청경채볶음 •

🍳 INGREDIENT

□ **가지** 80g

□ **청경채** 40g

□ **멸치육수** 200mL

□ **참기름** 1t

□ **전분물** 1T

1. 가지는 얇게 슬라이스하여 반달썰기 한다.

2. 청경채의 잎은 5mm로 썰고 줄기는 가늘게 채 썬다.

3. 팬에 1과 2의 채소를 넣고 멸치육수를 부어 볶는다.

4. 채소가 어느 정도 익으면 전분물을 넣어 볶는다

5. 마지막에 참기름을 넣어 살짝 볶아낸다.

· 오이콜라비볶음 ·

INGREDIENT

- □ **콜라비** 60g
- □ **오이** 100g
- □ **멸치육수** 300~500mL
- □ **참기름** 1t
- □ **깨소금** 약간

1. 콜라비와 오이는 가늘게 채 썬다.

2. 팬에 콜라비를 넣고 멸치육수를 1/2 정도 부어 끓이다가 콜라비가 어느 정도 익으면 오이를 넣고 나머지 육수를 추가하여 볶는다.

3. 채소가 모두 익고 국물이 자작해지면 참기름을 둘러 살짝 볶고 마지막에 깨소금을 뿌린다.

•당근소고기볶음•

🍚 INGREDIENT

- □ **당근** 200g
- □ **양파** 30g
- □ **멸치육수** 300mL
- □ **다진 소고기** 50g
- □ **식용유** 1t

1. 당근은 가늘게 채 썬다.

2. 양파도 얇게 슬라이스한다.

3. 팬에 1의 당근을 넣고 멸치육수를 부어 끓인다.

4. 다진 소고기는 한 번 볶은 뒤 당근이 어느 정도 익었을 때 양파와 함께 넣어 볶아준다.

5. 마지막으로 식용유를 넣어 볶아낸다.
   *당근에 많이 들어 있는 카로틴이 지용성이므로 기름을 넣어 조리하면 카로틴 흡수율을 높일 수 있다.

• 콜라비들깨볶음 •

INGREDIENT

- **콜라비** 1/2개
- **멸치육수** 300mL
- **들깻가루** 1T

1. 콜라비는 가늘게 채 썬다.

2. 팬에 콜라비를 넣고 멸치육수를 부어 중간 불에서 충분히 익힌다.

3. 콜라비가 무르게 익고 국물이 자작하게 줄면 들깻가루를 넣어 1분 정도 더 볶아낸다.

• 두부간장조림 •

INGREDIENT

□ 두부 150g

□ 현미유 약간

□ 양파 15g

□ 대파 10g

□ 조림장
  - 간장 1큰술
  - 쌀조청 1/2큰술
  - 멸치육수(또는 물) 4큰술
  - 다진마늘 1/2작은술
  - 들기름 1/2t
  - 다진파 10g

1. 양파는 가늘게 채 썰고 대파는 다진다.

2. 조림장 재료는 모두 섞어 준비해둔다.
*맛간장을 사용할 경우 조청은 따로 넣지 않아도 된다.

3. 두부는 기름을 두른 팬에 노릇하게 구워 기름기를 제거한 다음 냄비에 1의 양파를 깔고 그 위에 올린다.

4. 조림장을 끼얹어 약한 불에서 조린다.

5. 양파와 파가 흐물흐물하게 익어가고 양념장이 두부에 촉촉하게 배면 불에서 내린다. *파가 충분히 익지 않으면 아이의 입에는 맵게 느껴질 수 있으므로 약한 불에서 충분히 익힌다.

• 파프리카어묵볶음 •

INGREDIENT

- □ **네모난 어묵** 2장
- □ **양파** 30g
- □ **갈릭파우더** 1t(또는 다진 마늘 0.5t)
- □ **파프리카** 50g
- □ **멸치육수**(또는 물) 70mL
- □ **현미유** 1T

1. 어묵과 양파는 가늘게 채 썰어 현미유를 살짝만 둘러 향나게 볶는다.

2. 파프리카와 멸치육수를 함께 믹서에 간 뒤 넣어준다.

3. 갈릭파우더를 넣어 양파가 익을 때까지 볶아준다.

• 애호박오징어볶음 •

INGREDIENT

□ 애호박 125g

□ 오징어 145g

□ 다진마늘 1t

□ 소금 약간

□ 식용유 1T

□ 깨소금 1t

1. 애호박은 부채썰기 한다.

2. 오징어는 몸통 부분만 손질하여 가늘게 썬다.

3. 달군 팬에 식용유와 다진 마늘을 넣고 볶다가 손질한 애호박을 넣고 소금을 살짝 뿌려 볶는다.

4. 3에 2의 손질한 오징어를 넣어 볶는다.
  * 이렇게 볶다 보면 물이 많이 생기는데 그대로 국물이 자작하게 먹어도 좋고, 국물을 다 따라 내고 센 불에 볶아내도 좋다.

5. 깨소금을 넣어 고소함을 더한다. * 향을 내고 싶다면 말린 바질을 넣어도 좋다.

• 멸치볶음 •

🔖 **INGREDIENT**

- **멸치**(지리멸치) 80g
- **견과류**(해바라기씨, 호박
  씨, 부순 호두 및 캐슈넛
  등) 80g
- **올리고당** 2T

1. 예열된 팬에 멸치와 견과류를 넣고 타
   지 않게 중간 불에서 볶는다.

2. 부드럽게 볶으려면 불을 끈 상태에서
   올리고당 2T만 넣고 버무린다.

*바삭하게 볶으려면 약한 불로 줄인 후
올리고당 1T, 설탕 1/2T를 넣고 버무린
다.

581

· 채소달걀스크램블 ·

INGREDIENT

□ **애호박** 50g

□ **양파** 50g

□ **당근** 20g

□ **달걀** 1개

□ **다진마늘** 1t

□ **소금** 약간

□ **올리브유** 약간

□ **후춧가루** 약간

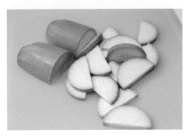

1. 당근과 양파는 얇게 채 썰고 애호박은 반달썰기 한다.

2. 예열된 팬에 올리브유를 두르고 다진 마늘과 소금을 넣어 볶는다.

3. 2에 당근을 먼저 넣고 양파, 애호박 순으로 넣어 볶는다.

4. 채소가 너무 무르지 않고 약간 살캉거릴 정도로 익으면 팬의 한쪽에 채소를 몰아놓고 한쪽에 달걀을 깨뜨려 넣고 스크램블한다.

5. 달걀이 잘 익으면 다른 채소와 섞어 함께 볶는다.

6. 마지막으로 후춧가루를 뿌려 마무리한다. *치즈를 갈아 올려줘도 좋다.

·표고버섯나물·

INGREDIENT

- □ **표고버섯** 200g
- □ **양파** 120g
- □ **당근** 40g
- □ **파프리카** 50g
- □ **들기름** 0.5T
- □ **다진마늘** 8g
- □ **국간장** 5mL
- □ **멸치육수** 20mL
- □ **깨소금**(또는 통깨) 0.5T

1. 표고버섯은 채 썰어둔다.

2. 양파, 당근도 채 썬다.

3. 팬에 들기름과 다진 마늘을 넣어 향나게 볶고, 1의 표고버섯과 2의 채소를 넣어 함께 볶는다.

4. 뚜껑을 덮고 약불에서 5분 정도 마늘의 매운 향이 날아갈 정도로 채소를 익힌 뒤 멸치육수를 붓고 국간장을 넣어 간을 맞춘다.

5. 파프리카를 채 썰어 넣어 마저 볶는다.
*처음부터 파프리카를 넣으면 흐물해진다.

583

• 메추리알무조림 •

INGREDIENT

- 무 50g
- **메추리알** 10~13개
- 물 200mL
- **수제 맛간장** 1.5T(시판일 때도 동일)
- **쌀조청** 1T
- **참기름** 1t

1. 메추리알은 미지근한 물에 담가 삶은 뒤 찬물에 담가두었다 껍질을 벗긴다.

2. 무는 깍둑썰기 한다.

3. 손질한 무와 메추리알에 물, 간장, 쌀 조청, 참기름을 넣고 함께 끓인다.

4. 뚜껑을 덮고 국물이 없어질 때까지 졸 인다.

• 감자볶음 •

INGREDIENT

- 감자 200g
- 당근·양파 50g씩
- 함초 소금 1t
- 현미유 약간

1. 감자, 당근, 양파는 가늘게 채 썬다.

2. 끓는 물에 1의 감자만 2분 정도 삶는 다. *감자를 삶아 쓰면 전분기가 제거되어 냄 비에 들러붙지 않고 빨리 조리할 수 있다.

3. 예열된 팬에 현미유를 두르고 1의 당근 과 양파를 먼저 볶는다.

4. 3의 당근과 양파가 어느 정도 익으면 2 의 감자를 넣고 함께 볶는다.

5. 재료가 잘 익었다 싶으면 함초 소금을 뿌린다. 취향에 따라 통깨를 뿌려도 좋 다.

*함초 소금은 일반 소금처럼 쓰면서 짜지 않고, 달면서 짠맛이 나는 기능성 소금이 다. 어떤 소금을 써도 무방하지만, '맛소 금'은 천일염에 MSG를 배합한 것이므로 아이 음식에는 사용하지 않도록 하자.

• 홍새우볶음 •

⚖ INGREDIENT

- 홍새우 80g
- 견과류 약간
- 올리고당 35g
- 통깨 약간

1. 홍새우는 견과류와 함께 비린 향이 날릴 정도로만 기름 없이 팬에 볶아준다.

2. 불을 끈 후, 올리고당을 부어 뒤적거려 새우에 올리고당이 코팅되도록 충분히 섞는다.

3. 깨를 뿌려 마무리한다.

• 흑임자감자채무침 •

INGREDIENT

- 감자 150g
- 소금 1t
- 요거트 60g
- 마요네즈 30g
- 올리고당 40g
- 흑임자 20g
- 잣 10g

1. 감자를 가늘게 채 썬다.

2. 물에 소금을 넣고 끓어오르면 1의 채 썬 감자를 넣어 1분 정도 둔다.

3. 끓는 물에 살짝 데친 2의 감자는 체에 밭쳐 찬물을 끼얹은 후 식힌다.

4. 요거트와 마요네즈, 올리고당, 흑임자와 잣을 믹서에 넣어 갈아준다.

5. 3의 감자에 4의 소스를 섞어준다.

587

• 가지단호박들깨볶음 •

🍳 INGREDIENT

☐ **가지** 100g

☐ **단호박** 300g

☐ **양파** 50g

☐ **들깻가루** 1T

☐ **멸치육수** 30mL

1. 단호박은 얇게 편으로 썬다.

2. 가지는 부채모양으로 얇게 썬다.

3. 팬의 밑바닥에 단호박을 먼저 깔고, 그 위로 가지를 얹는다.

4. 양파는 슬라이스하여 그 위로 얹고 멸치육수를 부어 볶는다.

5. 채소가 적당히 숨이 죽으면 들깻가루를 넣어 볶는다.

6. 국물이 자작해질 때까지 볶아낸다.

• 고구마줄기들깨볶음 •

INGREDIENT

- 고구마줄기(손질 전) 400g
- 양파 80g
- 다진 마늘 10g
- 참기름 1T
- 만능육수 200mL
- 국간장 0.5T
- 멸치가루 1T
- 들깻가루 10g
- 소금 1T

1. 줄기 대를 똑 부러뜨려 아래로 주욱 당기면 겉껍질(표면의 섬유질)이 벗겨진다.

2. 손질해준 고구마줄기는 깨끗이 헹구고 소금을 넣은 물에 10분간 삶는다.

3. 삶은 후 체에 밭쳐 물기를 빼준다.

4. 팬에 참기름을 넣고 다진 마늘을 넣어 볶아 향을 내준다.

5. 슬라이스한 양파와 3의 고구마줄기를 넣어 함께 볶는다.

6. 만능육수와 국간장, 멸치가루와 들깻가루를 넣고 자작해질 때까지 볶는다.
  *중불에서 뚜껑을 잠시 덮어두어도 좋다.

• 깻잎된장찜 •

INGREDIENT

- 깻잎 200g
- **수제 저염된장** 120g(시판
  된장 40g)
- 만능육수 60mL*
- 마늘 4g
- 조청 10g
- 새우가루 3g
- 멸치가루 5g
- 들기름 1T
- 쪽파 30g

1. 된장과 만능육수, 마늘, 조청, 새우가루, 멸치가루를 모두 믹서에 넣어 갈아낸다.

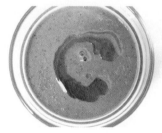

2. 갈아낸 1의 된장양념에 들기름을 넣어 섞어준다.

3. 쪽파를 송송 썰어넣는다.

4. 솔로 한 잎씩 양념을 발라준다. *너무 많이 바르면 짜기 때문에 두 장씩 해도 된다.

5. 찜기에 넣어 30분 이상 쪄낸다.

*만능육수 레시피 166쪽 참고

• 깻잎나물 •

INGREDIENT

- 깻잎 100g
- 당근 40g
- 다진마늘 2g
- 만능육수 50mL*
- 국간장 0.5T
- 들기름 0.5T
- 다진파 2T

1. 깻잎은 깨끗하게 씻어 먹기 좋은 크기로 썬다.

2. 당근은 얇게 채 썬다.

3. 끓는 물에 1의 깻잎과 2의 당근을 넣어 5분 정도 데쳐준다. *깻잎이 연하다면 바로 건져내도 된다.

4. 다진 마늘과 들기름을 넣어 볶다가 3의 데친 깻잎과 당근을 물기를 꼭 짠 뒤에 넣는다.

5. 만능육수를 부어 뚜껑을 덮고 중불에 10분 정도 둔 뒤 국간장으로 간을 맞추고 다진 파를 넣어 마무리한다.

*만능육수 레시피 166쪽 참고

591

•단무지•

INGREDIENT

□ 무 1kg □ 소금 30g □ 현미식초(총산 5~7%) 90mL □ 올리고당 120g □ 치자 2g □ 가는소금 1t

1. 무는 1cm 정도 두께로 넓게 슬라이스 한다.

2. 소금을 위에 흩뿌리되, 모든 면에 골고루 뿌려 1시간 정도 절인다. *통으로 절여도 되고, 반으로 갈라 절여도 되고, 채 썰어 절여도 된다.

3. 1시간 후 무를 뒤적거린 다음 물을 1L를 부어 8시간 그대로 절인다. *무를 절이는 시간 동안 5~6번 과정을 진행한다.

4. 무가 이렇게 휘어지면 잘 절여진 것이다. 무를 물에 헹구지 말고 그대로 건져둔다.

5. 치자는 다시백에 넣는다.

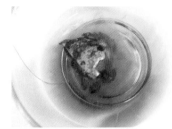

6. 물 300mL에 현미식초, 올리고당을 넣고 무를 절이는 8시간 동안 색이 우러나게 한다.

7. 8시간 후 충분히 우러나온 치자물에 물 700mL를 추가하여 끓어오를 때까지만 끓여준다.

8. 뜨거운 상태 그대로 절여서 건져두었던 무에 부어준다.

9. 식으면 냉장고에 넣어 일주일 숙성한다.

Chapter 5

정성 가득
한 그릇 특식

·허니레몬치킨·

🏺 INGREDIENT

☐ **레몬즙** 10g ☐ **레몬제스트** 약간 ☐ **꿀** 40g ☐ **물** 100mL ☐ **전분** 3g ☐ **닭안심**(혹은 닭가슴살) 270g ☐ **튀김유** 적당량 ☐ **루꼴라** 약간
☐ **튀김옷: 밀가루** 35g, **전분** 15g, **물** 35g, **달걀** 1/2개(25g)

1. 닭고기는 얇게 저미듯 썰어 후추와 소금으로 밑간한다.

2. 1의 닭고기를 우유에 3~4시간 이상 재워 살을 부드럽게 만들고 물에 씻어낸다.

3. 꿀, 레몬즙, 레몬제스트를 넣고 바글바글 끓이다가 전분을 물에 희석해 붓고 걸쭉해질 때까지 끓인다. *꿀 향이 싫으면 올리고당을 넣어주면 된다.

4. 소스에 쌉싸름한 맛의 루꼴라를 다져 넣는다.

5. 전분과 밀가루, 달걀과 물을 섞어 튀김 옷 반죽을 만든다.

6. 2의 닭을 넣어 반죽을 입힌다.

7. 기름에 두 번에 걸쳐 튀겨 4의 소스를 곁들여 먹는다.

• 깐풍기 •

🍳 INGREDIENT

□ **닭가슴살** 100g □ **파프리카·피망·양파** 20g씩 □ **멸치육수** 100mL □ **전분물**(전분 1T+물 2T) □ **튀김유** 적당량
□ **반죽: 전분** 3T, 달걀 흰자 1개, 물 1T □ **수제 굴소스** 1/2T(시판 굴소스 1t)

1. 닭가슴살은 아이의 한입 크기로 썬다.

2. 반죽의 재료를 섞어 튀김옷을 만든다.

3. 2에 닭고기를 넣어 튀김옷을 입힌다.

4. 적당한 온도의 기름에 3을 넣어 튀긴
다.

5. 닭고기가 노릇해질 정도로 튀긴 다음
키친타월에 올려 기름기를 제거한다.
* 전분을 묻혀 튀기면 심하게 바삭바삭하지 않
아 아이가 먹기에 딱 좋은 닭튀김이 된다.

6. 파프리카, 피망, 양파는 잘게 다진다.

7. 팬에 6의 채소를 넣고 멸치육수를 부어
볶는다.

8. 국물이 자작해지면 굴소스를 넣고 5의
닭튀김을 넣어 볶는다.

9. 8에 전분물을 부어 마저 볶아낸다.

•돼지등갈비구이•

INGREDIENT

- 돼지 등갈비 5대
- 토마토 50g
- 사과 50g
- 소금 1/2t

1. 토마토와 사과는 작은 크기로 썰어 소 금과 함께 믹서에 넣고 간다.

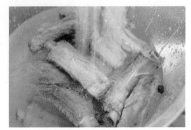

2. 등갈비는 핏물을 따로 빼지 않고 끓는 물에 넣어 삶은 후 흐르는 물에 씻어 이 물질을 제거한다.

3. 2의 등갈비에 1을 넣어 버무린 후 하룻 밤 재워둔다.

4. 오븐 용기에 넣어 200도에서 15분간 익힌다.

• 시금치오징어크림리소토 •

🍲 INGREDIENT

- □ **시금치** 100g
- □ **우유** 200g
- □ **간 오징어** 150g
- □ **밥** 200g
- □ **양파 · 파프리카 · 애호박** 30g씩
- □ **아기치즈** 1장

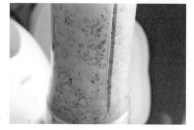

1. 시금치는 깨끗하게 씻어 우유와 함께 믹서로 간다.

2. 양파 · 파프리카 · 애호박은 잘게 다진 후 팬에 넣고 약한 불에서 볶는다.

3. 채소가 어느 정도 익으면 1을 넣고 함께 볶는다.

4. 간 오징어를 넣고 잘 풀어가면서 익힌다.

5. 끓어오르면 밥을 넣고 소스가 눅진해질 때까지 끓인다.

6. 마지막으로 아기치즈를 찢어 넣고 끓여 낸다.

601

• 단호박범벅 •

⚖ INGREDIENT

▫ **단호박**(찌기 전) 800g　▫ **강낭콩**(익히기 전) 150g　▫ **완두콩**(익히기 전) 50g　▫ **옥수수**(익히기 전) 75g　▫ **팥**(익히기 전) 100g　▫ **꿀** 30g
▫ **물** 600~800mL　▫ **쌀가루** 120g(또는 맵쌀가루 70g+찹쌀가루 50g)

1. 단호박은 잘 찐다.

2. 껍질을 벗겨내고 물 200mL를 넣어 으깬다.

3. 콩은 물에 불려둔다.

4. 팥은 푹 삶는다. *팥도 불려두었다가 삶으면
   더 좋다.

5. 2의 으깬 단호박에 물 200mL를 추가
   로 넣고 3의 콩, 4의 팥, 옥수수를 넣어
   섞는다.

6. 꿀과 쌀가루를 넣는다.

7. 물 200~400mL를 추가로 넣어가며
   약중불에서 오래 끓인다. *밥솥이나 오쿠
   를 이용해도 된다.

•함박스테이크•

🍳 INGREDIENT

□ 다진 돼지고기·다진 소고기 150g씩   □ 소금 5g   □ 후추 2g   □ 올리고당 30g   □ 빵가루 40g   □ 달걀 1개   □ 다진 마늘 11
□ 토마토페이스트 35g   □ 양파 200g   □ 올리브유 약간

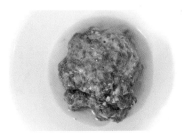

1. 다진 소고기와 돼지고기는 한데 모아 치대어 한 덩어리로 섞어지면 달걀을 넣는다.

2. 빵가루도 넣어 많이 치대어준다.

3. 토마토페이스트를 넣어 계속 반죽한다.

4. 팬에 올리브유를 두르고 다진 마늘을 넣어 향을 풍부하게 낸다.

5. 양파를 넣어 중불에 익혀가며 캬라멜 라이즈한 뒤 식혀준다.

6. 3의 반죽에 5의 양파를 넣고, 소금과 후추, 올리고당을 넣어 치대어 반죽한다.

7. 둥글게 모양을 잡아둔다.

8. 팬에 올리브유를 두르고 익힌다. *중약 불에 뚜껑을 덮어 다 익히고 난 뒤 위아래를 노릇하게 구워준다.

소스 만들기

🧂 INGREDIENT □ **스테이크소스** 1T □ **올리고당** 1T □ **굴소스**(또는 진간장) 1T □ **다진마늘** 1t □ **양파** 100g □ **방울토마토** 10~15개 □ **버터**(또는 올리브유) 30g

1. 버터를 녹여 마늘과 함께 볶다가 양파를 채 썰어 넣고, 방울토마토를 썰어 넣어 약불로 길게 무르게 익힌다.

2. 소스 재료 중 스테이크소스, 올리고당, 굴소스, 다진 마늘을 넣어 소스를 만든다.

3. 1의 채소에 2의 소스를 부어 걸쭉해질 때까지 끓인다.

• 홍합그라탱 •

📏 INGREDIENT

◻ **홍합살** 150g
◻ **토마토페이스트** 200g
◻ **파스타면** 70g
◻ **아기치즈** 2장

1. 홍합은 수염 부분을 제거하여 손질한다.

2. 파스타면은 충분히 무르게 삶는다.

3. 넉넉한 크기의 오븐 용기에 토마토페이스트 중 100g을 넣고 2의 파스타와 1의 홍합을 차례로 얹는다.

4. 나머지 토마토페이스트 100g을 마저 올린다.

5. 230도로 예열된 오븐에 넣고 10분간 굽는다.

6. 꺼내어 아기치즈를 얹고 200도에서 15분간 더 굽는다.

• 블루베리스피니치닭고기그라탱 •

🍲 INGREDIENT

- 블루베리·배 50g씩
- 시금치 50g
- 양파 30g
- 닭고기 50g
- 모차렐라치즈 40g
- 멸치육수 100mL
- 밥 150g

1. 블루베리는 배와 함께 믹서에 갈아 소스를 만든다. *만들어둔 블루베리배소스(180쪽)가 있다면 활용해도 좋다.

2. 양파는 잘게 다지고 시금치는 끓는 물에 살짝 데쳐낸 뒤 1cm 길이로 다져서 팬에 넣고 멸치육수를 부어 볶는다.

3. 닭고기를 다져서 바로 넣어 함께 볶는다.

4. 밥과 1의 소스를 함께 넣어 볶는다.

5. 오븐 용기에 5를 담고 모차렐라치즈를 밥을 덮을 정도로 올려 200도 오븐에서 10분간 익힌다.

• 팔라펠 •

INGREDIENT

☐ **피타브레드**(또는 또띠아) 1장　☐ **토마토, 오이, 파프리카** 적당량(취향에 따라 고수 잎)　☐ **요거트** 적당량　☐ **병아리콩** 200g　☐ **마늘** 1t
☐ **레몬즙** 1T　☐ **볶은깨** 2T(타히니 소스 대용)　☐ **올리브유** 1T　☐ **빵가루, 카레가루** 적당량

1. 병아리콩은 8시간 정도 물에 불린다.
*물은 콩이 잠길 정도로 부어주는데 불어나면서 콩이 잠기지 않으면 한번쯤 물을 더 부어준다.

2. 압력솥에 푹 삶는다. *추가 돌아가고도 20분 정도를 센불에 두고 내려서 뜸을 들이면 된다.

3. 삶아진 칙피를 건져 푸드프로세서에 넣고 볶은 참깨와 레몬즙, 올리브유, 마늘을 넣고 으깨어준다.

4. 완자 형태로 만들어준다.

5. 빵가루와 카레가루를 섞어 완자에 옷을 입혀준다.

6. 200도로 예열한 오븐에서 15분 구워 낸다.

7. 함께 먹을 채소를 적당량, 적당한 크기로 취향에 맞게 준비한다.

8. 피타브레드에 잘 구워진 6을 넣고 7의 채소를 곁들여 요거트를 끼얹어 먹으면 된다.

• 전복리소토 •

INGREDIENT

- 다진마늘 5g
- 현미유 1/2t
- 부추 10g
- 양파·당근·파프리카 20g씩
- 밥 100g
- 아기치즈 1장
- 우유 150mL
- 전복내장 10g

1. 달궈진 팬에 현미유를 두르고 다진 마늘을 볶는다.

2. 부추, 양파, 당근, 파프리카는 잘게 다져 넣고 볶는다.

3. 채소가 어느 정도 익으면 전복내장을 넣어 섞는다.

4. 우유를 넣고 끓인다.

5. 바글바글 끓으면 아기치즈를 넣는다.

6. 밥을 넣어 볶는다. *기호에 따라 김가루를 뿌려서 먹는다.

• 콥샐러드 •

🍳 INGREDIENT

- 닭가슴살 200g
- 베이컨 5장
- 삶은 달걀 2개
- 아보카도 1/2개
- 오이, 토마토, 찐 단호박,
  과일 등 취향에 따라
- 현미유 약간
- 렌치드레싱
  - 마요네즈 2t
  - 레몬즙 2t
  - 꿀 1t
  - 플레인 요거트 4t
  - 소금 한꼬집

1. 닭가슴살은 후추를 뿌려둔다.

2. 팬에 현미유를 두르고 앞뒤로 잘 굽는다.

3. 베이컨은 앞뒤로 바삭하게 굽는다.

4. 삶은 달걀은 노른자가 부서지지 않게 편으로 썬다.

5. 취향에 따라 고른 모든 재료는 깍둑썰기 한다.

6. 렌치드레싱 재료를 모두 섞어 취향대로 뿌려 먹는다.

611

· 코티지파이 ·

🍴 INGREDIENT

□ **감자** 200g   □ **버터** 7g   □ **우유** 100mL   □ **고기 볶음: 다진 돼지고기** 50g, **다진 소고기** 75g, **양파·피망·파프리카·양송이버섯** 30g씩
□ **토마토소스: 수제 토마토케첩** 35g(시판 토마토케첩 7g), **파프리카** 30g

1. 감자는 조각내어 물에 삶는다.

2. 1의 감자에 버터를 넣고 으깨다 우유를 넣어 곱게 으깬다. *감자를 삶지 않고 쪘다면 수분 함량이 삶았을 때보다 적으므로 우유의 양을 조금 더 많이 한다.

3. 양파, 양송이, 애호박, 파프리카, 피망은 잘게 썬다.

4. 3의 채소를 볶다가 다진 소고기와 돼지
고기를 넣고 중간 불로 볶는다.

5. 토마토소스 재료는 믹서에 넣어 간 다
음 걸쭉하게 끓인다.

6. 4에 5를 부어 끓인다.

7. 오븐 용기에 6을 담고 2를 얹어 뚜껑처
럼 고루 펼친다.

8. 220도로 예열된 오븐에서 15~20분
굽는다.

•두부스테이크•

INGREDIENT

- 두부 1모
- 소금 약간
- 후추 약간
- 달걀 1/2개
- 밀가루 20g
- 빵가루 40g
- 당근·양파·애호박·파프리카 40g씩
- 현미유 약간

1. 두부는 칼등으로 눌러 으깨어 천에 넣고 물기를 짠다. *만들기 전날 소금 약간 섞어놓고 채반에 받쳐둔 채 냉장고에 넣어두었다가 천에 넣어 짜면 물기가 더욱 잘 제거된다.

2. 당근, 양파, 애호박, 파프리카는 잘게 다진 뒤 팬에 볶아 충분히 식힌다.

3. 1의 두부에 식힌 2의 채소를 넣고 잘 섞는다.

4. 밀가루와 빵가루, 달걀을 넣고 둥글고 납작하게 만든다.

5. 팬에 현미유를 두르고 반죽을 올려 앞뒤로 구워준다. *스테이크소스를 곁들여 먹어도 좋다.

• 새우마요 •

🏋 INGREDIENT

- **새우** 225g
- **튀김유** 적당량
- **빵가루** 적당량
- **튀김옷**
  - **밀가루** 70g
  - **전분** 30g
  - **물** 75mL
  - **달걀** 1개
- **소스**
  - **레몬즙** 1/2T
  - **레몬제스터** 1t
  - **마요네즈** 20g
  - **꿀** 10g
  - **물** 20g

1. 새우는 꼬리 부분 물총과 내장을 제거하여 손질한다.

2. 소스 재료 중 레몬즙, 마요네즈, 꿀, 물을 넣어 끓여서 걸쭉한 소스를 만든 뒤 레몬제스터도 넣어준다.

3. 밀가루, 전분, 물, 달걀을 넣어 튀김옷을 만든다.

4. 튀김옷에 적신 새우를 빵가루에 굴려준다.

5. 새우를 적당한 온도의 기름에 튀겨준다.

6. 두 번 튀기면 더욱 바삭한 식감이 된다. 2의 소스를 올려 먹으면 된다.

• 매생이크림스튜 •

🍯 INGREDIENT

□ **버터** 10g □ **감자** 100g □ **당근** 40g □ **닭고기** 100g □ **다진마늘** 0.5t(또는 마늘가루 1t) □ **우유** 200mL □ **양송이버섯** 30g
□ **매생이** 50g

1. 닭고기는 아이가 먹기 적당한 크기로 작게 썬다.

2. 감자와 당근은 작게 썰어 둘레를 동그스름하게 깎는다. *둘레를 깎아주면 조리 과정에서 부딪쳐도 모양이 잘 으깨어지지 않는다.

3. 양송이버섯은 껍질을 벗겨 감자나 당근과 비슷한 크기로 썬다.

616

4. 달군 팬에 버터를 넣어 녹인 후 2의 감자와 당근을 넣어 볶는다.

5. 4의 채소가 반 정도 익으면 1의 닭고기를 넣어 함께 볶는다.

6. 우유와 매생이를 믹서에 갈아 넣고 끓인다. *우유 대신 생크림을 넣으면 맛이 깊어진다.

7. 양송이버섯과 다진 마늘을 넣고 채소가 완전히 익을 때까지 끓인다.

•크랩로제리소토•

🍲 INGREDIENT

□ **토마토** 50g   □ **빨강 파프리카** 40g   □ **양파** 40g   □ **우유** 50mL   □ **다진 마늘** 3g   □ **현미유** 약간   □ **꽃게살** 100g   □ **밥** 80g
□ **아기치즈** 1장   □ **토마토소스: 토마토** 50g, **파프리카** 40g

1. 토마토소스 재료의 토마토와 파프리카는 믹서에 함께 간다.

2. 팬에 현미유를 두르고 다진 마늘을 넣어 향이 나게 볶는다.

3. 파프리카와 양파를 잘게 다져 넣고 함께 볶는다.

4. 채소가 어느 정도 익으면 밥을 넣고 볶는다.

5. 1의 토마토소스를 붓고 볶다가 우유를 넣는다.

6. 끓이다가 아기치즈를 넣고 섞어준다.

7. 마지막에 꽃게살을 넣어 볶아낸다.

• 방풍나물퀴노아리소토 •

🍳 INGREDIENT

□ **방풍나물** 30g □ **양파·애호박** 25g씩 □ **현미유** 약간 □ **쌀·퀴노아** 30g씩(또는 밥 100g) □ **토마토** 50g □ **아기치즈** 1장
□ **토마토소스: 토마토** 140g, **양파** 40g, **멸치육수** 50mL

1. 퀴노아와 쌀은 조리하기 3~4시간 전 물에 담가 불린다. *퀴노아는 그냥 씻으면 버려지는 양이 많으므로 고운체에 담아 흐르는 물에 씻는다.

2. 토마토소스 재료는 함께 믹서에 갈아 준비해둔다.

3. 방풍나물은 잎만 떼어 흐르는 물에 씻어내고 베이킹소다를 푼 물에 담가두었다가 흐르는 물에 한 번 더 씻는다.

4. 3의 방풍나물을 끓는 물에 5분 정도 삶은 다음 찬물에 헹구어 잘게 썬다.

5. 애호박과 양파는 잘게 썬다.

6. 팬에 손질한 채소와 1의 쌀과 퀴노아, 현미유를 넣고 함께 볶는다.

7. 쌀알이 투명해지면 2의 소스를 넣어 끓인다. *소스는 한꺼번에 넣지 말고 재료가 잠길 정도로만 부었다가 끓이면서 조금씩 더 넣는다.

8. 7에 깍둑썰기 한 토마토를 넣는다.

9. 재료가 모두 익고 소스가 배어들면 마지막으로 아기치즈를 넣고 볶아 마무리한다.

*이름도 생소한 방풍나물. 초록 잎채소치고 잎이 꽤나 질깃하고 쌉쌀한 맛이 나기 때문에 새로운 재료나 맛에 예민한 아이들은 시금치 등 평범한 잎채소로 대체해준다.

• 매생이단호박리소토 •

INGREDIENT

- 단호박 150g
- 매생이 120g
- 오징어 100g
- 참기름 1t
- 밥 150g
- 우유 100g
- 새송이버섯·피망 30g씩
- 파프리카·양파·애호박 40g씩

1. 단호박은 쪄서 속을 파낸다.

2. 새송이버섯, 피망, 파프리카, 양파, 애호박은 잘게 다져서 팬에 넣고 살살 볶는다.

3. 2의 채소가 어느 정도 익으면 깨끗이 씻은 매생이와 참기름을 넣고 볶는다.

4. 잘 섞어지면 밥을 넣고 볶는다.

5. 우유와 1의 단호박을 넣고 함께 끓인다.

6. 믹서에 갈아낸 오징어를 넣고 적당한 농도가 될 때까지 끓인다.

· 아보카도바나나크림리소토 ·

🍳 INGREDIENT

- **닭안심** 100g
- **밥** 200g
- **양파·파프리카·애호박**
  40g씩
- **아보카도크림소스**
  - **아보카도** 70g
  - **바나나** 40g
  - **우유** 200g

1. 아보카도크림소스 재료는 믹서에 넣고 간다.

2. 양파와 파프리카, 애호박은 잘게 다져 팬에 넣고 약한 불에서 볶는다.

3. 닭안심은 1~2cm로 잘라 넣어 함께 볶는다.

4. 3이 어느 정도 볶아지면 밥을 넣고 함께 볶는다.

5. 1의 아보카도크림소스를 부어 걸쭉하게 끓인다.

• 단호박통구이 •

🔲 INGREDIENT

□ **미니 단호박** 1통(300g)　□ **다진 돼지고기·소고기** 25g씩　□ **양파·애호박** 15g씩　□ **파프리카·피망** 10g씩　□ **아기치즈** 1장
□ **토마토페이스트** 50g

1. 단호박은 껍질을 벗긴 후 윗면을 도려내어 뚜껑을 만든다.

2. 1의 씨를 파내고 속살은 긁어서 따로 놓는다.

3. 양파, 애호박, 파프리카, 피망은 잘게 썬다.

4. 볼에 3의 채소와 다진 돼지고기, 소고기를 넣고 함께 치대어 섞는다.

5. 2에서 파낸 단호박 속살과 토마토페이스트를 넣어 함께 섞는다.

6. 2의 단호박은 랩을 씌우거나 비닐봉지에 넣어 전자레인지에서 8분 조리한다.
* 찜통에 찌면 너무 푹 물러질 수 있다.

7. 5의 소를 가득 채운다.

8. 아기치즈를 올리고 단호박 뚜껑을 덮어 220도 오븐에서 20분간 굽는다.

• 닭봉구이 •

🍳 INGREDIENT

□ 닭봉 300g(8~10개) ■ 양파 100g ■ 우유 적당량 □ 다진마늘 1T □ 다진파 1/2T ■ 월계수 잎 1장 □ 후추 한꼬집
□ 소스: 간장 1.5T, 쌀조청(또는 올리고당) 1.5T, 다진마늘 1T, 물 2T, 맛술 1T □ 다진 견과류 약간

1. 닭봉은 다진 마늘을 넣고 우유를 부어 후추를 뿌린 뒤 3~4시간 담가둔다.
*고기를 연하게 하고 잡내를 제거하는 과정이다.

2. 소스 재료를 모두 섞어 준비해둔다.

3. 1의 닭봉을 물로 깨끗이 씻어 물기를 제거한 뒤 칼집을 넣는다.

4. 달군 팬에 식용유를 약간 두르고 3을 올려 겉면을 튀기듯 굽는다.

5. 2의 양념장을 부어 중간 불로 조린다.

6. 양파는 깍둑썰기 하여 넣는다.

7. 월계수 잎을 넣는다. *이 단계는 생략해도 된다.

8. 양파와 닭봉이 어느 정도 익으면 불을 세게 올려 조린다.

9. 고소한 맛을 더하기 위해 8에 다진 견과류를 넣어 볶는다.

10. 9를 그릇에 담고 다진 파를 뿌린다.

• 김리소토 •

INGREDIENT

- □ **당근·애호박·양파·양송이버섯** 50g씩
- □ **멸치육수** 50mL
- □ **우유** 200mL
- □ **김** 3~4장
- □ **밥** 150g

1. 당근, 애호박, 양파, 양송이버섯은 모두 잘게 다진다.

2. 김은 바삭하게 구워 믹서에 간다.

3. 팬에 1의 채소를 넣고 멸치육수를 부어 볶는다.

4. 채소가 숨이 죽으면 우유 중 100mL를 넣어 끓인다.

5. 밥과 2의 김을 넣어 볶는다.

6. 5에 남은 우유 100mL를 넣어 1분 정도 뒤적이며 졸이듯 볶는다.

· 미역리소토 ·

INGREDIENT

- 불린 미역 100g
- 양파 · 당근 · 파프리카 30g씩
- 밥 150g
- 버터 3g
- 멸치육수 200mL
- 우유 100mL

1. 물에 불린 미역은 믹서에 간다.

2. 양파, 당근, 파프리카는 잘게 다진다.

3. 달군 팬에 버터를 녹이고 2의 채소와 1의 미역을 넣어 볶는다.

4. 밥을 넣어 함께 볶는다.

5. 멸치육수와 우유를 넣고 끓인다.

6. 국물이 되직해질 때까지 볶아낸다.

• 로스트치킨 •

⚖ INGREDIENT

□ 닭 1.4kg   □ 귤 2개(또는 오렌지 1/2개나 레몬 1개)   ■ 단호박·브로콜리 40g씩   □ 마늘 10톨   ■ 양파 50g   □ 감자 100g   □ 고구마 100g
□ 당근 50g   ■ 방울토마토 7알   ■ 닭 마리네이드: 올리브유 50g, 마늘 20g, 바질 2T, 소금 2t   ■ 채소 마리네이드: 올리브유 20g, 마늘 5g, 바질 1T

1. 귤은 얇게 슬라이스한다.

2. 닭은 깨끗이 씻어 손질한 뒤 몸통 안에 1의 귤과 마늘을 채운다.

3. 재료가 빠져나오지 않도록 2의 닭다리를 꼬아 실로 묶는다.

4. 닭 마리네이드 재료를 모두 섞는다.

5. 오븐 용기에 3의 닭을 넣고 4를 끼얹어 골고루 바른다. *양념한 닭은 랩 등으로 덮은 뒤 냉장고에 넣어 반나절이나 4시간 정도 재웠다 조리해도 좋다.

6. 200도로 예열한 오븐에 5를 넣고 40~50분간 익힌다. *오븐 안쪽이 더 잘 익는 경향이 있으므로 중간에 한 번쯤 방향을 바꿔준다.

7. 감자, 당근, 고구마는 물에 삶는데 당근과 고구마는 5분, 감자는 13~15분 정도 익히고 브로콜리는 끓는 물에 살짝만 데쳐낸다.

8. 커다란 볼에 7의 채소와 반을 자른 방울토마토를 넣고, 채소 마리네이드 재료를 모두 섞어 부은 뒤 잘 버무린다.

9. 닭이 노릇노릇 구워지면 넓적한 용기를 준비하여 바닥에 양파를 깔고 그 위에 닭을 얹은 다음 8의 채소를 둘러준다.

10. 9를 다시 오븐에 넣고 230도로 온도를 올려 15분간 굽는다. *종이호일을 덮어 구우면 윗면을 태우지 않고 속까지 잘 익힐 수 있다.

• 서양식만두그라탱 •

🍲 INGREDIENT

◻ **만두소: 돼지고기** 50g, **소고기** 30g, **두부** 60g, **숙주** 60g ◼ **토마토페이스트** 100g ◼ **다진채소**(당근, 양파, 파프리카, 부추) 100~150g
◻ **가지** 200g ◼ **아기치즈** 2장(또는 모차렐라치즈 50g)

1. 팬에 다진 채소를 넣고 물을 자작하게 부어 볶은 다음 식힌다.

2. 가지는 얇게 슬라이스한 뒤 찜통에 쪄서 식힌다.

3. 만두소 재료 중 돼지고기와 소고기는 다지고, 두부는 으깨고, 숙주와 부추는 잘게 다져 반죽한다.

632

4. 만두소에 토마토페이스트를 넣고 비비듯 섞는다.

5. 오븐기의 바닥에 4의 양념 만두소를 깔고 그 위로 1의 볶은 채소를 얹은 후 다시 양념 만두소를 얹고 그 위로는 2의 가지를 얹는다.

6. 230도 오븐에 넣어 20분간 굽는다.

7. 모차렐라치즈를 가볍게 뿌리거나 아기치즈를 얹어 230도에서 5분간 굽는다.

• 찜닭 •

🍴 INGREDIENT

□ **닭고기**(안심) 150g　　□ **감자** 75g　　□ **당근** 40g　　□ **마늘** 3톨　　□ **양파** 40g　　□ **애호박** 30g　　□ **당면** 55g(30분 이상 물에 불려서 준비)
□ **물** 200mL　　□ **전분물**(전분 1T+물 2T)　　□ **찜닭 양념:** 다진마늘 2g, 간장 1.5T, 쌀조청 1/2T

1. 당근과 감자는 모양틀로 찍어내거나 돌려 깎아 모서리 없이 둥글게 손질한다.

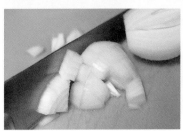

2. 애호박과 양파는 잘게 썬다.

3. 닭안심은 가로세로 1cm 정도로 썬다.

4. 찜닭 양념 재료를 모두 섞어 양념장을
   만든다.

5. 물에 3의 닭안심을 넣어 끓이다가 통마
   늘을 넣는다. *마늘이 잡내를 없애준다.

6. 5를 10분 정도 끓인 후 1의 채소와 4의
   양념장을 넣어 끓인다.

7. 당근과 감자가 반쯤 익으면 2의 양파와
   애호박을 넣고 뚜껑을 덮어 3분 정도
   끓인다.

8. 불린 당면을 넣고 당면과 채소가 모두
   무르게 익을 때까지 뚜껑을 덮어 익힌
   다.

9. 8에 전분물을 넣어 뒤적거리며 볶는다.

·소고기커틀릿·

🍳 INGREDIENT

- 소고기(등심이나 채끝) 200g
- 소금 약간
- 후추 약간
- 밀가루 40g
- 빵가루 80g
- 달걀 2개
- 튀김유 적당량
- 소스
  - 레몬즙 10g
  - 꿀 40g
  - 물 100mL
  - 전분 3g
  - 레몬제스트 약간

1. 소고기는 소금과 후추로 밑간을 한 뒤 1~2시간 정도 냉장고에서 숙성시킨다.

2. 밑간된 1의 고기를 밀가루-달걀-빵가루 순으로 옷을 입힌다.

3. 적당한 기름 온도가 되면 2를 넣어 튀긴다. *소고기커틀릿은 살짝만 튀겨주어도 된다.

4. 소스 재료 중 꿀, 레몬즙, 물, 레몬제스트를 넣고 바글바글 끓이다가 전분을 물에 희석해 부어 걸쭉해질 때까지 끓여 소스를 완성한다.*

*꿀향을 좋아하지 않는다면 올리고당을 넣으면 된다.

·닭안심스테이크·

🏺 INGREDIENT

- 닭안심 600g
- 양파 100g
- 방울토마토 10~15개
- 버터(또는 올리브유) 30g
- 소금 약간
- 후추 약간
- 다진마늘 1t
- 현미유 약간
- 소스
  - 스테이크소스 1T
  - 올리고당 1T
  - 굴소스(또는 진간장) 1T
  - 다진마늘 1t

1. 닭안심은 칼집을 살짝 낸 뒤 후추와 소금 약간으로 밑간한다.

2. 버터를 녹여 다진 마늘과 함께 볶다가 양파를 채 썰어 넣고, 방울토마토를 썰어 넣어 약불로 길게 무르게 익힌다.

3. 소스 재료를 모두 섞어둔다.

4. 2의 채소에 3의 소스를 부어 걸쭉해질 때까지 끓인다.

5. 밑간한 1의 닭안심을 현미유를 살짝 둘러 앞뒤로 노릇하게 구워낸다. *살짝 바삭하고 노릇하게 굽도록 한다.

6. 노릇하게 구워지면 끓여낸 소스를 부어 졸인다.

• 된장수육 •

INGREDIENT

□ **수육용 돼지고기 목살**(혹은 삼겹살) 600~700g   □ **수제 저염된장** 45g(시판 된장 15g)   □ **무** 300g   □ **양배추** 100g   □ 물 200mL

1. 돼지고기는 3~4등분한다.

2. 무는 두툼하게 3조각, 얇게 3조각 썬다.

3. 양배추는 겉면을 떼어내고 깨끗이 씻는다.

4. 압력솥에 두툼하게 썬 무를 먼저 바닥에 깐다.

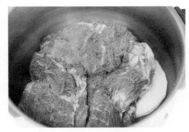

5. 고기는 표면만 얇게 코팅한다는 느낌으로 된장을 발라 무 위에 올린다.

6. 얇게 썬 무를 고기 위에 올린다.

7. 3의 양배추를 위에 올린다.

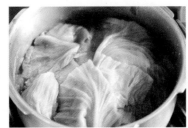

8. 물을 넣고 센 불로 끓이다가 추가 돌면 불을 줄이지 않고 20분간 더 가열한다.
*물을 넣지 않아도 된다. 물을 넣지 않으면 좀 더 쫄깃하고 담백해지고, 물을 넣으면 부드럽고 촉촉한 느낌이 된다.

• 소고기수육 •

🍲 INGREDIENT

- 소고기 600g(추천: 사태 300g+아롱사태 300g) · 대파 1뿌리 · 마늘 5톨 · 표고버섯 100g(다른 버섯으로 대체 가능) · 부추 40g
- 팽이버섯 50g

1. 소고기는 반나절 정도 물에 담가 핏물을 제거한다.

2. 표고버섯은 슬라이스하고 양파는 채 썰고 부추와 팽이버섯은 10~15cm 길이로 썬다.

3. 냄비에 마늘을 편으로 썰어, 대파와 함께 넣고 1의 고기가 잠길 정도로 물을 부어 1시간~1시간 30분 정도 삶는다.***

4. 3의 고기를 건져 얇게 저미듯 썬다.

5. 널찍한 냄비에 손질한 채소를 둘러준다.

6. 5에 고기 삶은 육수를 붓고 취향에 따라 간을 한 후 끓이다가 4의 고기를 얹는다.

*삶는 시간을 단축하려면 압력솥에 넣고 추가 움직이면 센 불로 15~20분 정도 끓인 후 뜸들인다.
**마트에서 파는 삼계탕용 한약재를 넣고 끓여도 좋다.

소스 만들기

🍶 INGREDIENT

□ **부추·양파** 75g씩   □ **당근** 50g   □ **간장** 4T   □ **물** 5T   □ **올리고당** 2T

1. 채소는 채 썬 다음 약 5cm 길이로 자른다.

2. 채소를 제외한 나머지 재료를 한데 섞은 다음 1에 넣어 버무린다. *어른들이 먹을 때는 겨자 2T을 추가한다.

Chapter 6

간편하게 먹기 좋은
한 그릇 면요리

·게살청경채크림파스타·

🔖 INGREDIENT

☐ **파스타면** 40g ☐ **우유** 200mL ☐ **게살** 80g ☐ **양파** 60g ☐ **청경채·감자** 100g씩 ☐ **다진 마늘** 5g ☐ **현미유** 약간

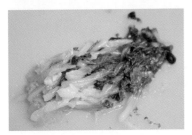

1. 양파는 채 썰고 청경채는 밑동을 잘라 내고 삶아서 물기를 뺀 뒤 잘게 다진다.

2. 파스타면은 80% 정도만 익도록 삶는 다.

3. 달군 팬에 1의 채소와 다진 마늘을 넣고 현미유를 뿌려 향이 나게 볶는다.

4. 감자는 강판에 갈아 넣고 우유 중 100mL를 부어 함께 끓인다. *감자를 갈아 넣으면 맛이 고소할뿐더러 소스를 걸쭉하게 만들 수 있다.

5. 나머지 우유 100mL를 부어가며 눌어 붙지 않도록 잘 저어가며 끓인다.

6. 게살을 다져서 넣어 감자의 서걱한 식감이 없어질 때까지 저어가며 익힌다.

7. 6에 3의 파스타면을 넣고 소스가 잘 배어들도록 볶는다.

레시피 응용

• 바나나파스타그라탱 •

🏋 INGREDIENT

□ 남은 게살청경채크림파스타   □ 바나나 1개

1. 바나나를 으깨어 남은 게살청경채크림파스타 위에 올린다.

2. 230도로 예열된 오븐에 넣어 10분간 굽는다.

• 두부가지토마토파스타 •

🔲 INGREDIENT

□ **파스타면** 40g

□ **가지** 100g

□ **두부** 50g

□ **토마토페이스트** 200g

1. 가지는 막대 모양으로 썬다.

2. 두부도 막대 모양으로 썬 다음 기름을 두른 팬에 노릇노릇하게 구워낸다.

3. 파스타면을 삶는다.

4. 팬에 토마토페이스트를 붓고 1의 가지를 넣어 끓인다.

5. 3의 면을 넣고 볶은 뒤 그릇에 담고 2의 두부를 올린다.

• 날치알오일파스타 •

INGREDIENT

- **파스타면** 40g
- **마늘** 25g
- **양파** 25g
- **올리브유** 5T
- **날치알** 20~25g
- **게살** 30g
- **바질**(혹은 김가루) 1T
- **소금** 1g

1. 파스타면은 소금을 뿌린 물에 잘 삶는다. *파스타를 삶은 면수는 이후에 사용한다.

2. 팬에 올리브유를 둘러 마늘을 얇게 편으로 썰어 넣고 노릇해질 때까지 볶는다.

3. 양파를 채 썰어 넣어 투명하게 익을 때까지 볶는다.

4. 게살을 넣어 잘 볶아준다.

5. 파스타면을 삶아서 건져 넣고, 1의 면수 한 국자를 넣는다.

6. 국물이 졸아들면 불을 끄고 바질과 날치알을 넣는다. *날치알은 체에 밭쳐 흐르는 물에 한 번 씻어 사용한다. 뜨거운 파스타에 들어가면 날치알은 금세 익는다.

• 냉메밀국수 •

INGREDIENT

□ 물 100mL

□ 쯔유 20mL

□ 메밀국수 1인분

□ 올리고당 10g

□ 쪽파 약간

□ 무 100g

1. 무는 강판에 갈아준다.

2. 메밀국수는 물이 끓어오르면 넣고 삶아 찬물에 한 번 헹궈낸다.

3. 쯔유와 물은 1:5 비율로 하여 올리고당을 섞어준다. *얼음을 추가해 넣는 것보다 이대로 살얼음이 끼게 냉동실에 넣어두면 더 맛있다.

4. 3의 쯔유에 면을 담고 1의 무를 올리고 쪽파를 썰어넣으면 완성.

*쯔유 만드는 방법은 214쪽을 참고한다.

648

·미트볼토마토스파게티·

INGREDIENT

- 다진소고기 100g
- 다진돼지고기 50g
- 양파 40g
- 스파게티면 40g
- 토마토페이스트 200g

1. 양파는 잘게 다져 다진 소고기와 돼지 고기와 함께 치댄다.

2. 1의 반죽을 둥글게 빚는다.

3. 1의 미트볼은 오일 스프레이를 뿌려 175도 오븐에서 15분간 굽는다.

4. 끓는 물에 스파게티면을 삶은 다음 찬 물에 헹군다.

5. 팬에 4의 스파게티면과 토마토페이스 트를 넣어 함께 볶는다.

6. 구운 미트볼을 넣어 마저 볶는다.

• 콩국수 •

🍲 INGREDIENT

☐ **국수면** 1인분   ☐ **메주콩** 250g   ☐ **물** 500mL   ☐ **견과류**(호두, 캐슈넛, 땅콩 등) 100g   ☐ **검정깨** 50g   ☐ **소금**(취향에 따라)
☐ **고명**(오이, 방울토마토 등) 약간

1. 딱딱한 메주콩은 물을 부어 압력솥에서 삶아준다. *콩은 너무 오래 삶고 푹 익히면 풋내가 나니까 추가 돌아갈 때쯤 꺼서 뜸을 들인다.

2. 1의 과정이 끝나면 콩을 찬물에 헹군다. *헹굴 때 손바닥으로 비벼주면 껍질이 분리된다.

3. 콩 삶은 물은 따로 둔다.

4. 견과류는 물에 끓여서 전처리한 뒤 찬
물에 헹구어 건져낸다. *한번 볶아서 사용
해도 좋다.

5. 믹서에 콩 삶은 물 400mL와 견과류를
넣어 최대한 곱게 갈아서 체에 밭쳐 내
린다. *여기에 소금을 취향에 따라 넣어준다.

6. 완성된 콩물은 바로 냉동해두었다가 먹
기 2시간 전쯤 꺼내놓으면 아삭아삭 살
얼음이 얼어있다.

7. 면을 삶아 찬물에 헹군 뒤 그릇에 담고
6의 콩국물을 부어 고명을 올려주면 완
성!

• 명란크림파스타 •

INGREDIENT

- **파스타면** 40g
- **다진 마늘** 3g
- **양파** 40g
- **당근** 25g
- **우유** 125mL
- **아기치즈** 1/2장
- **달걀**(노른자만 사용) 1개
- **올리브유** 약간
- **저염명란**(4%) 20~25g
- **김** 약간

1. 면은 끓는 물에 넣어 삶는다.

2. 달궈진 팬에 올리브유를 둘러 다진 마늘을 향이 날 때까지 볶아낸다.

3. 양파와 당근을 채 썰어 넣어 볶아준다.

4. 채소가 투명하게 익으면 우유를 부어
   끓인다.

5. 달걀은 노른자만 사용하되, 따로 잘 풀
   어준 후 넣는다. *넣자마자 휘스크로 빠르
   게 저어주어야 그대로 익지 않는다.

6. 아기치즈를 넣어 걸쭉하게 만든다.

7. 1의 면을 넣어 섞는다.

8. 불을 끄고 명란을 넣는다. *명란은 칼집
   을 내어 벌리고 껍질은 두고 속 안의 것만 긁어
   내어 사용한다.

• 냉면 •

INGREDIENT

- **냉면육수: 소고기**(양지나 사태) 300g, **물** 600~800mL, **무** 60g, **대파** 30g, **양파** 60g, **동치미 국물** 400mL **냉면사리** 1인분
- **고명**(삶은 달걀, 수박, 배, 토마토 등) 약간 **절임무: 소금** 5g, **무** 300g, **식초**(총산 4% 이상)120mL, **올리고당** 120g

1. 압력솥에 소고기, 물, 무, 대파, 양파를 함께 넣어 끓이되, 강불에 추가 오르고 나서 30분 정도 둔다.

2. 1의 과정이 완료되면 건더기를 체에 받치고 육수만 거른다.

3. 1에서 삶아진 고기는 얇게 저미듯 썰어 준다.

654

4. 2의 육수는 식으면 냉장고에 넣어 지방이 하얗게 굳도록 하고, 나중에 이를 건져낸다.

5. 맑아진 국물에 동치미 국물을 섞어주면 냉면육수가 완성된다. *동치미와 육수는 1:1의 비율로 섞어준다.

6. 오이는 납작하게 썰어 소금을 약간 뿌려 절여두었다가 물에 헹구어 짠다.

7. 무는 납작하게 썰어 소금에 30분 정도 절여둔 뒤, 씻어 면보에 걸러 꼭 짠다.

8. 7의 무에 올리고당, 식초를 섞어 양념한다. *식초의 산도를 확인한 뒤 쓴다.

9. 6의 오이와 8의 무, 3의 고기를 올리고 수박, 삶은 달걀 등의 고명을 올려준다.

*동치미 만들기는 218쪽 참고

• 홍합매생이토마토파스타 •

🍳 INGREDIENT

□ 파스타면 40g □ 양파 40g □ 다진마늘 5g □ 올리브유 1t □ 매생이 30g □ 홍합 50g □ 잣가루 약간
□ 토마토소스: 토마토 80g, 양파 20g, 전분 1t, 멸치육수 100mL

1. 매생이는 체에 밭쳐 깨끗이 헹구어 뜨거운 물을 부어 연하게 한 다음 1~1.5cm 너비로 썬다.

2. 양파는 잘게 다진다.

3. 홍합은 적당한 크기로 썬다.

4. 토마토소스 재료는 함께 믹서에 간다.

5. 파스타면은 10분 정도 삶아 건져낸다.
  *파스타 삶은 물은 8번 과정에서 사용한다.

6. 예열된 팬에 1의 양파와 다진 마늘, 올 리브유를 넣어 함께 볶는다.

7. 3의 홍합을 넣어 함께 볶는다.

8. 파스타 삶은 물 5T를 넣고 함께 끓인 다.

9. 파스타면을 넣고 4의 토마토소스를 부 어 끓인다.

10. 파스타면에 양념이 배고 소스가 눅진 해지면 매생이를 넣어 센 불에 볶아낸 다.

11. 그릇에 9를 담고 잣가루를 솔솔 뿌린 다.

*파스타의 조리 시간은 파스타 봉지 뒤 에 표기되어 있는데, 아이에게 먹이려면 그보다 2~3분 더 삶는 편이 좋다.

· 오이달걀파스타 ·

🍴 INGREDIENT

□ **파스타면** 40g □ **양파·애호박·오이** 30g 씩 □ **다진마늘** 3g □ **현미유** 약간 □ **소스 A: 우유** 150mL, **오이** 70g
□ **소스 B: 우유** 50mL, **달걀** 1개

1. 애호박은 반달썰기 하고 양파와 오이는 채 썬다.

2. 소스 A의 재료는 함께 믹서에 간다.

3. 소스 B의 재료는 함께 믹서에 간다.

4. 팬에 1의 채소와 다진 마늘을 넣고 현
미유를 둘러 볶는다.

5. 채소가 숨이 죽으면 2의 소스를 넣고
끓인다.

6. 파스타면을 삶아서 건져 5에 넣고 볶는
다.

7. 어느 정도 볶아지면 3의 소스를 넣고
달걀이 익을 때까지 볶는다.

• 전복오일파스타 •

⚖ INGREDIENT

□ 파스타면 40g   □ 전복 2~3개   □ 새우살 100g   □ 현미유 약간   □ 양파·파프리카 30g씩   □ 다진 마늘 5g   □ 소금 1~2꼬집(기호에 따라)

1. 전복은 가는 솔로 깨끗이 닦아 껍질을 제거한 뒤 전복살은 얇게 저미듯 썰고 내장은 믹서에 간다.

2. 새우살은 잘게 다지고 파프리카와 양파는 채 썬다.

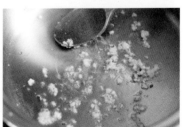

3. 팬에 현미유를 두르고 다진 마늘을 넣고 볶아 향을 낸다.

4. 손질한 전복과 새우살을 넣는다.

5. 2의 채 썬 파프리카와 양파를 넣고 볶는다.

6. 파스타면을 삶아 건진다. *파스타를 삶은 물은 8번 과정에서 사용한다.

7. 5에 6의 파스타면를 넣고 1의 전복 내장을 넣어 비비듯이 볶는다.

8. 파스타면의 색이 살짝 변할 정도로 볶아지면 파스타 삶은 물 30mL를 넣어 자박하게 볶는다.

· 카레면 ·

INGREDIENT

□ **양파·애호박·당근·감자·브로콜리** 각 40~50g □ **닭안심** 100g □ **현미유** 1/2T □ **카레가루** 5g □ **물** 100mL □ **소면** 1인분

1. 감자, 닭안심, 당근을 먹기 좋은 크기로 썬다

2. 양파, 애호박도 먹기 좋은 크기로 썬다.

3. 물에 카레가루를 잘 풀어준다.

4. 1의 재료를 먼저 현미유를 두르고 팬에 볶는다.

5. 3의 카레소스를 붓고 좀 더 볶는다.

6. 물을 붓고, 2의 채소를 넣어 좀 더 끓인다.

7. 브로콜리는 끓는 물에 데친 뒤 듬성듬성 썰어 넣는다.

8. 소면을 삶아서 찬물에 헹군 뒤 7을 부으면 완성!

*밥에다가 올리면 카레밥이 된다.

• 복음짜장면 •

🝔 INGREDIENT

□ **우동면** 100g □ **짜장소스: 짜장가루** 35g, **물** 500mL □ **전분물**(전분 1T+물 2T) □ **다진 소고기** 200g □ **양파·당근·양송이버섯** 100g씩
□ **감자** 150g □ **현미유** 약간 □ **물** 400mL

1. 감자, 양파, 당근, 양송이버섯은 채 썰어 다진다. *잘게 다지지 말고 1~1.5cm 정도로 식감을 느낄 수 있게 썰어도 좋다.

2. 팬에 1의 채소를 넣고 현미유를 둘러 볶는다.

3. 2에 다진 소고기를 넣고 함께 볶는다.

4. 짜장소스 재료를 섞어 3에 부어준다.

5. 물을 넣고 끓인다.

6. 전분물을 넣어 걸쭉해질 때까지 끓인다.

7. 우동면은 끓는 물에 삶은 후 찬물에 헹군 다음 체에 밭쳐 물기를 뺀다.

8. 팬에 면과 함께 짜장소스를 넣어 볶는다.

Chapter 7

영양 듬뿍
엄마표 간식

• 궁중떡볶이 •

🍯 INGREDIENT

- **소고기**(불고기용) 80g
- **떡볶이 떡** 100g
- **간장** 1/2t
- **참기름** 1t
- **불고기 양념**
  - **사과** 50g
  - **배** 100g
  - **양파** 50g
  - **마늘** 5g
  - **참깨** 10g

1. 떡볶이 떡은 조리하기 30분 전에 작게 썬다.

2. 1에 간장과 참기름을 넣고 버무려서 실온에 반나절 정도 재운다.

3. 불고기 양념의 재료 중 과채는 작게 잘라 믹서에 갈고 여기에 참깨를 넣어 한 번 더 간다.

4. 3의 소스에 반나절 정도 재운 고기는 예열된 팬에 올려 볶는다.

5. 고기와 채소가 어느 정도 익으면 2의 떡을 넣고 볶는다.

• 과콰몰리 •

INGREDIENT

- **나초** 적당량
- **아보카도** 1개
- **토마토** 150g
- **레몬** 1/2개
- **양파** 100g

1. 양파는 잘게 다져 물에 한 시간쯤 담가 아린 맛을 제거한다. *아린 맛이 잘 가시지 않으면 잠시 소금에 버무려두었다가 물로 씻어낸다.

2. 토마토는 잘게 다지고 아보카도는 2등분하여 씨를 제거하고 껍질을 분리한 다음 속살만 으깬다.

3. 1과 2를 섞은 다음 레몬즙을 짜 넣고 버무린다.

4. 나초를 3에 찍어 먹는다.

• 떡꼬치 •

INGREDIENT

□ **떡볶이떡** 12개 　■ **참기름** 1T 　□ **양념A:** 수제 고추장 3g, 조청 3g, **수제 토마토케첩** 15g(시판 토마토케첩 3g), **깻가루** 1t(또는 참기름 1/2t)
□ **양념B:** 간장 1g, 물 2g, 조청 5g, 깻가루 1t 　□ **양념C:** 토마토소스 18g, 조청 3g

1. 떡은 끓는 물에 데쳐서 건져준다.

2. 참기름을 뿌려 떡에 코팅되도록 섞어준다.

3. 꼬치에 끼워 230도 오븐에서 5분 굽는다.

4. 양념A 재료를 모두 섞어 소스를 만든
다.

5. 양념B 재료를 모두 섞어 소스를 만든
다.

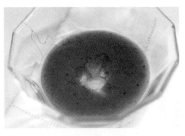

6. 양념C 재료를 모두 섞어 소스를 만든
다.

7. 양념을 발라 달군 팬에 살짝 구워준다.
 *토마토소스(양념C) 떡꼬치에는 치즈를 뿌려
주면 더 맛있다.

· 토마토떡볶이 ·

⚖ INGREDIENT

□ **떡볶이 떡** 50g

□ **어묵** 50g

□ **토마토페이스트** 150g

□ **멸치육수** 100mL

□ **양파·새송이버섯** 20g씩

□ **대파** 10g

□ **아기치즈** 1장

1. 양파는 가늘게 채 썰고 새송이버섯은 편으로 저며 채 썬다.

2. 어묵은 먹기 좋은 크기로 자른다.

3. 팬에 1의 채소를 넣고 멸치육수를 부어 볶는다.

4. 채소가 투명하게 익으면 떡볶이 떡을 작게 썰어 넣고 함께 볶는다.

5. 2의 어묵과 토마토페이스트를 넣어 끓인다.

6. 떡과 어묵이 부드러워지면 대파를 송송 썰어 넣어 함께 끓인다. *조금 더 특별한 떡볶이를 만들어 주고 싶다면 김이 날 때 아기 치즈 한 장을 올려 조리한다. 치즈가 어우러져 더 맛있는 떡볶이가 된다.

• 콘수프 •

🍴 INGREDIENT

□ **옥수수**(알 부분만) 200g

□ **우유** 300mL

□ **밀가루** 10g

□ **버터** 20g

(기호에 따라 꿀 10g, 소금 1g)

1. 옥수수 알 부분만 분리해 준비한다.

2. 버터를 타지 않도록 주의하며 녹여내고 밀가루를 뿌려 뭉치지 않게 잘 저어가며 루를 만든다.

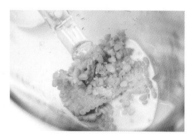

3. 우유와 1의 옥수수를 믹서에 넣어 갈아낸다.

4. 2의 루에 3을 넣어 진득하게 끓여준다.
   * 콘플레이크, 옥수수가루, 옥수수알, 파슬리 등을 뿌려 함께 먹으면 더욱 맛있다.

• 단호박블루베리설기 •

🏋 INGREDIENT

▫ 블루베리즙: 블루베리 80g, 물 50mL, 소금 1g   ▪ 올리고당 50g   ▪ 찐단호박 180g   ▪ 습식 쌀가루 400g   ▪ 블루베리콩포트 100g

1. 블루베리와 물, 소금을 넣고 믹서에 곱게 갈아준다.

2. 쌀가루에 찐 단호박 80g과 1에서 만든 블루베리즙 130g, 올리고당을 넣고 비벼준다.*

3. 손으로 비벼가며 물을 조금씩 넣어 가루날림 없이 보슬보슬한 형태로 만든다.

4. 체에 넣고 내리면 가루는 매우 촉촉한 형태가 된다. *체 친 가루를 주먹으로 쥐어 형태가 유지되고, 던졌을 때도 깨지지 않으면 수분을 적당히 잘 준 것이다.

5. 체친 가루의 절반을 밑에 깔고, 그 위로 으깬 단호박 100g을 올린다.

6. 그 위로 남은 가루를 깔고 그 위로 블루 베리콩포트를 얹는다. *필링을 얹을 때는 가장자리는 남겨두고 중앙 쪽에만 얹는다.

7. 찌기 전에 칼집을 내주면 찌고 나서 조 각내기가 더 쉽다.

8. 김이 오른 상태에서 20분 찐다.

9. 조각 내면 층층이 맛있는 설기가 완성!

*달달하게 만들고 싶다면 올리고당이나 꿀을 더 늘리고 그만큼 단호박의 양을 좀 줄인다.

*블루베리콩포트 레시피 181쪽 참고

•가지브레드푸딩•

🍳 INGREDIENT

□ **가지** 120g

□ **빵가루** 60g

□ **달걀** 2개

□ **우유** 100mL

□ **아기치즈** 1장

1. 가지는 길고 얇게 막대모양으로 썬 뒤 찜기에 넣고 살짝만 찐다.

2. 빵가루 50g과 달걀, 우유는 함께 섞어 둔다.

3. 오븐용기에 가지를 담는다.

4. 2가 가지 사이사이 들어차도록 부어준다.

5. 아기치즈를 대충 찢어 올리고 남은 빵가루 10g을 솔솔 뿌린 뒤 200도 오븐에서 20분 정도 구워준다.

• 단호박견과류수프 •

🍴 INGREDIENT

- **단호박** 450g(껍질 제외)
- **견과류** 100g
- **우유** 600mL
- **올리고당** 10g
- **고명**(검은깨) 약간

1. 단호박은 찌거나 구워서 준비한다.

2. 견과류와 우유, 단호박을 믹서에 넣고 곱게 갈아준다.

3. 2에 올리고당을 넣어 냄비에서 끓여준 뒤 고명을 올려준다.

· 치아바타샌드위치 ·

🖥 INGREDIENT

□ **소고기**(불고기용) 150g　□ **양상추** 20g　□ **양파** 50g　□ **방울토마토** 40g　□ **아기치즈** 1장　□ **소금** 약간
□ **불고기 양념: 멸치육수** 100mL., **양파** 40g, **마늘** 3톨, **수제 맛간장** 1.5T(시판일 때도 동일), **쌀조청** 1T

1. 불고기 양념 재료 중 멸치육수와 양파, 마늘은 믹서에 갈아낸다.

2. 1에 간장과 쌀조청을 섞어 불고기 양념을 만든다.

3. 소고기를 2의 양념에 2~3시간 재워두었다가 볶는다.

4. 양파는 채 썰어서 소금을 한 꼬집 정도 넣고 약불에 오래 볶아 카라멜라이즈한다.

5. 방울토마토는 얇게 저미듯 썰어둔다.

6. 치아바타 빵에 양상추를 깔고 썰어둔 토마토를 올린다.

7. 아기치즈를 올린 뒤 불고기를 올린다.

8. 마지막으로 4의 양파를 올리면 완성!

· 고구마오트밀포리지 ·

INGREDIENT

□ **오트밀** 30g
□ **고구마** 50g
□ **우유** 200mL

1. 오트밀은 우유 100mL에 20분 정도 불린다.

2. 고구마는 삶거나 찐 다음 칼등으로 눌러 으깬다.

3. 1, 2를 잘 섞는다.

4. 3에 나머지 우유를 추가하여 걸쭉하게 끓인다.

*사과나 말린 과일을 다져서 토핑으로 사용하면 더 좋다.

• 브레드푸딩 •

INGREDIENT

- 식빵 4장
- 달걀 1개
- 꿀 30g
- 우유 200mL
- 계핏가루 약간
- 건블루베리 2T
- 슈가파우더 약간
- 찐단호박 100g
- 바나나 60g

1. 식빵은 큐브 모양으로 썰어준다.

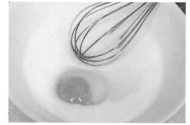

2. 달걀과 우유, 계핏가루, 꿀을 섞어준다.

3. 찐 단호박과 바나나도 먹기 좋은 크기로 썬다.

4. 오븐용기에 식빵을 깔고 2를 부어 3을 올린 뒤 건과일을 적당히 뿌려준다.

5. 180도 오븐에서 20~30분 정도 구워준다.

• 까르보나라떡볶이 •

🍳 INGREDIENT

□ **닭안심** 100g □ **떡국 떡** 100g □ **삶은 메추리알** 3~4개 □ **양파·브로콜리·당근** 30g씩 □ **대파** 10g □ **현미유**(올리브유) 1T
□ **다진마늘** 3g □ **우유** 150mL □ **아기치즈** 1장 □ **으깬잣** 약간

1. 떡국 떡은 물에 담가 30분 정도 불린다. 여기서는 현미 가래떡을 사용했다.

2. 양파는 가늘게 채 썰고 당근은 잘게 다진다. 브로콜리의 잎 부분은 잘게 썰고 줄기는 당근과 비슷한 크기로 다진다.

3. 달군 팬에 오일을 두르고 다진 마늘을 넣어 볶아 향을 낸다.

4. 마늘이 노릇하게 익으면 2의 채소와 잘게 썬 닭안심을 넣어 볶는다.*

5. 채소와 닭고기가 살짝 익으면 우유 중 100mL를 넣어 함께 끓인다.

6. 우유가 끓으면 1의 불린 떡을 넣고 계속 끓인다.

7. 국물이 졸기 시작하고 떡이 익으면 아기치즈를 넣은 뒤 치즈가 녹아 눅진해지면 남은 우유 50mL도 마저 넣어 졸인다.

8. 대파를 잘게 썰어 넣고 뒤적거리며 볶는다.

9. 메추리알을 넣어 볶다가 마지막에 잣을 으깨어 뿌린다.**

*간을 하고 싶다면 채소와 고기를 볶을 때 소금을 2~3꼬집 정도만 뿌린다.

**잣은 도마에 얹어 칼등으로 눌러주면 쉽게 으깰 수 있다.

*남은 떡볶이를 다음 끼니에 먹일 경우, 우유 30~50mL를 부어 팬에서 다시 끓여내면 새로 조리한 것 같은 떡볶이가 된다.

·고구마말랭이·

🔲 INGREDIENT

□ **고구마** 적당량

1. 고구마는 쪄서 알맞은 크기(아이의 손가락만 하게)로 썬다.

2. 160도로 예열한 오븐에 넣어 20분간 굽는다.* *종이 포일을 깔고 구우면 고구마가 오븐망에 들러붙어 모양이 망가지는 것을 방지할 수 있다.

3. 160도에서 구웠을 경우 반나절 정도, 140도에서 구웠을 경우 한 시간 정도 그대로 상온에서 말린다.**

*더 낮은 온도(140~150도)에서 40~50분간 말리듯 구워도 좋다. 낮은 온도에서 오래 조리하는 것은 보관하기에 더 좋고, 바로 먹을 것은 높은 온도(160도)로 구워 말리는 편이 더 부드러워 좋다.

**보관 기한은 딱히 정해 말할 수는 없지만 3일 안에는 먹는 것이 좋다.

· 쑥버무리 ·

INGREDIENT

- 쑥 50~60g
- 꿀 40g
- 쌀가루(건식) 150g
- 물 40mL

1. 쌀가루에 꿀을 부어 잘 섞어준다.

2. 양손을 이용해 비벼가며 가루가 보송보송해질 때까지 섞는다.

3. 물을 부어 잘 섞어 촉촉한 가루가 되게끔 한다. *손에 쥐었을 때 형태가 부서지지 않을 정도로 습기를 머금으면 된다.

4. 3을 체에 걸러준다.

5. 쑥은 흐르는 물에 깨끗하게 씻어 4의 부드러운 쌀가루와 함께 버무린다.

6. 김이 잔뜩 오른 찜기에 쌀가루를 버무린 쑥을 먼저 얹고 그 위로 남은 쌀가루를 얹어 10~15분 정도 찐다.

· 시금치토마토키시 ·

🍱 INGREDIENT

- 닭안심 100g
- 시금치 100g
- 방울토마토 7~8알
- 애호박·양파·파프리카
  70~80g씩
- 아기치즈 1장
- 달걀 2개
- 멸치육수 10mL
- 우유 100mL

1. 파프리카, 양파, 애호박은 잘게 썬다.

2. 방울토마토 중 1/2은 잘게 썰고 나머지 1/2은 토핑용으로 얇게 슬라이스한다.

3. 팬에 1의 채소를 넣고 멸치육수를 넣어 볶는다.

4. 시금치는 데쳐서 썬다.

5. 달걀과 우유를 잘 섞는다.

6. 5에 잘게 썬 방울토마토, 3의 채소, 4의 시금치를 넣고 섞는다.

7. 닭안심은 1cm 크기로 썰어서 섞는다.

8. 파트브리제에 7을 채워 넣고 2의 슬라이스한 방울토마토와 아기치즈를 잘라 올린다.

9. 200도로 예열한 오븐에서 20~30분간 굽는다.

*한 끼 먹고 남은 키시는 밀폐 용기에 넣어 두었다가 간식이나 반찬으로 먹어도 좋다.

파트브리제 만들기

🥄 INGREDIENT   □ 버터 70g   □ 밀가루 150g   □ (차가운) 우유 80mL   □ 달걀 노른자 1개

1. 냉장고에서 바로 꺼낸 차가운 버터는 작게 자른다.

2. 1에 밀가루를 넣고 설렁설렁 섞는다.
*완벽한 반죽을 만든다는 느낌보다 버터에 밀가루를 설렁설렁 코팅하는 것 같은 느낌으로 잘게 부셔가며 반죽한다.

3. 2에 달걀 노른자와 우유를 넣고 반죽한다. *너무 오래 반죽하지 말고 한 덩어리가 될 때까지만 뭉친다.

4. 3을 비닐봉지에 담아 냉장고에서 30분간 휴지시킨다.

5. 4의 반죽을 밀대로 밀어 파이 팬에 넣고 너무 부풀지 않도록 포크로 구멍을 낸다.

6. 180도 오븐에서 15분간 굽는다.

687

• 양송이버섯크림수프 •

🍲 INGREDIENT

□ 양송이버섯 200g

□ 양파 200g

□ 다진마늘 3g

□ 버터 3g

□ 생크림 150g

□ 소금 1/2t(기호에 따라)

□ 루
　– 버터 30g
　– 밀가루 40g
　– 우유 400mL

1. 양송이버섯과 양파는 잘게 다진다.

2. 달군 팬에 루의 재료 중 버터를 먼저 녹인 뒤 밀가루를 넣고 섞는다.

3. 2가 어느 정도 뭉쳐지면 우유를 붓고 밀가루 덩어리를 거품기로 풀어가며 걸쭉해질 때까지 끓여 루를 만든다.

4. 다른 팬에 다진 마늘과 버터, 1의 양송이버섯과 양파를 넣고 볶는다.

5. 4의 재료가 어느 정도 익으면 3의 루를 넣고 끓이다가 바로 생크림을 넣는다.

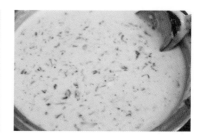

6. 마지막으로 소금으로 간을 맞춘다. •기호에 따라 후춧가루도 약간 넣는다.

• 허니버터오징어 •

🪔 INGREDIENT

- □ **오징어 작은 사이즈** 2마리(280g)
- □ **버터** 15g
- □ **다진마늘** 5g
- □ **청주** 1T
- □ **꿀** 2T
- □ **버터** 10g
- □ **견과류 토핑**(해바라기씨, 잣, 아몬드슬라이스 등) 30g
- □ **향이 있는 채소**(바질 혹은 깻잎) 약간

1. 오징어는 손질하여 가늘게 썬다.

2. 달구어진 팬에 버터 5g과 다진 마늘을 넣어 마늘을 튀기듯 볶는다.

3. 마늘향이 올라오면 오징어를 넣고 청주를 넣어 볶는다. *물이 생기면 물을 따라 버린다.

4. 버터 10g을 넣고, 꿀을 넣어 졸아들 때까지 볶는다.

5. 견과류 토핑을 넣고 향이 나는 채소를 썰어 넣고 버무리듯 볶아 완성한다.

• 떡볶이 •

INGREDIENT

- **떡** 200g
- **어묵** 100g
- **수제 고추장** 40g
- **멸치육수** 300mL
- **꿀** 10g
- **다진 마늘** 2g
- **대파** 약간

1. 멸치육수를 준비해둔다. *간편육수 레시피 169쪽 참고

2. 수제 고추장과 다진 마늘, 꿀을 1의 육수에 풀어준다.

3. 떡과 오뎅은 끓는 물에 살짝 데쳐 끓고 있는 2의 양념에 넣는다.

4. 보글보글 졸이듯 끓이다가 대파를 송송 썰어 넣어 마무리한다.

*수제 고추장 만드는 방법은 212쪽 참고

• 매시드포테이토 •

🍳 INGREDIENT

□ **감자** 80g
□ **버터** 1t
□ **우유** 100ml

1. 감자는 푹 찐다.

2. 껍질을 벗기고 곱게 으깬다.

3. 으깬 감자에 버터를 넣고 섞는다.

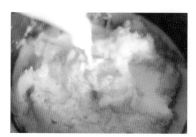

4. 우유를 넣고 섞어 끓인다.

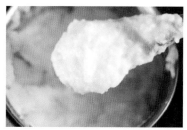

5. 고소한 냄새가 나면서 재료들이 잘 섞인 것 같으면 불에서 내린다.

6. 체에 곱게 내린다.

• 간장떡볶이 •

🍳 INGREDIENT

- **가래떡** 100g
- **다진 소고기** 100g
- **다진 채소**(당근·브로콜리·양파·파프리카) 60g
- **멸치육수** 100g
- **간장소스**
  - 간장 1T
  - 쌀조청(또는 올리고당 등) 1T
  - 참기름 1/2T

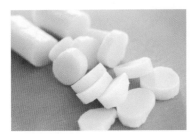

1. 가래떡은 적당히 굳은 것으로 준비해 얇게 썬다.

2. 1에 다진 소고기와 다진 채소를 섞는다.

3. 간장소스 재료를 섞어 2에 넣고 버무린 다음 냉장고에 1시간 이상 둔다.

4. 달군 팬에 3을 넣고 볶다가 바로 멸치육수를 넣고 끓인다. *시작부터 끝까지 센 불에서 조리듯이 볶는다.

5. 육수가 자작해질 때까지 볶는다.

692

•후무스•

🍳 INGREDIENT

- **병아리콩**(칙피) 200g
- **레몬즙** 1T
- **볶은 참깨** 2T(타히니 소스 대용)
- **올리브유** 1T

1. 병아리콩이 잠길 정도로 물을 부어 8시간 정도 불린다. *200g을 불리면 두 배로 늘어난다.

2. 콩은 냄비에 삶는다. 콩 삶은 물 3번 과정에서 사용한다. *압력솥에 삶을 때는 추가 돌아가고도 20분 정도를 센불에 두고 내려서 뜸을 들이면 푹 익는다.

3. 삶아진 콩에 볶은 참깨, 레몬즙, 콩 삶은 물 2~3T, 올리브유를 넣고 푸드프로세서에 갈아낸다. *올리브유를 조금 곁들여 내면 더 맛있다.

*크래커나 채소스틱을 찍어 먹으면 무척 고소하다.

693

• 스낵랩 •

🏋 INGREDIENT

□ **닭가슴살** 2조각　　□ **우유, 튀김가루, 빵가루** 적당량　　□ **달걀** 1개　　□ **카레가루** 8~10g　　□ **양상추, 파프리카 등 채소** 적당량　　□ **또띠아** 1장
□ **슬라이스치즈** 1장　　□ **크림치즈**(또는 허니머스타드소스) 적당량

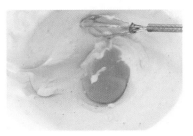

1. 닭가슴살은 우유에 1시간 정도 재워 고기를 건진다. *잡내를 없애고 육질을 부드럽게 하기 위해서다.

2. 재워두었던 우유에 바로 튀김가루를 섞고, 달걀도 넣어 반죽한다. *반죽의 농도는 걸쭉하게 떨어질 정도로 한다.

3. 카레가루를 넣어 반죽을 완성한다. *카레가루는 굳이 넣지 않아도 된다.

4. 1의 고기를 3의 반죽에 담가 고루 묻힌
다.

5. 빵가루를 입힌다. *빵가루가 잘 흡착되도
록 적당히 눌러준다.

6. 5의 치킨텐더는 기름을 자작하게 부어
튀긴 후 기름을 빼준다.

7. 또띠아를 펼쳐 크림치즈를 발라준다.
*마요네즈나 허니머스타드소스를 발라도 된
다.

8. 깨끗하게 씻어 물기를 제거한 양상추를
얹고 슬라이스치즈를 반장씩 위아래로
얹는다.

9. 채썬 파프리카를 얹고 허니머스타드소
스를 뿌린 후, 6의 치킨텐더를 얹어 돌
돌 말아준다.

Chapter 8

바삭바삭 고소한
한입 베이킹

· 허니레몬마들렌 ·

🏋 INGREDIENT

□ **버터** 55g   □ **꿀** 50g   □ **레몬제스트** 10g   □ **중력분** 70g   □ **박력분** 20g   □ **달걀** 1개

1. 버터는 꿀과 함께 모두 녹도록 전자레인지에 살짝 데운 뒤 충분히 식힌다.

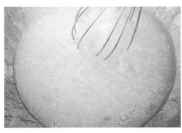

2. 완전히 식은 1에 실온에 두었던 달걀을 넣고 휩 한다.

3. 레몬제스트를 넣는다. *레몬제스트는 레몬을 깨끗하게 닦아 뜨거운 물에 굴려준 뒤, 잘 말려서 강판이나 치즈그레이터에 긁으면 된다.

4. 중력분과 박력분은 섞어서 체 친 뒤, 3에 넣어준다.

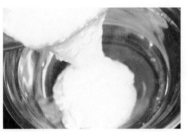

5. 걸쭉해질 때까지 반죽한다.

6. 랩을 씌워 냉장고에서 하룻밤 숙성시킨다. *이렇게 하면 재료들이 서로 조화를 이루고 기포를 줄이게 된다.

7. 부풀어 오르는 것을 감안하여 80% 정도만 차게 담는다.

8. 180도 오븐에서 10분 구워준다.

*5번까지 과정을 마친 뒤 녹인 초콜릿 15g을 넣고, 나머지 과정을 동일하게 하면 초코마들렌을 만들 수 있다.

•수플레팬케이크•

INGREDIENT

- 중력분 120g
- 올리고당 50g
- 우유 100mL
- 베이킹파우더 3g
- 달걀 2개

1. 달걀 흰자는 머랭을 친다.

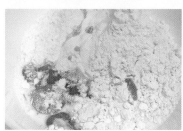

2. 달걀 노른자는 우유와 섞은 후, 중력분과 베이킹파우더, 올리고당과 섞는다.

3. 1과 2를 합치되, 머랭이 숨이 죽지 않도록 살살 섞어준다.

4. 반죽을 동그랗게 팬에 얹어 기포가 올라오기 시작하면 밑면이 어느 정도 익은 것이다.

5. 밑면이 익으면 추가로 반죽을 올린다.
  *일반 팬케이크는 뒤집지만 수플레팬케이크는 추가로 반죽을 올린다.

6. 반죽을 추가로 올린 뒤에 뒤집는다. *뒤집은 후 뒤집개로 눌러주거나 하지 않고 그대로 뚜껑을 덮어 약불에 서서히 익힌다.

· 바나나코코넛머핀 ·

🍴 INGREDIENT

- 버터 75g
- 밀가루 200g
- 베이킹파우더 5g
- 달걀 2개
- 바나나 2개(속살 250g)
- 코코넛 10g

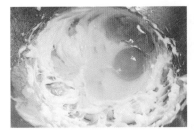

1. 버터는 크림화한 뒤 달걀을 넣어 휘핑한다.

2. 밀가루와 베이킹파우더는 함께 섞어 체로 걸러 가르듯 섞는다.

3. 바나나는 포크로 으깬 뒤 2에 넣어 섞는다.

4. 코코넛은 믹서에 곱게 간 다음 섞어 반죽한다.

5. 머핀 팬에 5의 반죽을 넣는다. *슬라이스한 바나나를 얹어 모양을 내도 좋다.

6. 175도로 예열된 오븐에서 25분간 굽는다.

· 또띠아피자 ·

🔖 INGREDIENT

☐ **또띠아** 2장　☐ **올리브유** 적당량　☐ **양파·파프리카·피망** 30g씩　☐ **소고기** 30g　☐ **토마토페이스트** 100g　☐ **모차렐라치즈** 적당량

1. 소고기는 삶아서 다진다.

2. 피망과 파프리카, 양파도 잘게 다진다.

3. 2의 채소를 올리브유를 살짝 둘러 볶는다.

4. 또띠아 1장을 펼쳐 토마토페이스트를 위에 바른다.

5. 다른 또띠아 1장을 그 위에 얹는다.

6. 토마토페이스트를 다시 바르고, 3의 볶은 채소를 얹는다.

7. 1의 고기를 뿌리듯 얹는다.

8. 모차렐라치즈를 듬성듬성 얹는다.

9. 190도로 예열한 오븐에 15분 동안 굽 는다.

•크랜베리스콘•

🔖 INGREDIENT
- 중력분 290g   ■ 버터 110g   ■ 베이킹파우더 5g   ■ 우유 100mL   ■ 달걀 1개   ■ 설탕(또는 꿀) 30g
- 건과일(크랜베리, 블루베리, 설타나 등) 50g

1. 건과일은 우유에 담가 놓는다. °4의 과정에서 건과일은 체에 받치고 이 우유를 사용한다.

2. 차가운 버터는 잘게 썬다.

3. 중력분, 베이킹파우더에 2의 버터를 넣고 보슬보슬한 질감이 될 때까지 양손으로 비벼 섞는다.

4. 소보로처럼 보슬보슬해지면 우유와 달걀을 넣고 반죽한다. *이때 노른자 조금은 따로 덜어둔다.

5. 1의 건과일은 밀가루를 살짝 뿌려 코팅해준 후 반죽에 넣어준다.

6. 반죽은 밀대로 밀어 양옆으로 한 번씩 접어주고 다시 밀대로 한번 밀어준다.

7. 4~5cm 정도 두께로 접어 적당한 크기로 썰는다.

8. 4에서 덜어놓은 노른자를 겉면에 살짝 발라준다. *노른자에 우유 5T 정도 섞어 발라주어도 좋다.

9. 175도 오븐에서 10분, 180도로 온도를 높여 5~10분 더 굽는다.

· 치아바타 ·

🔖 INGREDIENT

- □ 비가(Biga): **강력분** 100g, **이스트** 1g, **미지근한물** 150mL □ **강력분** 200g □ **미지근한물** 100mL □ **이스트** 2g □ **올리브유** 15g
- □ 소금 1.5g

1. 비가 재료 중 이스트, 미지근한 물, 강력분을 섞어준다.

2. 뚜껑을 덮고(혹은 면보를 덮어) 실온에 3시간 두었다가 냉장고에 넣어 12시간을 기다려 비가를 준비해둔다.

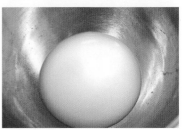

3. 이스트와 미지근한 물을 섞어 5분 정도 둔 뒤 다 덮이도록 강력분 150g을 넣는다.

4. 소금을 위에 뿌리고 소금이 덮이도록 강력분 50g을 넣은 후 2의 비가를 넣는다.

5. 잘 반죽한다. *반죽이 굉장히 질어 손반죽은 어렵고 핸드믹서를 이용하면 좋다.

6. 잘 섞여지면 올리브유를 넣고 다시 섞어준다.

7. 네모난 틀에 올리브유를 바르고 반죽을 펼쳐서 40분 정도 발효시킨다. *올리브유는 반죽이 잘 떨어지도록 바르는 것이다.

8. 잘 부풀어 올랐으면, 반죽을 좌-우-상-하 네 방향으로 접어준 뒤 다시 20분 정도 발효시킨다. *기공이 중요하므로, 다른 발효빵처럼 가스를 빼거나 굴리기를 하지 않는다.

9. 발효가 끝나면 반죽을 3등분한 후, 한 덩어리씩 놓고 다시 접어주기를 한 뒤 다시 30분 발효시킨다. *작업대에 덧 밀가루를 넉넉히 뿌려 모양을 잡아준다.

10. 오븐에 넣기 전 물을 분무한 후, 200도로 예열한 오븐에 15~20분 굽는다. *스팀오븐이라면 200도로 예열한 오븐에 5분, 스팀 기능으로 굽고, 일반 기능으로 15분 구워준다.

•통밀초코칩쿠키•

🍯 INGREDIENT

- 달걀 1개
- 버터 120g
- 꿀 40g
- 밀가루 100g
- 통밀가루 110g
- 베이킹파우더 4g
- 다진 호두 50g
- 초코칩 25g

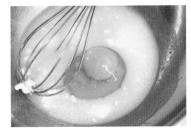

1. 버터를 녹인 후 꿀과 달걀을 넣어 잘 섞어준다.

2. 밀가루와 통밀가루, 베이킹파우더를 체쳐서 넣는다.

3. 휘젓지 말고 가르듯 대충 섞어준다.

4. 다진 호두와 초코칩을 넣어 섞는다.

5. 동그랗고 납작한 모양으로 성형하여 175도 오븐에서 10분 구운 뒤, 180도로 올려서 5분 더 굽는다.

· 팬케이크 ·

🍴 INGREDIENT

- **중력분** 120g
- **베이킹파우더** 3g
- **올리고당** 40g
- **달걀** 1개
- **우유** 130g

1. 우유와 달걀, 중력분과 베이킹파우더를 넣고 휩 한다.

2. 팬에 반죽을 얹고 약불에 굽는다.

3. 사진처럼 기포가 올라오면 뒤집어준다.

*팬케이크 구울 때는 유지류는 거의 없이 만드는 게 좋다. 처음 굽기 시작할 때 살짝만 키친타월에 묻혀 팬에 발라주는 정도면 충분하다.

*완성된 팬케이크는 과일을 토핑해서 먹으면 더 맛있다.

·뉴욕치즈케이크·

🍯 INGREDIENT

□ 밑판: **통밀쿠키** 120g, **버터** 40g □ 필링: **크림치즈** 300g, **설탕** 60g, **전분** 13g, **달걀** 80g, **요거트** 100g (혹은 우유 50g, 요거트 50g)

1. 통밀쿠키를 지퍼백에 넣어 두드려 부셔
   준다.

2. 버터를 녹여 1의 쿠키와 잘 섞어준다.

3. 케이크 틀에 유산지를 깔아준다. *녹인
   버터를 틀과 유산지 사이에 살짝 바르면 유산
   지가 잘 집착된다.

4. 2를 케이크 틀에 꾹꾹 눌러 깔아준다.

5. 필링 재료를 믹서에 넣고 돌려 필링을 만든다. *설탕 대신 꿀을 넣어도 된다.

6. 5의 필링을 4의 위에 부어준다.

7. 170도 오븐에서 30~40분 익혀주는데 중탕을 해야 한다. *오목하게 파인 오븐틀에 물을 붓고 틀을 올리되, 물에 너무 많이 잠기게 하지 않아도 된다.

8. 중간에 꼬치테스트를 하여 필링이 죽처럼 묻어나오지 않는지 확인한다. *필링은 묻어나오는데 윗면이 너무 탈 것 같다면 은박지를 위에 올려 윗면이 타는 것을 방지한다.

9. 취향에 따라 블루베리콩포트를 올려도 좋다.

*블루베리콩포트 만드는 법 181쪽 참고

·포카치아·

⚖ INGREDIENT

□ **강력분** 450g □ **미지근한물** 300mL □ **이스트** 5g □ **소금** 3g □ **설탕** 20g □ **올리브유** 40g □ **로즈마리** 약간 □ **토마토** 60g
□ **그라나파다노치즈** 5g □ **블랙올리브** 30g

1. 미지근한 물에 이스트를 먼저 풀어 5분 정도 그냥 둔다. ＊무반죽(치대는 과정을 생략한) 발효빵을 만드는 방법이다.

2. 1의 위로 밀가루를 넣고 구멍을 파서 소금과 설탕을 넣어 밀가루로 덮어준다.

3. 뒤적뒤적 잘 섞어준다.

4. 잘 섞어지면 랩을 씌워 40분 정도 1차 발효한다.

5. 발효가 끝나면 빵이 많이 부풀어 오른다.

6. 올리브유 20g를 넣어 잘 섞어준다. *잘 된 반죽은 사진처럼 거미줄이 생긴다.

7. 잘 반죽된 6을 넓적하게 틀에 펼쳐준다.

8. 올리브유 20g 정도를 반죽에 뿌려주되, 잘 흡수되도록 군데군데 손가락으로 눌러 반죽에 들어가게 한다.

9. 토마토와 올리브는 편 썰어 올리고, 로즈마리와 그라나파다노치즈를 뿌려준 뒤 반죽이 마르지 않도록 천으로 덮어 40분 발효시킨다.

10. 200도 오븐에서 15~20분 구워준다.

· 코코넛버터쿠키 ·

🔩 INGREDIENT

□ **달걀**(노른자만) 1개　　□ **코코넛버터** 100g　　□ **올리고당** 40g　　□ **박력분** 120g　　□ **우유** 20mL (필요에 따라)

1. 달걀 노른자, 코코넛버터, 올리고당을 볼에 넣고 잘 섞어준다.

2. 박력분을 넣어 양손을 비벼가며 섞어준다.

3. 부슬부슬 소보로처럼 되면 반죽을 뭉쳐주기 시작한다.

4. 상태에 따라 우유를 조금씩 넣어가면서 반죽한다.

5. 반죽이 매끄럽고 단단하게 뭉쳐지면 지퍼백에 넣는다.

6. 밀대로 밀어서 냉장고에 넣어 30분 정도 휴지한다.

7. 비닐을 벗겨 간격대로 칼로 썰고 포크로 찍어 구멍을 낸다.

8. 175도 오븐에서 15분 구워준다.

• 찰떡콩파이 •

INGREDIENT

□ 파이반죽
 – 찹쌀가루 125g
 – 통밀가루 25g
 – 베이킹파우더 0.5t
 – 꿀 20g
 – 올리고당 30g
 – 소금 0.5t
 – 우유 150mL
□ 완두배기 65g
□ 콩배기 65g
□ 건과일 15~20g

1. 파이반죽 재료를 모두 볼에 넣고 잘 섞어준다.

2. 완두배기, 콩배기, 건과일을 넣고 저어준다.

3. 파이 틀에 담아 175도 오븐에서 20~30분 구워낸다.

*완두배기, 콩배기 만드는 방법 190쪽 참고

• 팥스콘 •

INGREDIENT

- □ **버터** 55g
- □ **소금** 3g
- □ **우유** 50g
- □ **팥조림** 2T
- □ **밀가루** 150g(중력분 75g +박력분 75g)
- □ **베이킹파우더** 3g
- □ **달걀물** 약간

1. 차가운 버터는 깍둑썰기 하여 밀가루, 베이킹파우더와 함께 섞는다.

2. 1의 버터가 잘게 갈리면 우유를 넣어 푸드 프로세서를 순간 작동하여 섞는다.

3. 볼에 2의 반죽을 담고 팥조림을 넣어 섞는다.

4. 반죽을 한 덩어리로 단단하게 뭉친 후 잘라 원하는 모양으로 만든다.

5. 4에 달걀물을 발라 200도 오븐에서 15~18분간 굽는다.

* 푸드 프로세서에 넣어 순간 작동 기능을 여러 번 사용하여 버터가 잘게 갈려 섞이도록 하면 간단하게 스콘 가루를 만들 수 있다. 푸드 프로세서가 없으면 손으로 부벼가며 섞거나 스크래퍼로 가르듯 섞어준다.

·블루베리체리타르트·

🧺 INGREDIENT

- **타르틀렛:** 아몬드가루 30g, **슈가파우더** 25g, **밀가루** 120g, **버터** 60g, **달걀** 25g

- **커스터드크림:** 우유 150g, 올리고당 30g, **달걀노른자** 25g(보통란 1.5알 정도), **박력분** 10g, **옥수수가루** 10g, **옥수수전분** 10g, **버터** 10g

- **아몬드크림 필링:** 버터 50g, **슈가파우더** 20g, **달걀** 50g, **박력분** 10g, **아몬드가루** 50g

- **크림치즈 필링:** 크림치즈 150g, 우유 20g, **달걀** 50g, **박력분** 10g, **옥수수전분** 10g, **레몬즙** 2t, **올리고당** 30g

- **블루베리, 체리** 적당량

타르틀렛 만들기

1. 아몬드가루, 슈가파우더, 밀가루를 섞어 체 친다.

2. 1의 가루를 푸드프로세서에 넣고 버터를 깍둑 썰어 넣는다. *여러 번 짧게 짧게 작동시켜 보슬보슬한 소보로 질감이 되도록 만든다.

3. 소보로 질감이 나오면 달걀을 넣고 반죽한다.

4. 한 덩어리로 뭉쳐지면 꺼내어 지퍼백에 넣고 1시간 정도 휴지한다.

5. 휴지를 마친 반죽은 타르트 틀에 넣어, 포크로 구멍을 뚫어준 뒤 175도에서 20분 굽는다. *이렇게 구워진 타르틀렛은 충분히 식힌 뒤 사용한다.

1. 커스터드크림 재료들을 함께 잘 섞어준다.

2. 전자레인지에 넣고 2분 돌린 뒤 꺼내어 한 번 저은 후 다시 넣고 2분 돌리고, 다시 꺼내어 저은 뒤 2분 더 돌린다(총 3회). *뜨거운 커스터드크림은 적당히 식힌 후, 랩으로 덮어 냉장고에서 식힌다.

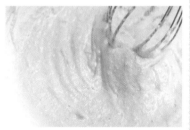

1. 아몬드크림 필링 재료 중 버터는 크림화한 뒤, 아몬드가루, 슈가파우더, 달걀, 박력분을 잘 섞어 준비해둔다.

2. 구워진 타르틀렛에 1의 필링을 바른 뒤 175도 오븐에서 20분 정도 굽는다. *꼬치테스트하여 묻어나오지 않는지 확인한다.

1. 크림치즈 필링 재료 중 크림치즈, 우유, 달걀, 박력분, 옥수수전분, 레몬즙, 올리고당을 휘핑하여 준비해둔다.

2. 구워진 타르틀렛에 1의 필링을 바른 뒤 175도 오븐에서 30분 정도 굽는다. *꼬치테스트하여 묻어나오지 않는지 확인한다.

1. 아몬드크림 필링이나 크림치즈 필링 베이스 타르트 위에 커스터드크림을 얹는다.

2. 그 위에 블루베리와 체리를 장식하면 각각 맛이 다른 두 개의 타르트가 완성!

· 도넛 ·

🏋 INGREDIENT

□ **케이크도넛: 중력분** 200g, **박력분** 100g, **소금** 한 꼬집, **베이킹파우더** 7g, **코코넛버터**(혹은 일반 버터) 40g, **달걀** 2개, **꿀** 40g
□ **찹쌀도넛: 건식 찹쌀가루** 150g, **중력분** 30g, **베이킹파우더** 3g, **꿀** 30g, **소금** 한 꼬집, **코코넛버터**(혹은 일반 식물성유지) 30g, **뜨거운 물** 100mL,
　아마란스 약간

케이크도넛 만들기

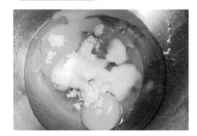

1. 코코넛버터, 달걀, 꿀을 볼에 넣어 휘핑한다.

2. 중력분, 박력분, 소금 한 꼬집, 베이킹파우더를 섞어 체를 친다.

3. 대충 뭉쳐질 때까지 주걱으로 젓다가 손으로 반죽한다. *레시피대로 넣었는데도 너무 뻑뻑하거나 반죽 성형할 때 갈라짐이 있으면 우유를 조금 부어 반죽을 유연하게 만들어준다.

4. 도넛 모양은 둥근 용기를 이용한다.

5. 도넛 속 구멍은 좀 더 작은 용기를 이용한다.

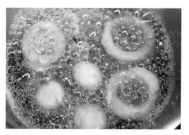

6. 케이크도넛은 낮은 온도에서 뒤집어가며 기름에 튀겨낸다. *기름 온도를 너무 높이면 금방 타버린다.

찹쌀도넛 만들기

1. 체에 가루류를 섞어 내린다.

2. 뜨거운 물 50mL를 넣어 익반죽한다.

3. 덩어리가 지면 꿀을 넣고, 양손으로 비벼가며 꿀 입자가 섞이도록 부슬부슬하게 만든다.

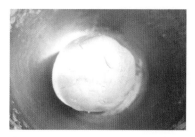

4. 다시 끓는 물 50mL를 넣어 익반죽하고 반죽이 한 덩어리로 뭉쳐지면 코코넛버터를 넣어 섞어 반죽을 완성한다.

5. 아마란스를 조금 뿌려서 작고 둥글게 만든다.

6. 찹쌀도넛은 케이크도넛보다 기름 온도를 살짝 더 높여 튀긴다.

• 당근케이크 •

⚖ INGREDIENT

□ 통밀가루 200g　□ 베이킹파우더 5g　□ 계피가루 5g　□ 꿀 50g　□ 소금 두 꼬집　□ 달걀 2개　□ 포도씨유(식물성유지) 60g
□ 당근 100~150g　□ 호두 60g　□ 크림치즈 200g　□ 올리고당 30g　□ 플레인요거트 20g

1. 당근은 푸드프로세서에 넣어 곱게 갈
   아준다.

2. 전처리한 호두도 푸드프로세서에 넣어
   곱게 갈아준다.

3. 크림치즈와 요거트, 올리고당은 잘 섞
   어 크림화한다. *더 풍부한 맛을 원하면 생
   크림을 조금 섞는다.

4. 달걀과 꿀, 포도씨유는 잘 휘핑한다.

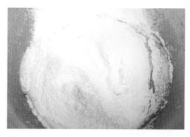

5. 가루류는 체를 쳐서 4에 넣고 가르듯 섞는다.

6. 다진 호두와 당근을 넣어 섞어 반죽한다. *호두를 조금 남겨두어 토핑으로 사용하면 좋다.

7. 175도 오븐에서 40분 정도 구워낸다. *꼬치로 찔러 묻어나지 않으면 꺼낸다.

8. 가로로 두 번 슬라이스하여 시트를 만든다.

9. 3의 크림을 발라주고 층층이 쌓는다.

호두 전처리 방법

1. 끓는 물에 넣어 10분 정도 삶는다.

2. 건져낸 호두는 깨끗하게 씻어 물기를 닦아낸다.

3. 180도 오븐에서 10분 정도 구워준 뒤 사용한다(오븐이 없다면 팬에서 타지 않게 약불로 구워준다).

• 단호박꽈배기 •

🍯 INGREDIENT

☐ **단호박**(쪘을 때) 80g　☐ **강력분** 200g　☐ **중력분** 50g　☐ **우유**(또는 물) 100mL　☐ **이스트** 4g　☐ **소금** 2g　☐ **버터** 10g　☐ **꿀** 10g
☐ **설탕** 약간　☐ **계핏가루** 약간

1. 단호박은 잘 쪄서 속살만 준비해둔다.

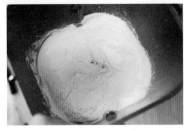

2. 미지근한 우유에 이스트를 풀고, 그 위로 밀가루를 우유가 안보이도록 덮어주고 그 위로 소금을 넣어 주변의 밀가루로 코팅하듯 살짝 덮어준다.

3. 반죽이 대충 덩어리지면 찐 단호박과 꿀을 넣어 한 덩어리로 매끈하게 뭉쳐지도록 반죽한다.

4. 버터를 넣고(제빵기로 반죽했을 때 중간 휴지기에) 다시 반죽한다.

5. 제빵기 안에서 30분 정도 1차 발효를 시킨다. *꺼내어 볼에 넣고 랩으로 밀봉해 30분 두어도 된다.

6. 반죽을 45g 정도로 떼어 둥글리기해 준다. *1차 발효 때 생긴 가스를 분산시키고, 안에 가스가 포집되도록 표피를 형성하는 것이다.

7. 둥글리기한 빵은 15분 정도 2차 발효를 시킨다.

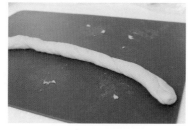

8. 발효가 끝난 반죽은 길게 펴준다.

9. 오른손, 왼손을 반대방향으로 밀어주면서 꼬임의 형태가 되도록 한다.

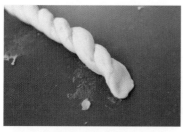

10. 꽈배기 끝은 잘 여며주어야 튀길 때 풀어지지 않는다.

11. 다시 10분 발효시킨다.

12. 중불로 서서히 튀겨준다.

13. 계핏가루와 설탕을 비닐봉지에 넣고 살짝 식힌 꽈배기를 넣어 흔들어주면 완성!

*소금은 발효에 지장을 주기 때문에 이스트와 떨어뜨려 반죽을 시작한다.

• 무화과피자 •

🍽 INGREDIENT

☐ **또띠아** 2장　☐ **무화과** 1개　☐ **모차렐라치즈** 1움큼　☐ **무화과잼** 2T　☐ **크림치즈** 2T　☐ **견과류**(아몬드와 피칸 등) 1.5T

1. 꼭지를 잘라낸 무화과는 4등분하고 각각의 조각은 얇게 슬라이스한다.

2. 또띠아 한 장을 맨 아래 깔고, 모차렐라치즈를 아주 조금만 뿌린다(접착제 역할).

3. 2에 또띠아 한 장을 다시 얹고 크림치즈를 얇게 펴 바른다.

4. 3에 무화과잼을 군데군데 뿌린다. *무화과잼 대신 다른 과일 잼이나 꿀을 사용해도 좋다.

5. 4에 1의 무화과를 얹는다.

6. 5에 견과류를 갈아서 솔솔 뿌리고 마지막으로 남은 모차렐라치즈를 흩뿌린다. *남은 무화과도 토핑으로 더 얹어준다.

7. 200도 오븐에서 15분간 익힌다.

*무화과잼 만들기는 192쪽 참고

·다이제스티브쿠키·

🔖 INGREDIENT

- 통밀가루 160g
- 박력분 90g
- 버터 50g
- 우유 60mL
- 달걀 1개
- 갈색설탕 60g
- 소금 한 꼬집
- 베이킹파우더 1.5t

1. 통밀가루, 박력분에 버터를 깍둑 썰어 넣는다.

2. 달걀과 우유, 설탕, 소금, 베이킹파우더를 넣고 반죽한다. *손으로 해도 되고, 푸드프로세서를 이용해도 된다.

3. 비닐에 넣어 넓게 펴준다.

4. 동그란 모양을 낼 만한 것을 찾아 찍어 준다.

5. 포크로 골고루 찍어 구멍을 만든다.

6. 175도로 예열한 오븐에서 10분, 180도로 온도를 올려 3~5분 더 구워준다.

·오트밀베리쿠키·

INGREDIENT

- □ **현미유** 40g
- □ **설탕** 30g
- □ **달걀 노른자** 1개(40~50g)
- □ **밀가루**(박력분) 60g
- □ **베이킹파우더** 1t
- □ **오트밀**(압착) 70g
- □ **건과일** 50g(건블루베리 20g+건크랜베리 30g)
- □ **간 견과류**(호두+캐슈넛) 30g

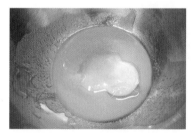

1. 현미유에 설탕을 섞은 다음 달걀 노른자를 넣어 함께 섞는다.

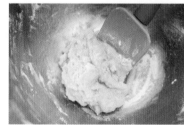

2. 밀가루와 베이킹파우더를 체로 친 후 1에 섞어 뭉친다.

3. 오트밀과 건과일, 간 견과류를 넣고 잘 섞는다. *건과일은 자칫 텁텁할 수 있는 오트밀 쿠키에 상큼한 맛을 더해주고, 오븐에 구우면 젤리 같은 식감을 준다.

4. 3을 동그랗게 뭉쳐 팬에 올린 다음 위를 눌러 납작하게 만든다. *금이 가고 부스러질 수도 있지만, 손으로 꾹꾹 눌러가며 모양을 잡아준다.

5. 175도로 예열된 오븐에서 15분간 굽는다. *오븐 사양에 따라 굽는 시간이 다르므로 10분이 지나면 쿠키 색을 확인하여 시간을 조절한다.

6. 다 구워지면 오븐 팬을 꺼내어 실온에 3~5분 두었다가 식힘망에 올린다. *바로 식힘망으로 옮기면 쿠키 모양이 부서질 수 있으므로 실온에 잠시 두었다가 옮긴다.

•크림치즈머핀•

🔲 INGREDIENT

□ **크림치즈** 200g   □ **버터** 70g   □ **설탕** 70g   □ **달걀** 80g   □ **밀가루** 200g(박력분 100g+중력분 100g, 또는 중력분 200g)   □ **베이킹파우더** 3g
□ **쌀조청**(또는 올리고당) 20g   □ **견과류**(아몬드, 피칸 등) 약간

1. 버터와 크림치즈, 설탕을 한데 넣어 함께 크림화시킨다.

2. 1의 설탕이 잘 녹으면 달걀을 넣어 섞는다.

3. 2에 체로 친 밀가루와 베이킹파우더를 넣어 가르듯이 섞는다.

4. 3에 쌀조청을 넣고 반죽한다.

5. 4의 반죽을 짤주머니에 담은 뒤 머핀 팬에 짜 넣는다.

6. 5에 견과류(아몬드, 피칸)를 잘게 부숴 얹는다.

7. 175도로 예열한 오븐에서 20분, 180 도로 온도를 올려 5분 더 굽는다. *오븐 사양에 따라 굽는 시간은 다를 수 있다. 윗면의 굽기를 봐가며 시간이나 온도를 조절하고, 다 구워질 즈음이면 가는 꼬치테스트를 해본다.

8. 7을 식힘망에 올려 식힌다.

• 만두피파이 •

🍯 INGREDIENT

□ **만두피** 1팩　　□ **버터** 약간　　□ **사과 필링: 사과** 350g, **설탕** 40g, **견과류** 20g, **버터** 1t, **전분물**(전분 1t+물 2t), **계핏가루** 1/4t
　　□ **고구마 필링: 고구마** 150g, **크림치즈** 40g, **건과일** 15g, **견과류** 15g　　□ **달걀물** 약간

1. 사과는 작게 썰어 설탕을 넣고 섞어 재운다.

2. 1에 물이 생기면 버터와 전분물, 견과류, 계핏가루를 넣고 졸인다.

1. 고구마는 굽거나 쪄서 으깬다.

2. 1에 크림치즈와 견과류, 건과일을 넣어 섞는다.

1. 만두피에 버터를 바른다.

2. 1에 사과 필링이나 고구마 필링을 얹고 그 위로 만두피를 덮는다.

3. 만두피 가장자리에 물을 바르고 포크로 가장자리를 누른다(모양을 내는 동시에 여미는 효과). *머핀틀에 만두피를 넣고 필링을 부어도 된다.

4. 3에 달걀물을 바르고 180도로 예열된 오븐에서 15분간 굽는다. *오븐에 굽지 않고 기름에 튀겨도 맛있다.

733

• 블루베리고르곤졸라피자 •

🍳 INGREDIENT

- □ **또띠아**(지름 20cm 정도) 1장   □ **블루베리콩포트**(혹은 잼) 1T   □ **고르곤졸라치즈** 10g   □ **견과류** 약간   □ **모차렐라치즈** 80g
- □ **아기치즈** 3장

1. 또띠아 위에 아기치즈를 올린다.

2. 2에 또띠아 한 장을 덮는다.

3. 3에 모차렐라치즈를 뿌리고 고르곤졸라치즈를 군데군데 떨어뜨린다. *치즈에는 염분이 많이 함유되어 있으므로 고르곤졸라치즈는 너무 많이 쓰지 않도록 한다.

4. 블루베리콩포트를 군데군데 얹는다.

5. 견과류를 뿌린다.

6. 오븐 팬에 올려 200도로 예열된 오븐에서 10~13분간 굽는다. *꿀을 찍어 먹으면 더욱 맛있다.

*1번 진행 후 찐 고구마(또는 군고구마) 100g을 으깨어 또띠아 테두리에 빙 둘러주어도 좋다.

· 아보카도초콜릿머핀 ·

🎛 INGREDIENT

□ **아보카도** 130g

□ **물** 70mL

□ **꿀** 100g

□ **밀가루** 200g

□ **다크 초콜릿 커버춰** 40g

□ **베이킹파우더** 3g

1. 아보카도에 꿀을 넣고 믹서에 돌려 반죽 베이스를 만든다.

2. 밀가루와 베이킹파우더를 넣고 반죽을 섞어준다.

3. 다크 초콜릿 커버춰를 중탕으로 녹인다. *반드시 중탕해야 한다.

4. 2의 반죽에 3의 초콜릿을 넣어 가르듯 섞어 마블 형태로 만든다. *완전히 섞어서 초콜릿 케이크 형태로 만들어도 된다.

5. 170도 오븐에 20~30분 정도 구워준다. *꼬치테스트를 해본다.

6. 구워진 머핀 위에 3의 초콜릿을 붓고 아보카도로 토핑한다.

• 동물모양쿠키 •

INGREDIENT

- 버터 120g
- 슈거파우더 90g(설탕 70g)
- 달걀 1개
- 밀가루(박력분) 300g
- 베이킹파우더 1t

1. 버터와 슈거파우더를 섞는다.

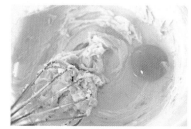

2. 1에 달걀을 넣고 섞는다.

3. 2에 체로 친 밀가루와 베이킹파우더를 섞어 반죽한다.

4. 3을 지퍼백에 담고 밀대로 밀어 얇게 편 뒤 밀봉하여 냉장고에서 30분간 휴지한다.

5. 4의 지퍼백 테두리를 가로로 잘라 반죽을 꺼낸 후 쿠키틀로 찍어 모양을 만든다. *여기서 사용한 틀은 '푸쉬쿠키커터'이다.

6. 180도로 예열된 오븐에서 13~15분간 구워낸다.

· 시금치새우크래커 ·

INGREDIENT

□ **현미유** 25g □ **우유** 40mL □ **시금치** 100g □ **밀가루** 80g □ **옥수수가루** 30g □ **꼬마 건새우** 20g □ **베이킹파우더** 3g

1. 시금치는 살짝 데친 후 믹서에 간다.

2. 현미유에 우유를 부어 섞는다.

3. 베이킹파우더, 밀가루, 옥수수가루에 건새우를 갈아서 고루 섞는다.

4. 2와 3을 섞는다.

5. 1의 시금치를 넣어 반죽을 만든다.

6. 5의 반죽을 밀대로 밀어 얇게 편다.

7. 반죽을 모양틀로 찍어내거나 네모로 썬 다음 포크로 구멍을 낸다.

8. 185도로 예열된 오븐에서 15분간 굽는다.

• 와플 •

INGREDIENT

□ **버터** 60g   □ **달걀** 2개   □ **우유** 150mL   □ **밀가루** 130g   □ **베이킹파우더** 5g   □ **말린 블루베리** 10g

1. 달걀은 거품이 살짝 올라올 정도로 섞는다.

2. 밀가루와 베이킹파우더를 넣고 섞는다.

3. 2에 우유와 녹인 버터를 함께 넣고 잘 섞어 반죽을 만든다. *반죽의 농도는 주걱으로 떴을 때 주르륵 흐를 정도가 좋다.

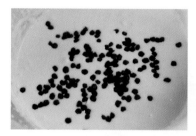

4. 반죽에 말린 블루베리를 넣는다. 취향에 따라 다양한 건과일, 다진 견과류를 넣어도 좋다.

5. 와플기에 반죽을 넣고 굽는다. *와플기의 설명서를 따른다.

와플기 사용하여 굽기

1. 뚜껑을 덮은 채 온도를 3단계에 두어 예열한다.

2. 초록색 불이 들어오면 팬을 열어 버터를 가볍게 칠한다.

3. 반죽을 돌출된 열판을 덮는다는 느낌으로 채우고 5단계로 온도를 올려 3~4분 정도 굽는다.

·미숫가루쿠키·

🍶 INGREDIENT

□ **밀가루**(박력분) 90g   □ **미숫가루** 50g   □ **설탕** 25g   □ **버터** 70g   □ **달걀 노른자** 1개   □ **검은깨** 적당량

1. 밀가루와 미숫가루, 설탕은 함께 섞어 체로 걸러 준비한다.

2. 버터는 실온에 두어 적당히 크림화한다. *너무 녹이지 않도록 한다.

3. 볼에 2의 버터와 달걀 노른자를 함께 넣고 가볍게 섞는다.

4. 3에 1을 넣고 가르듯이 섞는다.

5. 4를 가르듯 섞다가 반죽이 군데군데 뭉쳐진다 싶을 즈음에 비닐장갑을 끼고 손으로 반죽을 비벼가며 소보로처럼 입자를 작게 만든다.

6. 검은깨를 넣어 5의 반죽을 뭉쳐 덩어리를 만든다. *검은깨는 생략할 수 있으나 넣으면 고소한 맛을 더할 수 있다.

7. 원하는 모양을 만든 후 종이호일에 싸서 모양을 더 매끈하게 잡아준다.

8. 완성된 반죽은 비닐에 담아 냉동실에서 한 시간 동안 휴지한다. *이때 너무 얇게 썰지 않도록 주의한다. 바사삭한 식감의 쿠키이기 때문에 너무 얇게 썰면 구워낸 후 부서지기 쉽고 풍미도 살지 않는다.

9. 휴지한 반죽을 꺼내어 0.7~0.8cm 정도의 두께로 썬다.

10. 170도로 예열된 오븐에서 20~25분간 굽는다.

*다 구운 쿠키는 식힘망에 얹어 열기가 사라질 때까지 충분히 식힌다. 식힘망으로 옮길 때 쿠키가 부서지기 쉬우므로 오븐 팬을 꺼내어 5분 정도 두었다가 옮기거나, 손이나 집게보다는 뒤집개 등을 이용해 옮기는 것이 좋다.

· 홍시피칸머핀 ·

INGREDIENT

- 홍시 2개(속살 300g)
- 피칸(또는 호두 등 견과류) 40g
- 버터 75g
- 달걀 2개
- 밀가루 200g
- 베이킹파우더 5g

1. 홍시와 피칸은 각각 믹서에 간다.

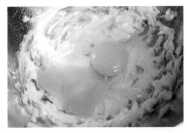

2. 버터는 실온에 두었다가 크림화한 뒤 달 걀을 넣어 섞는다.

3. 밀가루와 베이킹파우더는 체에 거른 뒤 1에 넣고 가르듯 섞는다.

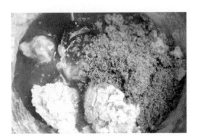

4. 1의 홍시와 피칸을 넣고 반죽한다. 기 호에 따라 계핏가루 1~2를 넣어도 좋다.

5. 반죽을 머핀틀에 담아 175도로 예열된 오븐에서 20분간 굽는다.

• 무화과머핀 •

INGREDIENT

- 버터 45g
- 달걀 1개
- 무화과 130g(2개)
- 우유 50mL
- 밀가루 130g
- 베이킹파우더 3g

1. 무화과는 얇게 껍질을 벗겨낸 뒤 과육만 우유와 함께 믹서에 넣고 간다.

2. 버터는 실온에 두어 녹인 뒤 달걀을 풀어 섞는다.

3. 2에 밀가루와 베이킹파우더를 체에 거른 뒤 넣어 가르듯 살짝 섞는다.

4. 3에 1을 섞어 반죽한다.

5. 4를 머핀틀에 붓는다. 이때 슬라이스한 무화과를 얹어도 좋다.

6. 175도로 예열한 오븐에서 20분간 굽는다.

· 블루베리콘쿠키 ·

🔥 INGREDIENT

□ **건블루베리** 30g □ **버터** 55g □ **달걀** 1개 □ **밀가루** 30g □ **옥수수가루** 90g □ **베이킹파우더** 3g

1. 버터는 크림화한다.

2. 달걀을 넣어 섞는다.

3. 밀가루, 옥수수가루, 베이킹파우더는 체에 내린다.

4. 2와 3을 잘 섞은 다음 건 블루베리를 넣고 반죽을 만든다.

5. 4의 반죽을 밀대로 얇게 민다. *반죽의 두께는 2~3mm 정도면 된다.

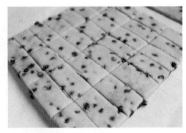

6. 가로 1cm, 세로 2cm 크기의 직사각형으로 자른다.

7. 185도로 예열한 오븐에서 15분 굽는다.

*반죽을 밀대로 밀 때 여기저기 들러붙어 골치라면 미리 도마나 판에 종이호일을 깔고 밀대는 랩으로 싼 뒤 이용해보자. 깔끔하게 반죽을 밀 수 있다.

· 블루베리머핀 ·

INGREDIENT

□ **블루베리콩포트** 50g   □ **버터** 80g   □ **밀가루** 200g   □ **베이킹파우더** 5g   □ **달걀** 2개   □ **우유** 50mL   □ **배** 50g

1. 버터는 크림화한 뒤 달걀 노른자를 넣고 휘핑한다.

2. 배는 우유와 함께 믹서에 간다.

3. 1과 2를 섞는다.

4. 밀가루와 베이킹파우더를 체에 걸러 넣고 반죽을 가르듯이 살살 섞는다.

5. 달걀흰자는 머랭을 만든 다음 4에 넣어 살살 섞어 반죽한다.

6. 5에 블루베리콩포트를 넣고 섞는다.
  *너무 골고루 섞는 것보다 살짝 섞어 마블링하는 것이 더 먹음직스럽다.

7. 머핀 팬에 버터를 녹여 바른 다음 7의 반죽을 넣고 그 위에 콩포트를 약간 올린다.

8. 175도로 예열된 오븐에서 20~25분 간 굽는다.

*블루베리 생과를 그대로 넣어 베이킹하면 시큼한 맛이 강하니 꼭 콩포트를 만들어 사용하는 것을 추천! 블루베리콩포트 만드는 법 181쪽 참고.

·콘크랜베리머핀·

🏷 INGREDIENT

▫ **크랜베리** 50g   ▫ **밀가루**(박력분) 150g   ▫ **옥수수가루** 100g   ▫ **베이킹파우더** 5g   ▫ **버터** 80g   ▫ **달걀** 2개   ▫ **배** 50g   ▫ **우유** 50mL

1. 밀가루, 옥수수가루, 베이킹파우더는 잘 섞어 체에 내려둔다.

2. 크랜베리는 물에 살짝 데쳐 기름기를 없앤다.

3. 버터는 핸드믹서 거품기로 저어 크림화 한 후 달걀 노른자만 넣고 휘핑한다.

4. 배와 우유는 믹서에 곱게 간다.

5. 3에 4를 넣고 잘 섞는다.

6. 1의 가루를 넣어 섞은 다음 2의 크랜베리를 넣고 반죽을 만든다.

7. 달걀흰자는 머랭을 만들어서 6에 넣고 잘 섞는다. 이때 달걀흰자의 거품이 완전히 꺼지지 않도록 으깨지 말고 가볍게 섞는다.

8. 7의 반죽을 머핀틀의 3/4 정도까지 담는다.

9. 175도로 예열된 오븐에서 20분간 굽는다.

751

• 토마토식빵 •

INGREDIENT

□ **토마토** 250g □ **물** 50mL □ **버터** 25g □ **강력분** 500g □ **이스트** 4g

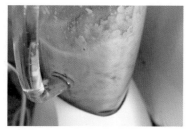

1. 토마토는 작게 잘라 믹서에 물과 함께 간다.

2. 제빵기에 1을 붓는다.

3. 2에 밀가루와 이스트를 넣어 1차 반죽한다.

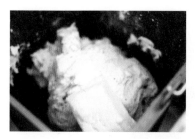

4. 한 덩어리로 뭉쳐지면 버터를 넣고 2차 반죽한다.

5. 4의 반죽을 1차 발효(오븐 발효 기능으로 30분 정도)한다.

6. 5의 가스를 뺀다.

7. 반죽을 4등분해 밀가루를 묻혀가며 동글리기 한다.

8. 7의 덩어리를 납작하게 펴서 3면을 접은 후 돌돌 말아 모양을 만든다.

9. 8의 덩어리를 식빵틀에 담는다.

10. 9를 그대로 상온에서 30분 동안 2차 발효한다.

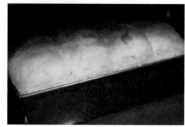

11. 2차 발효가 끝나면 180도로 예열된 오븐에서 20분 동안 굽는다.

· 더치베이비 ·

🔲 INGREDIENT

- 반죽: **버터** 10g, **달걀** 3개(150g), **우유** 90mL, **밀가루**(중력분) 70g, **소금** 한 꼬집, **바닐라 익스트랙** 1/2t ■ **레몬즙** 1t ■ **슈거파우더** 1T
- **토핑용 과일**(딸기, 오렌지, 블루베리, 청포도 등) 약간 ■ **달걀** 1개 ■ **베이컨** 2줄 ■ **파르메산치즈** 약간 ■ **버터** 10g

1. 뚜껑 있는 용기에 반죽 재료의 버터와 바닐라 익스트랙, 달걀, 우유, 소금을 넣고 섞은 다음 밀가루를 추가해 섞는다.

2. 1에 뚜껑을 덮고 냉장고에 넣어 30분 정도 숙성시킨다. *반죽을 차갑게 두면 더 잘 부푼다.

3. 오븐 사용이 가능한 내열 냄비를 불에 달군 후 버터 10g을 녹인다.

4. 2의 반죽을 붓는다. *이때 반죽의 양을 조절하여 원하는 두께의 더치베이비를 만든다.

5. 200도로 예열된 오븐에서 13~15분 정도 굽는다.

6. 달걀과 베이컨을 굽는다. *달걀은 반숙으로 하는 게 더 맛있다.

7. 5에 슈거파우더를 솔솔 뿌린 후 토핑용 과일을 적당한 크기로 잘라 올리면 과일 더치베이비 완성. *상큼한 맛을 원하면 슈거파우더를 뿌리기 전에 레몬즙 1t을 흩뿌린다.

8. 5에 파르메산치즈를 뿌린 후 6의 달걀과 베이컨을 토핑하면 베이컨달걀 더치베이비 완성.

Chapter 9

건강한 맛
홈메이드 음료

·블루베리아이스크림·

🍯 INGREDIENT

□ **생크림**(액상) 100mL　　□ **우유** 100mL　　□ **옥수수가루** 10g　　□ **블루베리콩포트** 50g

1. 우유와 옥수수가루는 믹서에 갈아낸다.

2. 냄비에 부어 휘스크로 저어가며 한소끔 끓여낸 뒤 완전히 식힌다.

3. 생크림은 깊은 볼에 넣고 부드러울 정도로만 휩 한다.

4. 식혀둔 2에 3의 생크림을 섞는다.

5. 블루베리콩포트를 넣는다.

6. 마블모양일 정도로만 섞는다.

7. 밀폐용기에 넣어 냉동실에 3시간 정도 얼린다. *중간에 한 번쯤 저어주면 더욱 잘 언다.

8. 먹을 때는 숟가락 등으로 긁어서 그릇 에 담는다.

· 바나나블루베리아이스크림 ·

INGREDIENT

- **블루베리** 100g
- **바나나** 1개(과육 부분만 50g)
- **우유** 100mL

1. 바나나와 블루베리는 밀폐용기에 넣어 냉동실에 얼린다.

2. 1의 얼린 과일은 상온에 10~20분 정도 살짝 해동시킨다.

3. 2의 해동 과일과 우유를 믹서에 함께 갈아낸다. *우유를 넣지 않으면 좀 더 서걱 거리는 식감의 샤베트 같은 아이스크림을 만들 수 있다.

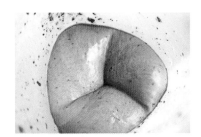

4. 잘 섞어진 부드러운 아이스크림을 그릇 에 담는다.

· 미니팝아이스크림 ·

🔖 INGREDIENT

□ 각종 과일

1. 실리콘 소재의 아이스크림 틀을 준비한다. *사용한 팝시클 메이커는 '조쿠 미니팝'이다.

2. 과일을 준비하여 깨끗하게 세척한다.

3. 믹서에 갈아준다.

4. 아이스크림 틀에 부어준다.

5. 냉동실에 충분히 얼린 뒤 꺼내면 된다.

• 무화과주스 •

🍶 INGREDIENT

□ 무화과파인애플주스
- 무화과 50g
- 파인애플 50g
- 물 50mL

□ 무화과당근자두주스
- 무화과 40g
- 당근 40g
- 자두 40g
- 물 50mL

무화과파인애플주스

과일 재료를 손질하여 물과 함께 믹서에 갈아준다.

무화과당근자두주스

과일, 채소 재료를 손질하여 물과 함께 믹서에 갈아준다.

• 알로에청포도주스 •

🔖 INGREDIENT

□ **청포도** 100g
□ **알로에** 50g
□ **물** 30mL

1. 청포도는 베이킹소다를 푼 물에 깨끗하
게 씻어준다.

2. 알로에는 껍질을 얇게 벗겨낸다.

3. 알로에 과육만 듬성듬성 자른다.

4. 1의 청포도와 3의 알로에를 물과 함께
믹서에 넣어 갈아낸다.

• 망고용과양상추주스 •

• 바나나파인애플주스 •

INGREDIENT

☐ **망고** 80g ☐ **용과** 50g ☐ **양상추** 50g

INGREDIENT

☐ **파인애플** 60g ☐ **바나나** 60g ☐ 물 50mL

1.
망고는 껍질을 벗기고 잘
듬성듬성 썰어준다.

1.
과일 재료를 손질하여
물과 함께 믹서에 갈아
준다.

2.
용과는 숟가락을 이용해
과육만 긁어낸다.

3.
양상추와 1, 2를 넣고
믹서에 갈아준다.

·사과자두양배추주스·   ·키위용과주스·

음료

🔖 INGREDIENT

☐ **자두** 50g   ☐ **사과** 50g   ☐ **양배추** 30g   ☐ **물** 50mL

🔖 INGREDIENT

☐ **키위** 70g   ☐ **용과** 70g   ☐ **물** 40mL

1.
과일과 채소는 베이킹소
다를 푼 물에 깨끗하게
씻어준다.

1.
키위는 껍질을 벗기고,
용과는 숟가락으로 과육
만 긁어 물을 넣고 믹서
에 갈아낸다.

2.
자두는 씨만 제거한 뒤
듬성듬성 자른다.

3.
사과와 자두, 양배추를
물과 함께 믹서에 넣어
갈아낸다.

·레모네이드·

(탄산無)

🍯 INGREDIENT

▫ **레몬** 2개(즙을 내었을 때
   35g 정도)
▫ **얼음** 60g
▫ **물** 100mL
▫ **꿀** 15~20g

1. 레몬은 껍질을 깎아준다.

2. 레몬의 심 부분을 가위로 잘라준다.

3. 2를 벌리면 알맹이면 쏙 나온다.

4. 레몬의 껍질을 모두 벗겨주고, 씨는 빼준다.

5. 알맹이만 믹서에 갈아서 체에 걸러준다. *여기까지 과정이 너무 힘들고 복잡하다면 즙 짜개로 레몬을 짜도 전혀 상관없다.

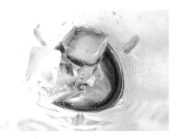

6. 믹서에 얼음과 5의 레몬즙, 꿀을 넣고 갈아준다.

• 과일에이드 •
(탄산有)

INGREDIENT

- □ **생과일 갈아낸 것**(과육 포함) 150g
- □ **탄산수** 50g

파인애플청포도에이드

1. 파인애플과 청포도를 믹서에 넣고 탄산수를 부어 갈아낸다.

2. 체에 한 번 걸러준다.

키위자두에이드

1. 키위와 자두를 믹서에 넣고 탄산수를 부어 갈아낸다.

2. 체에 한 번 걸러준다.

·바나나미숫가루스무디· ━━━━ ━━━━ ·블루베리파인애플스무디·

🝙 INGREDIENT

□ **바나나** 50g □ **미숫가루** 15g □ **우유** 130mL

🝙 INGREDIENT

□ **블루베리** 50g □ **파인애플** 50g □ **요거트** 100g

1.
바나나와 미숫가루, 우
유를 믹서에 넣고 갈아
낸다.

1.
파인애플은 껍질을 잘라
내고 과육만 듬성듬성
자른다.

2.
요거트, 1의 파인애플,
블루베리를 넣고 믹서에
갈아낸다.

·자두스무디·

⚖ INGREDIENT

☐ **자두** 80g   ☐ **요거트** 100g

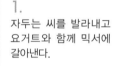

1.
자두는 씨를 발라내고 요거트와 함께 믹서에 갈아낸다.

·블루베리우유·

⚖ INGREDIENT

☐ **블루베리** 80g   ☐ **우유** 100mL

1.
베이킹소다를 이용해 블루베리를 깨끗하게 씻는다.

2.
1의 블루베리와 우유를 믹서에 갈아준다.

Chapter 10

기분 좋게 즐기는
피크닉 도시락

• 쌈밥도시락 •

INGREDIENT

▫ **상추** 적당량　▫ **밥** 100g　▫ **고기 필링: 소고기**(샤브샤브용) 50g, **배즙** 15g, **올리고당** 5g, **수제 맛간장** 1.5g(시판일 때도 동일), **다진 마늘** 1g

▫ **참치 필링: 참치** 25g, **참기름** 2g, **매실청** 2g, **오이** 25g, **수제 저염된장** 3g(시판 된장 1g)

1. 소고기는 잘지 않게 다진다.

2. 배즙, 올리고당, 간장, 다진 마늘을 넣고 1시간 정도 재워놓는다.

3. 2의 고기를 팬에 잘 굽는다.

1. 오이는 아주 잘게 다진다.

2. 참치, 참기름, 매실청, 저염된장과 1의 오이를 잘 섞어준다.

1. 상추는 입 부분만 잘라내어 밥을 둥글게 한 덩어리 얹는다.

2. 고기 필링, 참치 필링을 각각 얹어준다.

• 떡갈비주먹밥도시락 •

INGREDIENT

□ **주먹밥:** 소고기(샤브샤브용) 25g, **밥** 100g, **양파·파프리카·당근·애호박** 10~13g씩, **현미유** 약간
□ **떡갈비:** 소고기 250g, **간장** 10g, **물엿** 25g, **배·양파** 20g씩, **다진 마늘** 10g, **다진 파** 20g, **떡** 30g, **참기름** 2g

1. 큰 볼에 고기반죽 재료를 넣는다.

2. 치대어 반죽한다.

3. 떡은 한번 데쳐서 잘게 썬다. *이 과정은 생략 가능

4. 3의 떡에 참기름을 넣고 잘 섞어준다.

5. 4의 떡을 잘게 썰어 2의 반죽에 넣고 충분히 치댄다.

6. 너무 두껍지 않게 둥글고 납작하게 만든다.

7. 예열된 팬에 현미유를 두르고 중불에 굽는다. *아랫면이 살짝 노릇하게 익을 때쯤 뚜껑을 덮어 익혀준다.

*378쪽 떡갈비 레시피와 동일

*떡갈비에는 고명으로 잣을 갈아서 뿌려주면 좋다.

1. 양파, 파프리카, 당근, 애호박은 잘게 다진다.

2. 소고기도 잘게 다져 1의 채소와 함께 팬에 넣어 중약불에서 잘 볶아준 뒤 완전히 식힌다.

3. 밥과 잘 섞어준다.

4. 동그랗게 성형해준다.

* 모양틀을 이용해서 주먹밥 위에 치즈와 체리를 장식해도 좋다.

• 마카로니그라탕도시락 •

 INGREDIENT

□ **마카로니**(조리 전) 90g   □ **토마토페이스트** 90g   □ **참치**(혹은 소고기) 50g   □ **양파** 40g   □ **물** 20mL   □ **모차렐라치즈** 50g
□ **찐 감자** 20g   □ **올리브유** 약간

1. 양파는 잘게 다진다.

2. 토마토페이스트에 참치, 1의 양파, 물을 넣고 볶아준다.

3. 마카로니는 삶아서 올리브유에 버무린다. *들러붙거나 불어나지 않기 위해서다.

4. 볶아두었던 3의 소스에 마카로니를 넣어 한 번 더 볶아준다.

5. 오븐용기에 4의 마카로니를 넣고, 찐감자를 으깨어 살짝 얹어준다. *많이 넣으면 빽빽해진다.

6. 모차렐라치즈를 얹어 180도로 예열된 오븐에서 10분~15분 구워준다.

• 샌드위치도시락 •

INGREDIENT

▫ **샌드위치용 식빵** 적당량　▫ **달걀** 1.5개　▫ **감자** 100g　▫ **오이** 100g　▫ **마요네즈** 15g　▫ **올리고당** 5g　▫ **로메인상추**(또는 양상추) 적당량
▫ **얇은 슬라이스햄** 2장　▫ **아기치즈** 2장　▫ **소금** 두 꼬집

1. 감자는 쪄서 칼등으로 으깬다. *삶으면
   수분감이 많아지니 찌는 걸 추천한다.

2. 오이를 길게 4등분한 뒤 슬라이스하여
   부채꼴 모양으로 얇게 썰어준다.

3. 2의 오이는 소금을 넣어 30분 정도 절
   여둔 뒤 천에 넣고 물기를 짠다.

4. 달걀은 삶아서 흰자만 다진다.

5. 1의 감자, 3의 오이, 4의 달걀을 볼에
   담고 마요네즈와 올리고당을 넣고 섞어
   준다.

6. 빵 위에 아기치즈 1장을 얹고, 토마토
   를 얇게 저미어 올린다.

7. 그 위에 슬라이스햄을 올리고 로메인상
   추를 얹는다.

8. 그 위에 5의 샐러드를 올리고 빵으로
   덮으면 완성!

· 수제버거도시락 ·

(미니 버거 5~6개 분량)

🥄 INGREDIENT

□ **모닝빵** 6개　□ **로메인상추** (혹은 양상추) 적당량　□ **토마토** 1개　□ **소고기등심** 150g　□ **소고기** (설도 혹은 양지) 200g　□ **소금, 후추** 약간
□ **마요네즈** 40g　□ **오이피클** 40g

1. 소고기는 소금과 후추를 넣어 함께 갈아준다.

2. 동글게 성형해서 팬에 굽고, 뚜껑을 덮어가면서 골고루 잘 익혀준다.

3. 피클을 다지고 마요네즈와 섞어준다.

4. 빵 한 쪽에는 로메인상추를 올리고, 다른 빵 한쪽에는 마요네즈를 살짝 바른다.

5. 로메인 위로 토마토를 얇게 슬라이스하여 올린다.

6. 2에서 구워놓은 고기패티와 치즈를 올려 완성한다.

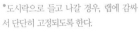

*도시락으로 들고 나갈 경우, 랩에 감싸서 단단히 고정되도록 한다.

·유부초밥도시락·

🍳 INGREDIENT

□ 네모난 유부 7~8조각　□ 밥 200g　□ 후리가케 적당량　□ 삶은 메추리알 6개　□ 카레가루 1t　□ 방울토마토 2개　□ 당근 20g
□ 흑임자 1t　□ 슬라이스 치즈 1장　□ 마른 김 1/2장　□ 비엔나소시지 5~6개　□ 달걀 4개

1. 밥에 후리가케를 뿌려 잘 비벼둔다.

2. 유부는 반으로 잘라둔다.

3. 유부 속을 1의 밥으로 채운다.

4. 짤주머니 커플러를 사용하여 아기치즈 장식을 만들어준다.

5. 김을 잘라서 붙인다. *김 펀칭기를 사용해 도 좋다.

*밥이 좀 남았다면 슬라이스햄 안에 넣 고 돌돌 말아 넣어준다.

달걀말이 만들기

1. 달걀은 풀어서 체에 내려 알끈을 제거 하여 달걀말이 팬에 나눠 부치면서 두 툼하게 만들어준다.

2. 유산지를 깐 김발로 한번 말아주면 더 단단해진다.

3. 식은 뒤 썰고 김으로 장식한다.

메추리알 모양내기

1. 카레가루를 푼 물에 삶은 메추리알을 넣고 끓여주면 노랗게 물든다.

2. 당근을 얇게 썰어 오리발 모양 1개, 마름모꼴 모양 2개로 몇 세트 준비한다.

3. 메추리알에 칼집을 넣어 당근 넣고, 이쑤시개로 찔러 그 안에 흑임자를 넣는다.

문어소시지 만들기

1. 문어 다리는 8개가 되도록 소시지에 칼집을 낸다.

2. 끓는 물에 삶아낸다.

3. 치즈와 김을 이용하며 문어 모양을 만들어준다.

딸기 메추리알 만들기

1. 방울토마토는 반을 잘라 속을 파내고 안쪽에 마요네즈를 바른다.

2. 메추리알은 위를 살짝 커팅하고 방울토마토 모자를 씌운다.

3. 흑임자로 장식한다.

•김밥도시락•

(4줄 분량)

🍳 INGREDIENT

☐ **소고기** 30g　☐ **간장** 1/2t　☐ **올리고당** 1t　☐ **당근·오이** 50g씩　☐ **달걀** 1개　☐ **어묵** 1/2장　☐ **게살** 30g　☐ **마요네즈** 1/2T
☐ **아기치즈** 1장　☐ **단무지** 1줄　☐ **소금** 약간　☐ **참기름** 1t　☐ **깨소금** 1t　☐ **김**(김밥용) 4장　☐ **밥** 300g

1. 소고기는 다져서 간장과 올리고당을 넣고 밑간을 한다.

2. 1의 고기는 팬에 볶아준다.

3. 당근은 체 쳐서 소금을 한 꼬집 뿌린 뒤 팬에 볶는다.

4. 오이는 체 쳐서 소금을 뿌려 절여둔다.

5. 오이가 절여지면 물에 헹구어 물기를 꼭 짜준다.

6. 어묵은 얇게 썰어 팬에 살짝 볶는다.

7. 게살은 물기를 짜서 팬에 볶아 비린내와 수분을 날린다.

8. 달걀은 잘 풀어 지단으로 만든다.

9. 고슬고슬 지은 밥에 깨소금과 참기름으로 간을 한다.

10. 단무지는 얇게 썰어 다른 김밥 재료와 함께 준비해둔다.

11. 김은 윗부분을 1/3 정도 잘라내고 거의 끝부분까지 밥을 펼쳐 두고 재료를 쌓는다.

12. 볶아둔 게살에 마요네즈를 넣어 버무려 위에 쌓으면 게살샐러드 김밥이 된다.

Epilogue

아내의 레시피를 블로그에 올리며 저는 몇 개의 요리를 할 줄 알게 되었습니다. 아내는 3박4일 출장을 가면서도 아이들이 못 먹을까 걱정하지 않지요. 아내의 레시피를 나누며 저에게도 긍정적인 변화가 생겼더군요.

유아식에 의사인 제가 끼어들 틈이 있다는 것이 어쩐지 생소하지만, 이유식이든 유아식이든, 엄마도 아이도, 지켜야 할 나름의 룰이 있습니다.

안심할 수 있는 재료를 건강한 방법으로 조리해주고, 다양한 식재료를 경험하게 해주는 것. 식탁에서의 매너를 가르치고, 즐겁고 편안한 분위기를 기억하게 해주는 것. 아이들의 식탁이 즐거워질 수 있도록 『한 그릇 뚝딱 유아식』의 레시피들이 제몫을 해주었으면 좋겠습니다.

옆에서 지켜보며 안쓰러울 때도 많았는데 고생 많았어요. 나의 아내. 여러 가지 역할을 주는 것 같아 항상 미안하고, 힘이 되어주어서 고마워요. 당신을 만난 건 내 인생에 가장 큰 선물입니다.

승아야 연아야, 아빠 엄마의 소중한 아가들.
지금처럼 사랑이 가득한 얼굴을 하고 살아주렴.
자신의 목소리가 자랑스러운 씩씩한 아이로 자라주렴.
너희를 위해 따뜻한 밥을 준비해주는 엄마의 손끝을 기억해주렴.

〈한 그릇 뚝딱〉 시리즈를 사랑해주시고, 따뜻한 마음으로 승아, 연아네 가족 곁에 있어주신 여러분, 감사드립니다. 여러분 모두의 아이들이 잘 먹고 건강하고 바르게 자랄 수 있기를 늘 바라고 기원합니다.
– 닥터오

평범한 제가 요리를 연구하고 아이들 먹인 음식을 사진 찍어 책으로 엮는다는 것이 저에게는 정말 큰 용기가 필요했어요. 지금은 생각해요. '용기가 아니라 사랑과 정성이 필요한 일이었구나.' 레시피를 엮어 나가다 보니 모든 요리에 우리 두 딸과의 추억, 당시 했던 고민들과 어떻게 해서든 잘 먹이려 했던 아이들을 향한 제 마음이 있었다는 것을 깨달았거든요.

앞에 놓인 한 그릇의 음식을 감사하는 마음으로 먹었으면…
좀 더 근사한 그릇에 담아 먹는 순간 자체를 즐기고 기억해주었으면…
좋은 재료와 건강한 요리법으로 만든 음식을 먹고 튼튼하게 컸으면…
앞치마 두르고 주방에서 바삐 움직이는 엄마를 뭉클하게 기억했으면…
세상의 모든 엄마들이 저와 같은 마음이겠지요.

어쩐지 기운 빠질 때마다 저의 레시피로 요리해 사진을 보내주는 민결이 엄마, 봄쌀 에디터님. 두 번째 책을 함께 해주어서 무척 든든했고, 무엇보다 엄마 둘이 서로 격려해가며 '우리의 책'을 만드는 기분이어서 행복했어요.

출퇴근하며 요리책 작업할 때, 힘들다며 걱정하시던 아버님 어머님. 감사해요. 건강히 저랑 오래오래 같이 사세요. 다른 사람 걱정뿐인 나를 걱정하는 우리 아빠 엄마. 나의 도전에 가장 순수하게 기뻐해주실 두 분, 고맙고, 미안하고, 많이 사랑해요.
십년간 변함없이 있는 그대로의 내 모습을 응원하고 사랑해주는 우리 남편 상민 씨. 책 준비하며 많이 힘들어했는데 당신이 잘 토닥여주어서 이렇게 또 다시 예쁜 책을 만났네요. 나는 늘 당신한테 고맙고 미안한 것 투성이에요. 하지만 이 말로 대신하는 게 좋겠어요. 사랑해요.

나의 소중한 두 딸.
시리고 마른 땅에 서있었던 엄마가 '승아' '연아'라는 꽃을 만났네.
엄마 마음에 다시 꽃이 피고, 사랑하는 방법을 배우고, 행복해지는 일에 대해 생각하게 되었단다. 너희와 웃고 떠들고 춤추고 노래하고, 심지어 서로 토라져있는 그 모든 순간들이 엄마에게 못 견디게 소중해. 승아와 연아는 엄마가 어떻게 하면 더 좋은 사람이 될 수 있을까, 더 맛있는 음식을 만들까, 따뜻하게 말하는 방법은 뭘까, 뭘 해야 더 즐거울까를 고민하게 해주는 사람이야. 승아야, 연아야. 어떤 말로도 부족하게 사랑한다. 항상 한 그릇 뚝딱 잘 먹어줘서 고마워.

얼굴 한번 본 적 없지만 나의 레시피를, 삶을, 우리 가족을 응원하고 염려하며 보듬어주는, 누군가의 엄마이자 멋진 여자인 당신께 이 레시피북을 바칩니다.
– 승아 연아 엄마

한 그릇 뚝딱 유아식

1판 1쇄 발행 2018년 1월 10일
1판 50쇄 발행 2022년 11월 4일

지은이 오상민·박현영
펴낸이 고병욱

기획편집실장 윤현주 **기획편집** 김지수
마케팅 이일권 김도연 김재욱 오정민 **디자인** 공희 진미나 백은주
외서기획 김혜은 **제작** 김기창 **관리** 주동은 **총무** 노재경 송민진

펴낸곳 청림출판(주)
등록 제1989-000026호

본사 06048 서울시 강남구 도산대로 38길 11 청림출판(주) (논현동 63)
제2사옥 10881 경기도 파주시 회동길 173 청림아트스페이스 (문발동 518-6)
전화 02-546-4341 **팩스** 02-546-8053
홈페이지 www.chungrim.com　**이메일** life@chungrim.com
블로그 blog.naver.com/chungrimlife　**페이스북** www.facebook.com/chungrimlife

ISBN 979-11-88700-04-2 (13590)